机械加工基础技能**双色图解**

好焊工
是怎样炼成的

王兵 主编

化学工业出版社
·北京·

图书在版编目（CIP）数据

好焊工是怎样炼成的/王兵主编．—北京：化学工业出
版社，2016.4

（机械加工基础技能双色图解）

ISBN 978-7-122-26082-6

Ⅰ.①好…　Ⅱ.①王…　Ⅲ.①焊接-图解　Ⅳ.①TG4-64

中国版本图书馆CIP数据核字（2016）第013087号

责任编辑：王　烨　　　　　　　　　　　文字编辑：陈　喆
责任校对：王　静　　　　　　　　　　　装帧设计：尹琳琳

出版发行：化学工业出版社（北京市东城区青年湖南街13号　邮政编码100011）
印　　装：三河市延风印装有限公司
787mm×1092mm　1/16　印张14　字数348千字　2016年4月北京第1版第1次印刷

购书咨询：010-64518888（传真：010-64519686）　　售后服务：010-64518899
网　　址：http://www.cip.com.cn
凡购买本书，如有缺损质量问题，本社销售中心负责调换。

定　　价：59.00元

机械制造业是技术密集型的行业，机械行业职工队伍的技术工人是企业的主体，优秀的技术工人是各类企业中重要人才的组成部分，是振兴和发展我国机械工业极其重要的技术力量。技术工人队伍的素质如何，直接关系着行业、企业的生存和发展，因此企业必须有一支高素质的技术工人队伍，有一批技术过硬、技艺精湛的能工巧匠，才能保证产品质量，提高生产效率，降低物质消耗，使企业获得经济效益，才能支持企业不断推出新产品去占领市场，在激烈的市场竞争中立于不败之地。

为适应新形势的要求，进一步提高机械行业技术工人队伍的素质，按《职业技能鉴定规范》中初、中级要求，我们组织编写了"机械加工基础技能双色图解"系列工人用书，各工种坚持按岗位培训需要编写的原则，突出了理论和实践的结合，将"专业知识"和"操作技能"有机地融于一体，形成了本套丛书的一个新的特色，以便能更好地满足行业和社会的需要。其主要的特色如下。

1. 采用图解形式，详析技能操作

通过图表，将各工种操作技能步骤中复杂的结构与细节知识简单化、清晰化，语言简洁，贴近现场，达到了读图学习技能知识的目的，有利于读者的理解和掌握。

2. 以能力为本位，准确定位目标

结合行业生产和企业生存与发展需要，保持行业针对性强和注重实用性的特点，运用简洁的语言，让读者看得明白，易学，能掌握，以期在行业工人职业培训工作中发挥作用。

3. 以典型零件为载体，体现行业发展

大量引入典型产品的生产过程，反映新技术在行业中的应用。另外，采用最新的国家标准、法定计量单位和最新名词及术语，充实新知识、新技术、新工艺和新方法，力求反映机械行业发展的现状与趋势。

4. 理论联系实际，把握技巧禁忌

归纳总结，对操作中"不宜做""不应做""禁止做"和"必须注意"的事情，以反向思维，在进行必要的工艺分析基础上，加以具体的说明和表达，并提出合理的解决措施。

本书是焊工分册，全书以焊工技能为主线，内容包括焊接基础知识、气焊与气割、焊条电弧焊、钎焊、CO_2 气体保护焊、手工钨极氩弧焊等。本书通俗易懂、简明实用，旨在让技术工人通过基础与操作学习，了解焊工的基本专业知识和基本操作技巧，轻松掌握一技之长。本书不仅可供焊工各阶段读者自学使用，还可作为机械制造企业技术工人的学习读物，也可以作为各职业鉴定培训机构和职业技术院校的培训教材。

本书由王兵主编，刘明、路娟、顾奇志副主编，张娅、唐葵、龚元琼、曾艳、葛涛、刘建雄、廖胜参加编写。

由于时间仓促，书中不足之处在所难免，恳请广大读者给予批评指正，以利提高。

编者

目录 $\mathcal{C}$ontents

第①章 焊接基础知识 / 6

第②章 气焊与气割 / 32

第⑤章 CO₂气体保护焊 /137

第⑥章 手工钨极氩弧焊 /189

励志在前

❓ 什么是"好焊工"

一个好的焊工所应具备的条件，一方面是对操作技术人员的行为要求，另一方面也是机械加工行业对社会所应承担的义务与责任的概括。

① 有良好的职业操守和责任心，爱岗敬业，具备高尚的人格与高度的社会责任感。

② 遵守法律、法规和行业与公司等有关的规定。

③ 着装整洁，符合规定，工作认真负责，有较好的团队协作和沟通能力，并具有安全生产知识和文明生产的习惯。

④ 有持之以恒的学习态度，并能不断更新现有知识。

⑤ 有较活跃的思维能力、较强的理解能力以及丰富的空间想象能力。

⑥ 能成功掌握和运用焊接的基本知识，贯彻焊接理论知识与实践技能，做到理论与实践互补与统一。

⑦ 严格执行工作程序，并能根据具体加工情况做出正确评估并完善生产加工工艺。

⑧ 保持工作环境的清洁、安全，具备独立的生产准备、设备维护和保养能力，能分析判断焊接过程中的各种质量问题与故障，并能加以解决。

❓ "好焊工"需要哪些技术积累

焊接是一种连接方法，是将两个或两个以上的焊件在外界某种能量的作用下，借助于各焊件接触部位原子间的相互结合力连接成一个不可拆除的整体的一种加工方法。其最本质的特点就是通过焊接使焊件达到了原子结合，从而将原来分开的物体构成了一个整体，这是任何其他连接形式所不具备的。

焊工操作灵活性强，工作范围广、技术要求高，且操作者本身的技术水平能直接影响加工质量，因此要求：

① 了解常用焊接设备和切割设备的种类、型号、结构、工作原理和使用规则及维修保养方法。

②理解产生电弧的条件、电弧构造、温度分布。掌握电源的极性及应用。

③了解常用焊接方法的原理、特点及应用范围。

④掌握常用金属材料的焊接性、焊接方法、焊接工艺参数和焊接材料的选择。

⑤掌握坡口选择原则，熟悉常用焊接材料（焊条、药皮、焊剂、焊丝）的分类、牌号和选择原则。

⑥了解焊接时的冶金过程和结晶过程，以及热影响区的组织、性能的变化。

⑦掌握钢材焊接性的估算方法。熟悉产生气孔、裂纹的原因并掌握其预防措施。

⑧了解焊前预热、焊后缓冷、后热及焊后热处理的概念和目的。

⑨了解焊接应力与变形产生原因，理解一般焊件的焊接顺序及减少焊接应力及变形的基本工艺措施。

⑩了解常用焊接质量的检验方法及适用范围。

⑪掌握各焊件和压力容器各种位置焊接操作的技术方法。

⑫掌握焊件不同管径管与管板各种位置的焊接。

⑬了解各种金属的焊接操作要领。

⑭了解气焊工、钳工、冷作工的基本操作要领。

⑮熟悉文明生产的有关科研课题，养成安全文明生产的习惯。

⑯掌握如何节约生产成本，提高生产效率，保证产品质量的技能。

好焊工如何拿到"职场通行证"

一般来讲，获得职场通行证，应该做好下面几步。

（1）必须要取得相应技术资格（等级）证书

技术资格（等级）证书是一个人相应专业水平的具体表现形式，焊工专业技术资格证书有初级工（五级）、中级工（四级）、高级工（三级）、技师（二级）、高级技师（一级），只有取得了这些职业培训证书，才能证明其接受过专门的专业技术训练，并达到了相应的专业技术能力，才有可能去适应和面对相应的专业技术要求，做好相应的准备，为进军职场夯实基础。

（2）创造完善职场生存智慧

①诚恳面试。面试是一种动态的活动，随时会发生各种各样的情况，且时间又非常短促，可能还来不及考虑就已经发生了。因此，事先要经过充分的调查，对用人单位的招聘岗位需要有足够的了解，也一定要意识到参加面试时最重要的工作是用耳朵听，然后对所听到的话做出反应。这样就能很快地把自己

从一个正在求职的人，转变成一个保证努力工作和解决问题的潜在合作者。

② 突出特点。要采取主动，用各种办法来引起对方的注意，如形体语言、着装、一句问候语，都会在有限的时间里引起对方的关注，以期能让对方记住你的姓名和你的特点，其目的是在短短的面试期间，给聘用者留下深刻的印象。

③ 激发兴趣。要说服人是一件比较难的事情，必须能不断地揣摩对方说话的反应，听出"购买信号"。证明自己作为受聘者的潜在价值，从某方面来激发聘用者的兴趣。努力把自己想说的话表达出来，才能达到目的。

（3）具备完善的职业性格

① 尽忠于与自己相关的人和群体，并忠实地履行职责，以充沛的精力，准时并圆满地完成工作。

② 在认为有必要的时候，会排除万难去完成某些事情，但不会去做那些自己认为没有意义的事情。

③ 专注于人的需要和要求，并建立起有次序的步骤，去确保那些需要和要求得以满足。

④ 对于事实抱有一种现实和实际的尊重态度，非常重视自己的岗位和职责，并要求他人也如此。

? 如何做好职业规划

职业发展道路勾画了个人通向其认为最有吸引力及回报的职业的最合乎逻辑性的可行性道路。身处职场中的很多人，往往都有这样的体会，即工作一段时间后，发现再想进一步提高非常困难。即使本岗位上所需知识和技能都基本了解了，但企业其他方面的东西却没有机会接触到。如果这样原地踏步，时间长了之后，就会使人落后于社会的发展变化，面临落伍淘汰的危险。所以在没有更多的学习和锻炼机会的情况下，很多人就选择了跳槽或转岗转行的道路。只有不甘于现状、勇于挑战自身能力极限的人，才能够不断取得进步，充分发挥个人才华，在实现自身的人生价值的同时，也为社会创造出最大的财富。在具体规划自己的职业道路时，应该注意以下几点：

（1）做好当前的本职工作

应该在把目前手头上的事情做好的前提下，再学习或准备要转行从事的工作内容。如果本职工作没有完成好，而去钻研别的工作，就是一种好高骛远、不脚踏实地的做法。因此，一定要静下心来，准备做好一名一线生产技术骨干，同时去全面了解生产加工流程与工艺。

（2）确定现实的行动目标

上升为生产加工部门班（组）长，发挥个人能力，掌握生产调度与人员安排管理。

有了目标之后，行动起来就会有计划和条理。确定这个目标时要注意的是，最好从自己的实际能力和已具有的工作经验出发，充分利用已经具备的有利条件，并充分考虑现实状况。寻找与自己的知识、专业背景或工作经验比较相近的领域或空间谋求个人的最大发展。

（3）推销和展示自己的才华

在当今的年代，人才要有自我推销的意识，否则即使有再好的才华或能力，也有可能被埋没。因此，平时在工作中要尽量证明自己具有多方面的才能，能够胜任包括当前岗位的多种工作。

（4）培养竞争实力和过硬本领

在现代市场经济条件下，最重要的还是要有真本事。只有具备过硬的专业能力和丰富工作经验的人，才能得到社会的认可和市场的青睐。机会总是垂青有实力、有准备的有心之人。

动手干，不动手是学不到任何手艺的

事不分大小难易，术不论高低深浅，技能型人才的培养，是使其具备职业能力，成为直接在生产、服务、技术管理第一线工作的应用型人才。常言道：理以积日而有益，功以久练而后成，焊接技能技巧的掌握与理解是靠长时间的不断训练来掌握和提高的。多数情况下，我们都是直接参加生产的体力劳动者，这些技能技巧是近乎自动化了的动作，它不是天生就会的，而是经过练习才逐步形成的。

（1）不动手是无法掌握熟练的操作技巧的

技能技巧的掌握分三步走：初步动作要领的分解掌握；连续动作的分解掌握；完整动作技能的协调掌握。

这是基于劳动者的认识规律性而确立的原则，是对动作技术和技能技巧的逐步了解、加深和掌握的一个重要过程，它要求我们去遵循技能掌握的逻辑顺序，从易到难，从简到繁地掌握系统的知识、技能和技巧。也就是说，一个完整动作技术和技能技巧的掌握，首先必须对每一个初步动作了解和运用，由简单入手，再到有着联系的动作和技能技巧的训练，然后到动作的协调，最后到动作的熟练，这样才能容易记忆，得以巩固。

因此不动手，就无法感知操作技巧的难简程度，更不用说对操作过程的理解与掌握。

（2）不动手是无法提高自己的技能技巧的

直白地说，技能技巧也就是个人的心得体会，是加工过程中的一种顿悟状态，是对加工工艺与生产环节的经验总结过程。因此，只有动手操作，才能对加工过程中出现的某些现象有直观的感知，并针对出现的问题想办法去解决，进而了解并提升自己对本工种新工艺、新技术以及产品质量和劳动生产效率的全过程的判断与解决能力，从而也就能学会一定的先进工艺操作方法。

因而，不动手是不可能去发现并了解加工过程中出现的各种问题的，也无法对出现的具体问题提出具体的解决方案，从而不能从本质上去帮助我们自己，让我们的技术有质的飞跃。

（3）不动手是不可能将理论知识得以诠释的

实践是检验真理的唯一标准，完整和系统的理论知识虽对我们的生产训练具有很好的指导作用，但反过来，动手训练则是对理论知识的消化和提高，是走向工作岗位必不可少的训练和过渡阶段。一味地重理论轻实践，其结果只能是纸上谈兵。

因此，不动手，就不能用理论去指导实践，从而就不会发现理论中的某些片面性和不完善性的东西，因此也就无法提升自己的系统知识。

总之，只有动手干，才能全面了解和掌握应有的专业技术，才能立足本职成为一名出色的技术人才。

第1章 焊接基础知识

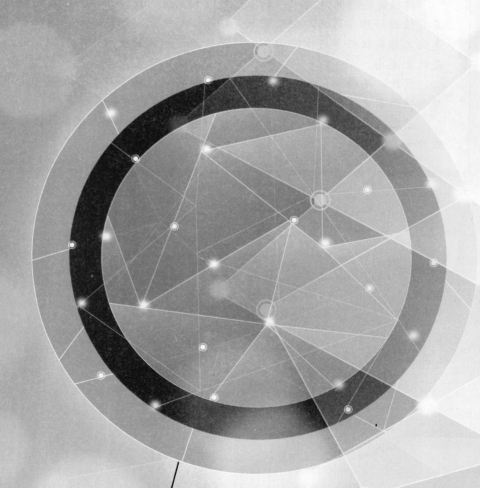

机械加工基础技能双色图解

好焊工是怎样炼成的

1.1 焊接方法与生产过程

1.1.1 焊接的特点与分类

（1）焊接的定义

焊接是一种连接方法，它是将两个或两个以上的焊件在外界某种能量（通过加热、加压或两者并用）的作用下，借助于各焊件接触部位原子间的相互结合力连接成一个不可拆除的整体的一种加工方法。它广泛应用于工业生产的各种领域，是金属加工的主要方法之一。

焊接最本质的特点就是通过焊接使焊件达到了原子结合，从而将原来分开的物体构成了一个整体，这是任何其他连接形式所不具备的。常用的连接形式如图 1-1 所示。为了达到原子结合，焊接时必须对焊接区进行加热、加压。

（a）螺栓连接　　　（b）铆钉连接　　　（c）焊接

图 1-1　几种常用的连接形式

（2）焊接的特点

① 焊接结构的应力集中变化范围比铆接结构大　焊缝除了起着连接焊件的作用外，还与基体金属组成一个整体，并能在外力作用下与它一起变形。因此，焊缝的形状和布置必然会影响应力的分布，使应力集中在较大的范围内变化。应力集中对结构的脆性断裂和疲劳有很大的影响。采取合理的工艺和设计，可以控制焊接结构的应力集中，提高其强度和寿命。

② 焊接结构有较大的焊接应力和变形　经焊接后的焊件因局部加热而不可避免地在结构中产生一定的焊接应力和变形。焊接应力和变形不但会引起工艺缺陷，而且还会影响结构的承载能力（如强度、刚度和受压稳定性）及结构的加工精度和尺寸的稳定性。

③ 焊接接头具有较大的不均匀性　因焊缝金属的成分和组织与基体金属不同，接头各部位经历的热循环不同，使得接头不同区域的性能不同。焊接接头的不均匀性表现在力学性能及金相组织上。对于高强度钢选用不同的焊接材料和工艺，接头各区域的组织和性能也有很大差别。接头的这种不均匀性对接头的断裂行为有很大影响。

④ 焊接接头中存在着一定数量的质量缺陷　焊接接头中通常有裂纹、气孔、夹渣、未焊透、未熔合等质量缺陷。质量缺陷的存在会降低强度，引起应力集中，损坏焊缝的致密性，是造成焊接结构破坏的主要原因之一。但是，采用合适的工艺措施加强工艺质量管理，这些质量缺陷是可以预防的，即使已产生了质量缺陷，也是可以修复的。

⑤ 焊接接头的整体性　焊接接头的整体性是焊接结构区别于铆接结构的一个重要特性。这个特性一方面赋予焊接结构高密封性和高刚度，另一方面也带来了问题。例如，止裂性能不如铆接结构好，裂纹一旦扩展，就不易制止，而铆接往往可以起到限制裂纹

扩展的作用。

（3）焊接的分类

根据焊接过程中金属所处状态的不同，焊接方法可分为熔焊、压焊和钎焊三大类，见表1-1。

表1-1　焊接的基本分类与用途

焊接分类		基本原理	用途
熔焊	气焊	利用氧-乙炔或其他气体火焰加热母材、焊丝和焊剂而达到焊接的目的	适用于焊接薄件、有色金属和铸铁等
	手工电弧焊	利用电弧作为热源熔化焊条和母材而形成焊缝的一种手工操作的焊接方法	应用范围极为广泛，尤其适用于焊接短焊缝和全位置焊接
	埋弧自动焊	电弧在焊接剂层下燃烧，利用焊剂作为金属熔池的覆盖层，将空气隔绝使之不能侵入熔池，焊丝的进给和电弧沿接缝的移动为机械操纵，焊缝质量稳定，成形美观	适于水平位置长焊缝的焊接和环形焊缝的焊接
	等离子弧焊	利用气体充分电离后，再经过机械收缩效应、热收缩效应和磁收缩效应而产生一束高温热源来进行焊接	可用于焊接不锈钢、耐热合金钢、铜及铜合金、钛及钛合金以及钼、钨及其合金等
	气电焊	利用专门供应的气体保护焊接区的电弧焊，气体作为金属熔池的保护层将空气隔绝	惰性气体保护焊用于焊接合金钢与铝、铜、钛等有色金属及其合金；氧化性气体保护焊用于普通碳素钢及其低合金钢材料的焊接
压焊	电阻焊	利用电流通过焊件接触时产生的电阻热，并加压进行焊接的方法。分为点焊、缝焊和对焊。点焊和缝焊是焊件加热到局部熔化状态；对焊是焊件加热到塑性状态或表面熔化状态	可焊接薄板、棒材、管材等
	摩擦焊	利用焊件间相互摩擦产生的热量将母材加热到塑性状态，然后加压形成焊接接头	用于钢及有色金属及异种金属材料的焊接（限方、圆截面）
钎焊		采用比母材熔点低的材料作填充金属，加热使填充金属熔化，母材不熔化，借液态填充金属与母材的毛细作用和扩散作用实现焊接连接	一般用于焊接尺寸较小的焊件

1.1.2　焊接生产过程与焊接能源

（1）焊接的生产过程

火车、汽车、轮船等，它们的外壳和骨架就是一些钢板和型钢焊接起来的。图1-2所示的油罐车罐体是一个典型的焊接结构。焊接是罐体生产的关键工序，通过焊接才能把一些钢板制造成符合要求的油罐车罐体。这种工序的顺序如图1-3所示。

在这些较多的工序中，主要分两个阶段：备料阶段（成形加工以前的工序）和装焊阶段。备料阶段中，先要把罐体所需要的板材矫平，再按照图样要求的尺寸在钢板上划线，然后按划线剪切成形后进行加工。在装焊过程中，要进行部件的装焊、分段装焊和总体装焊工作。部件的装焊是将剪切成形加工完的构件装焊成部件。部件比较简单，常由两个或由两个以上的构件装成独立的组合体。如罐体的上板，有许多块钢板，可先将两块钢板焊接成部件。分段装焊是把各个部件组合装焊成分段部件，它的尺寸较大些，

构造也较为复杂。如罐体的上板和底板是由几个部件组焊成的。总体装焊是将分段组合
装焊成整体结构。如罐体是由端板、上板、空气包、底板4个部件装焊而成的。

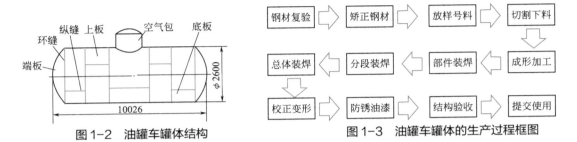

图1-2 油罐车罐体结构　　　　图1-3 油罐车罐体的生产过程框图

在结构生产过程中，要考虑选用最佳的加工方法和焊接方法，选用合理的焊接顺序
和检测手段，使焊接生产具有合理性、先进性，以保证不断提高产品质量。

（2）焊接能源

焊接能源有电能、机械能、化学能、光能和超声波能等。焊接使用的能源，也就是
焊接时的各种热源，其主要特性见表1-2。

表1-2　焊接时各种热源的主要特性

热源	最小加热面积/cm²	最大功率密度/（W/cm²）	温度/K	热源	最小加热面积/cm²	最大功率密度/（W/cm²）	温度/K
乙炔焰	10^{-2}	2×10^3	3400~3500	气体	10^{-4}	$10^4~10^5$	—
钨极氩弧	10^{-3}	1.5×10^4	8000~10000	等离子	10^{-5}	1.5×10^5	18000~25000
焊剂	10^{-3}	2×10^4	6400	电子束	10^{-7}	$10^7~10^9$	—
电阻	10^{-2}	10^4	2300	激光	10^{-8}	$10^7~10^9$	—

① 电能　电能有下列几种形式。

a. 电弧。这是一种气体放电现象，它是熔焊的主要热源。电弧空间的气体介质在电
场和电弧热作用下游离成带电粒子，传导焊接电流。当焊接电流流过电弧时，电弧两端
产生电压降。

b. 电阻。它是电渣焊或电阻焊的能源。熔融的熔渣一旦变成高度电离的物质，也可
以传导焊接电流。电渣焊即利用电流流过液态熔渣时产生的电阻热，使电极和母材熔化
而实现金属连接。

c. 热辐射。利用电流流过电热丝时产生的热辐射加热焊件来实现金属连接。它是钎
焊的重要热源。

d. 感应加热。它是一种特殊的能量传递方式。当高频电流流过感应线圈时，在其周
围产生相同频率的交变电磁场并在工件中产生感应电流（若工件上存在闭合电路），使
工件加热。感应的高频电流具有集肤效应和邻近效应。高频电阻焊时，集肤效应和邻近
效应使电流沿接缝的结合面流动，加热接触表面，并通过挤压实现焊接。而高频钎焊时，
为了使钎焊接头均匀加热，应设法克服集肤效应对焊接质量的不利影响。高频电磁场的
强度受线圈的工作电流、线圈匝数及线圈周围介质等因素的影响。

e. 电子束。借助阴极发射出来的电子在静电场的作用下加速，将电场能转变为动能，

再通过静透镜和电磁镜聚焦成细小而密集的电子束流。当电子束轰击被焊金属时，电子的动能就变成熔化和蒸发金属的热能从而完成焊接。

② 机械能　用机械能连接金属时，通过顶压、顶锻、摩擦等手段，使接头金属发生塑性变形，有效地破坏结合面上的金属氧化膜，并在外力作用下将氧化膜挤出接头，实现金属与金属的连接。焊前接头装配紧密，要求较高时采用惰性气体保护或在真空条件下焊接。

③ 化学能　它是气焊、热剂焊和爆炸焊的能源，可利用两种或两种以上物质化学反应所产生的能量实现金属连接。

a. 气焊。是指依靠可燃气体和氧的混合燃烧产生焊接所需的热量。常用的可燃气体有乙炔、氢、天然气、丙烷、丁烷等。

b. 热剂焊　利用两种或两种以上物质化学反应所产生的热量作为能源，同时还利用反应金属生成物作为填充材料完成焊接任务。

c. 爆炸焊　利用炸药爆炸释放的化学能实现金属的连接。炸药引爆瞬间发生的剧烈化学反应产生大量气体物质，释放大量热量。其反应区温度可达上千度，局部压力可达 $2.7 \times 10^4 MPa$。这种高温、高压气体在周围介质中迅速膨胀，压缩其他周围的介质，形成冲击波。利用爆炸形成的冲击波和化学热，以实现覆板和基板的冶金结合。

④ 光能　光能是激光焊或太阳能焊的能源。焊接能源的光能有激光、红外线、白炽光、太阳光。

a. 激光。它是原子受激辐射产生的一束相干光。激光焊是利用聚焦的激光束加热焊件接缝，使其熔化，然后冷却、凝固结合在一起。由于光束经聚焦后的光斑直径可小到 0.01mm，功率密度高达 $10^9 W/cm^2$，热量集中，因此焊缝窄、热影响区小、焊件变形小。激光束借助透镜和反射镜聚焦和反射，可在任意方向上弯曲、偏转，并可在空间作中长距离传射，故特别适用于复杂形状构件的焊接。

b. 红外线。它具有较强的穿透能力，且容易被物体吸收，因此，在工业中被广泛用作热源，红外线钎焊热源就是用大功率石英灯作红外线辐射器。根据焊件形状、结构特点的需要，合理设置若干石英灯。石英灯组发出的红外线经抛物面反射聚光，将红外线束投向工件钎焊面，其功率密度可达 $60 \sim 100kW/m^2$。

c. 太阳光。利用抛物面聚光，可以将太阳光辐射能转变为热能来加热焊件，以实现金属连接。

⑤ 超声波能　超声波焊通过换能器（磁致伸缩型和压电型）将电能转换为超声波能传输给工件，在焊接处产生超声波的机械振动，使两金属间发生超声频率的摩擦，消除金属接触面的表面氧化膜，同时在接触界面处产生大量热能，使两金属发生塑性变形，在外压力作用下，使工件在固态下实现连接。

1.2　焊接装配图的识读

1.2.1　焊接装配图的表示方法

（1）焊接装配图的特点

焊接装配图是指在焊接结构制造中，由焊接零件、部件组装成构件或整体结构的图样。这类图样也称为焊接构件图或焊接结构图。

焊接装配图和机械制图基本一样，但图样上的焊接结构件在结构特点上有所不同。

① 焊接结构件的特点

a. 焊接结构件在制造过程中，相对于机械零部件加工而言，要求的加工精度较低，一般不需要加工，或者是为加工前做准备工作，即加工前材料的矫正、拼装、焊接和整修等工序。

b. 所需要的材料绝大部分是板材和各种不同种类、不同规格的型材，也有一些其他种类的材料，如锻件、铸钢件等。所用的材质除了少量的特殊金属材料外，大部分是低碳钢和低合金结构钢。

c. 结构外形尺寸一般较大，形状较复杂、不规则，不像机械零件那样，不是正方形、长方形，就是圆柱、圆锥、圆台等有规则的几何形状。

d. 焊接工作量特别大，并且在焊接过程中产生大量的焊接热，形成了热影响区，构件内应力，致使焊接结构产生焊接残余应力和残余变形，需要采取许多补救和防范措施来保证结构的设计要求和产品质量。

e. 组成结构的零部件数量多。

② 焊接装配图的特点

a. 焊接装配图较复杂。它不同于机械加工图，机械加工图样大部分是零件图，尺寸标注、几何形状、公差要求在图上一目了然。而焊接装配图很大一部分是组部件图，每张图中包括的零件又很多，形状也不规则，视图比较复杂。

识图时，要从图中找出每一件的几何形状、尺寸大小，了解件与件之间的连接关系和技术要求。对图样所表达的零部件在脑海中形成一个较完整的立体形状，必要时需要绘制出零件草图。

b. 图纸幅面较大。焊接装配图很大一部分是组部件图，单件图很少。一般焊接结构件外形尺寸较大，尽管采用了缩小比例，但为了清晰地表达件与件之间的关系，仍需选用较大号的图纸。

c. 一般不能直接下料。有的结构件不能根据图样中所给的几何尺寸直接下料，而需要经过展开放样下料，如图1-4中所示的容器壳体就是如此。

d. 图中的标准件很少。由于焊接结构件的几何形状极不规则，绝大部分零部件是非标准件，只有少部分构件为标准件，如容器中的标准椭圆封头、管道中的标准弯头、铆钉等。

e. 图中剖视、剖面、局部放大很多。

f. 图中相贯线、截交线较多。

g. 图中表面粗糙度符号和形位公差符号较少。

h. 需要焊接的部位都应标注（或说明）焊缝符号及焊接方法代号，所以图中焊缝符号特别多。

（2）焊接装配图的表示方法

① 尺寸标注及标记

a. 尺寸标注

• 在平行于孔、螺栓及铆钉轴线的视图中，尺寸界线与图中的符号断开，如图1-5所示。尺寸界线用细实线绘制，并应从图形的轮廓线、轴线或中心线处引出。

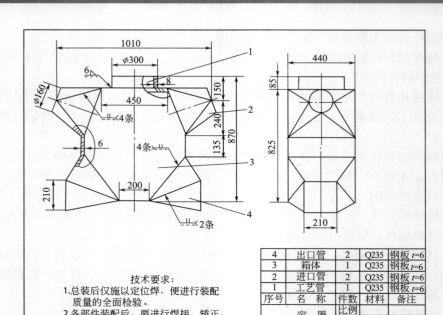

4	出口管	2	Q235 钢板 t=6
3	箱体	1	Q235 钢板 t=6
2	进口管	2	Q235 钢板 t=6
1	工艺管	1	Q235 钢板 t=6
序号	名　称	件数	材料 备注

容　器	比例	
	数量	
制图		
描图		
审核		

技术要求：
1.总装后仅施以定位焊，便进行装配质量的全面检验。
2.各部件装配后，要进行焊接，矫正，再进行总装。
3.各装配尺寸偏差不超过±2mm。

图 1-4　换热器部件（容器壳体）

- 孔的直径尺寸标注，应按图 1-5 所示的方法引出（如 10×φ15），标注在孔的附近。
- 若孔、螺栓及铆钉离中心线等间距时，应按图 1-5 中所注尺寸 80、100、160、200 的方法标注尺寸。
- 在弧的展开长度旁，应将这些长度所对应的弯曲半径在括号内标注，如图 1-5 中的（R1200）。

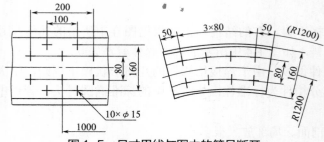

图 1-5　尺寸界线与图中的符号断开

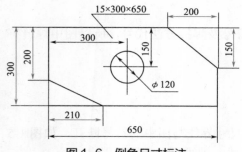

图 1-6　倒角尺寸标注

- 倒角应用线性尺寸标注，如图 1-6 所示。尺寸线必须与所标注的线段平行，尺寸线不能用图中其他图线代替，也不得与其他图线重合或画在其延长线上。
- 标注节点板尺寸的基准线时，至少应由两条成定角的汇交重心线组成，其汇交点称为基准点。节点板的尺寸应包含以重心线为基准的各孔的位置尺寸、节点板的形状尺寸及节点板边缘到孔中心线间的最小距离等，如图 1-7 所示。

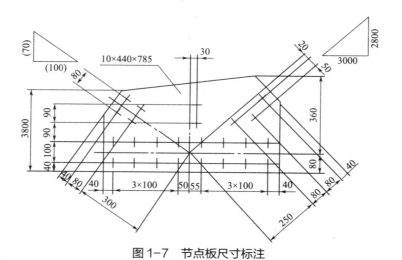

图 1-7　节点板尺寸标注

重心线的斜度用直角三角形的两短边表示，在短边旁注出基准点之间的实际距离，或用注写在圆括号内的相对于 100 的比例值表示，如图 1-8 所示。

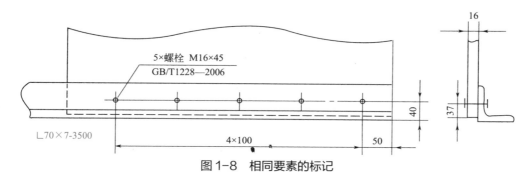

图 1-8　相同要素的标记

b. 标记。如果孔、螺栓及铆钉是一组相同的要素时，可以只标注外侧的一个要素，此时构成同一组的孔、螺栓、铆钉的个数应写在该标记之前，如图 1-8 所示。

对于板钢、条钢和型钢，其标记应为板厚及钢板的总体尺寸，如图 1-7 中的尺寸 "10×440×785"。条钢及型钢应采用表 1-3 中规定的符号与尺寸进行标记，必要时可在标记后注出切割长度，但需用一短横线隔开。

表 1-3　各种条钢及型钢的标记符号与尺寸

名称	标记		名称	标记	
	符号	尺寸		符号	尺寸
圆钢 钢管	$\oslash$	d $d \times t$	半圆钢	◠	$b \times h$

续表

名称	标记		名称	标记	
	符号	尺寸		符号	尺寸
实心方钢 空心方钢	▢	b $b×t$	等边角钢	⌐	若无其他相应标准时，应详细地标明型钢的规格尺寸，并在其前加注符号（有些符号具有方向性）
实心扁钢 空心扁钢	▭	$b×h$ $b×h×t$	不等边角钢	⌐	
实心六角钢 空心六角钢	⬡	s $s×t$	工字钢	I	
三角钢	△	b	槽钢	⊏	
丁字钢	T	若无其他相应标准时，应详细地标明型钢的规格尺寸，并在其前加注符号(有些符号具有方向性)	钢轨	⊥	
Z字钢	Z		球头扁钢	⊥	

提示

图上的标记应与条钢或型钢的位置一致，如图1-9所示。

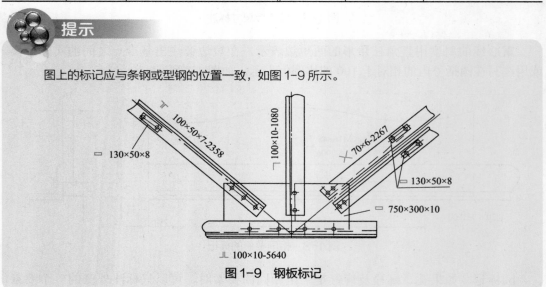

图1-9　钢板标记

② 焊缝的标注方法

a. 焊缝的形状尺寸。焊缝是指焊件经焊接后形成的结合部分，它的形状可用一系列的几何尺寸来表示。不同形式的焊缝，其形状参数也不相同，主要有焊缝宽度、厚度、焊脚、余高、熔深、焊缝成形系数等，见表1-4。

表1-4　焊缝参数及其形状尺寸

参数	说明	图示
焊缝宽度	焊缝表面与母材的交界处称焊趾，焊缝表面两焊趾之间的距离称为焊缝宽度	

参数	说明	图示
焊缝厚度	在焊缝横截面中，从焊缝正面到焊缝背面的距离称为焊缝厚度（焊缝计算厚度是设计焊缝时使用的焊缝厚度。对接焊缝焊透时它等于焊件的厚度；角焊缝时等于在角焊缝横截面内画出的最大等腰直角三角形中从直角的顶点到斜边的垂线长度）	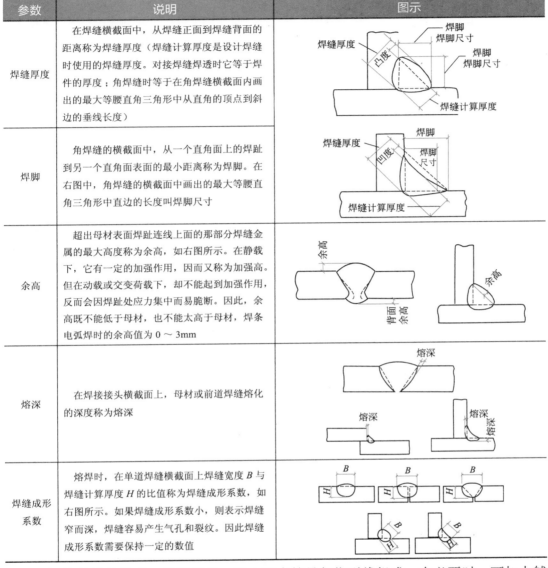
焊脚	角焊缝的横截面中，从一个直角面上的焊趾到另一个直角面表面的最小距离称为焊脚。在右图中，角焊缝的横截面中画出的最大等腰直角三角形中直边的长度叫焊脚尺寸	
余高	超出母材表面焊趾连线上面的那部分焊缝金属的最大高度称为余高，如右图所示。在静载下，它有一定的加强作用，因而又称为加强高。但在动载或交变荷载下，却不能起到加强作用，反而会因焊趾处应力集中而易脆断。因此，余高既不能低于母材，也不能太高于母材，焊条电弧焊时的余高值为 0 ～ 3mm	
熔深	在焊接接头横截面上，母材或前道焊缝熔化的深度称为熔深	
焊缝成形系数	熔焊时，在单道焊缝横截面上焊缝宽度 B 与焊缝计算厚度 H 的比值称为焊缝成形系数，如右图所示。如果焊缝成形系数小，则表示焊缝窄而深，焊缝容易产生气孔和裂纹。因此焊缝成形系数需要保持一定的数值	

b. 焊缝符号的组成。焊缝符号一般由基本符号与指引线组成，在必要时，可加上辅助符号、补充符号和焊缝的尺寸符号。

• 焊缝的基本符号。表示焊缝截面形状的符号，一般采用近似焊缝横截面符号来表示。而辅助符号则是表示表面形状特征的符号，在不需要确切说明焊缝的表面形状时，可不用辅助符号，辅助符号及其应用见表 1-5。

表 1-5 焊缝辅助符号与应用

名称	图示	说明	符号	应用示例
平面符号		焊缝表面齐平	——	▽

续表

名称	图示	说明	符号	应用示例
凹面符号	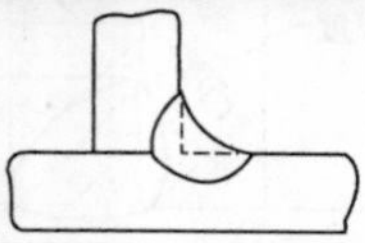	焊缝表面凹陷		
凸面符号	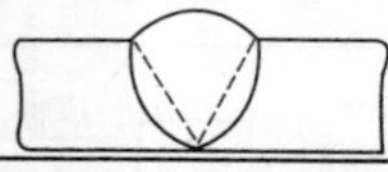	焊缝表面凸起		

• 补充符号。为补充说明焊缝的某些特征而采用的符号，其符号与应用见表1-6、表1-7。

表1-6　焊缝补充符号

名称	图示	符号	说明
带垫板符号	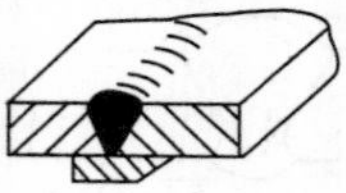	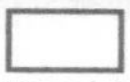 ▭	表示焊缝底部有垫板
		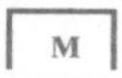 M	表示垫板永久保留
		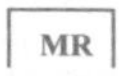 MR	垫板在焊接完成后拆除
三面焊缝符号	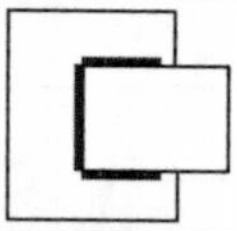	⊏	表示三面带有焊缝
周围焊缝符号	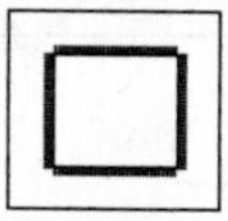	○	表示环绕工件周围焊缝
现场符号	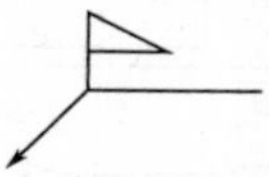	 ▶	表示在现场或工地上进行焊接
尾部符号		 <	可以表示所需的信息

表1-7　补充符号应用示例

符号	图示	标注示例	说明
 ▭	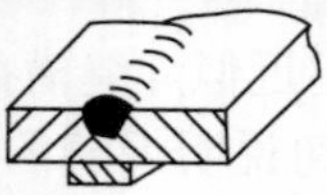	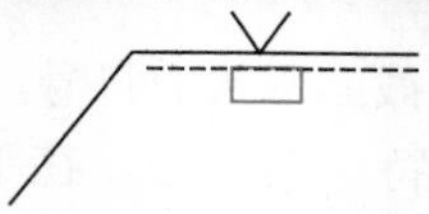	表示V形焊缝的背面底部有垫板
⊏	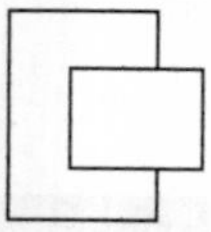	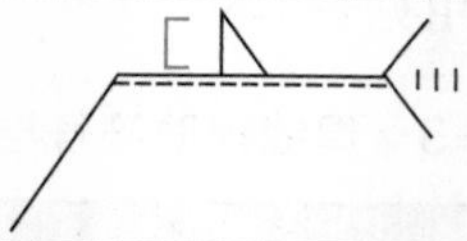	工件三面带有角焊，焊接方法为焊条电弧焊
○	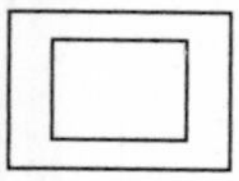	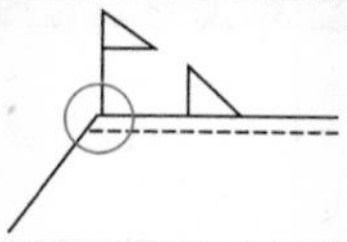	表示在现场沿工件周围施焊角焊缝

- 指引线。一般由带有箭头的指引线（简称箭头线）和两条基准线（一条为实线，另一条为虚线）两部分组成，如图 1-10 所示。

箭头线相对焊缝的位置可标在焊缝侧或非焊缝侧，一般没有特殊要求，如图 1-11 所示。但对于单边坡口（如 V 形、Y 形、J 形），箭头线应指向带有坡口一侧的工件，如图 1-12 所示。必要时箭头只允许弯折一次，如图 1-13 所示。

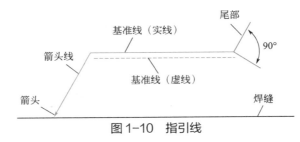

图 1-10　指引线

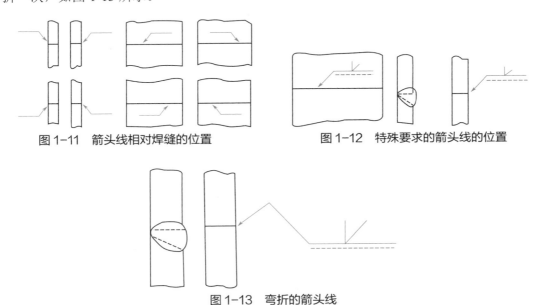

图 1-11　箭头线相对焊缝的位置　　　　图 1-12　特殊要求的箭头线的位置

图 1-13　弯折的箭头线

基准线一般应与图样的底边平行，必要时可与底边垂直，其虚线可根据需要而画在实线下侧或上侧。为了能在图样上确切地表示焊缝的位置，基准符号相对基准线的位置见表 1-8。

表 1-8　基准符号与基准线的相对位置

位置	图示	说明	位置	图示	说明
在实线侧		表示焊缝在接头的箭头侧	对称状态		虚线允许省略
在虚线侧		表示焊缝非箭头侧	双面焊缝		

c.焊缝尺寸的标注

· 一般要求。必要时可在焊缝符号中标注尺寸。焊缝尺寸符号见表1-9。

表1-9 焊缝尺寸符号

符号	名称	图示	符号	名称	图示
δ	工件厚度		c	焊缝宽度	
α	坡口角度		K	焊脚尺寸	
β	坡口面角度		d	点焊：熔核直径 塞焊：孔径	
b	根部间隙		n	焊缝段数	
p	钝边		l	焊缝长度	
R	根部半径		e	焊缝间距	
H	坡口深度		N	相同焊缝数量	
S	焊缝有效厚度		h	余高	

· 标注规则。焊缝尺寸的标注方法如图1-14所示，其要求如下。

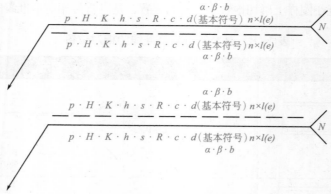

图1-14 焊缝尺寸的标注

i.横向尺寸标注在基本符号的左侧。

ii.纵向尺寸标注在基本符号的右侧。

iii.坡口角度、坡口面角度、根部间隙等尺寸标注在基本符号的上侧或下侧。

iv. 相同焊道数量符号标注在尾部。

v. 当尺寸较多又不易分解时可在尺寸数据前标注相应的尺寸符号。

vi. 当箭头方向变化时，上述原则不变。

d. 焊缝符号的标注

• 基本符号的应用。基本符号应用示例见表 1-10。

表 1-10 基本符号应用示例

名称	图示	标注方法
 ‖	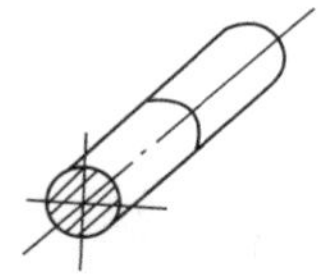	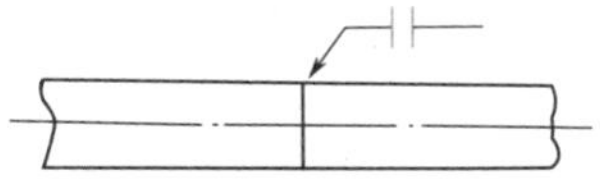
∨	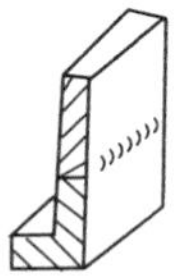	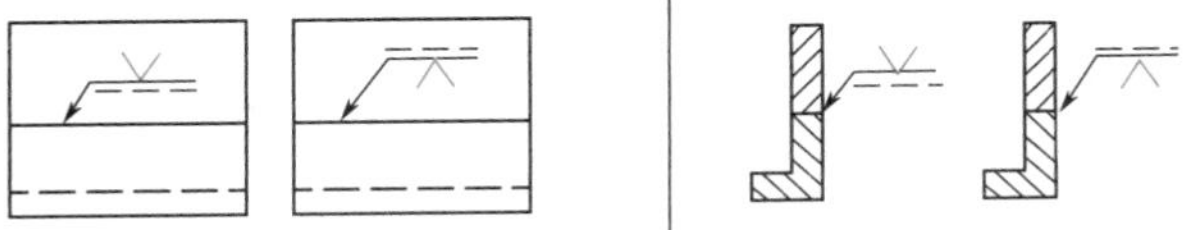
∨	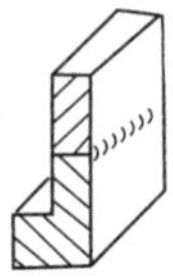	
Y	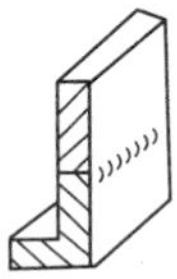	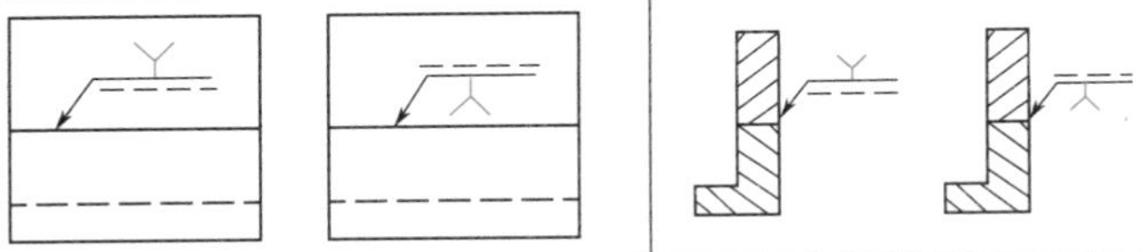
Y	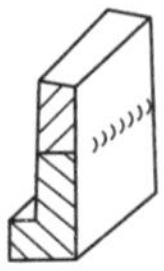	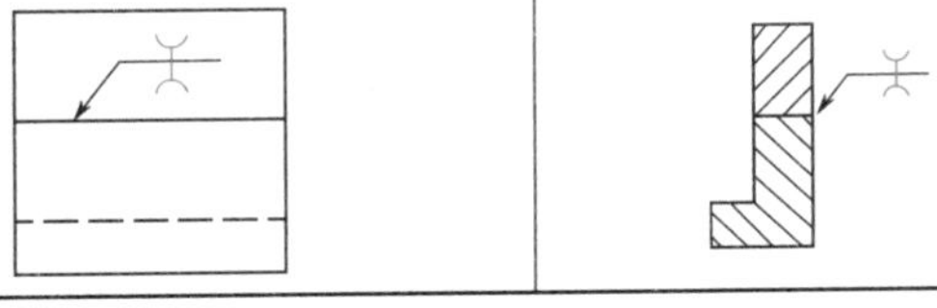

• 基本符号与辅助符号的组合应用。基本符号与辅助符号的组合应用示例见表 1-11。

表 1-11 基本符号与辅助符号的组合应用示例

名称	图示	标注方法
	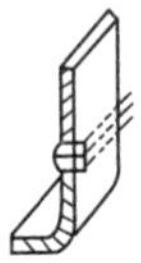	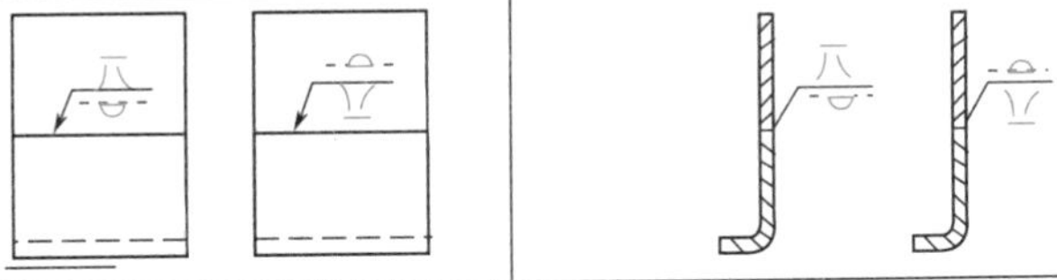
	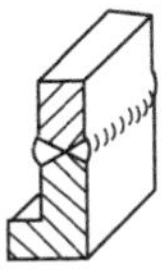	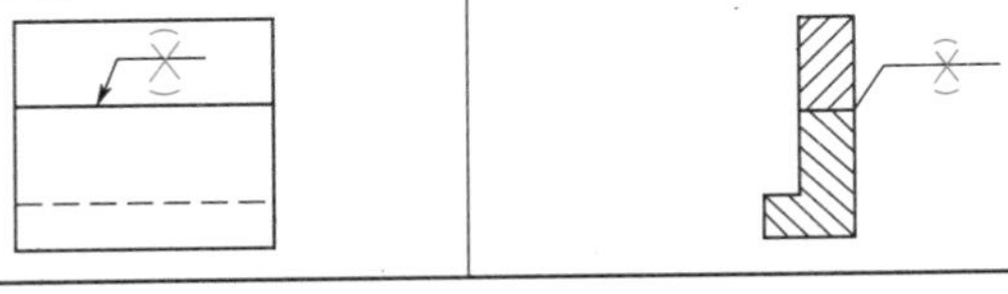

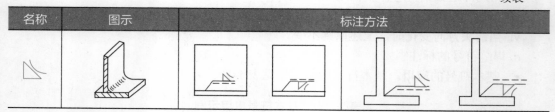

- 特殊情况标注。喇叭形焊缝、单边喇叭形焊缝、堆焊与锁边焊缝等特殊焊缝的标注方法见表1-12。

表1-12　特殊焊缝的标注

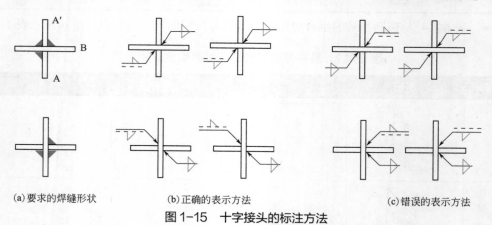

- 十字接头焊缝的标注。十字接头焊缝实际上是由两组T形接头组合而成的。每一个T形接头构成一组箭头侧的对应关系。如图1-15所示，十字接头由B板和A板以及B板和A′板组成的两个T形接头组成。因此图中的符号表示B板和A′板组成的T形接头，在箭头侧和非箭头侧都有焊缝；而B板和A板组成的T形接头只有非箭头侧有焊缝。

(a)要求的焊缝形状　　　　(b)正确的表示方法　　　　(c)错误的表示方法

图1-15　十字接头的标注方法

在标注十字接头焊缝符号时要弄清楚箭头侧和非箭头侧的对应关系。

- 焊缝符号与尺寸标注综合应用。在设计焊接结构标注焊缝时可简明地表达采用的焊接方法、坡口形式和尺寸及组装焊接要求、焊缝的质量要求、无损检验要求以及其他需要标注的技术内容。焊缝符号与尺寸标注应用实例如图 1-16 所示。

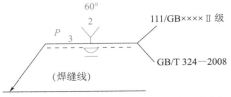

图 1-16 焊缝符号与尺寸标注应用实例

图中坡口用钝边 V 形坡口，坡口间隙为 2mm，钝边高为 3mm，坡口角度为 60°。111 表示采用焊条电弧焊（常用的焊接方法与代号见表 1-13），反面封底焊并且焊缝采取打渣平整。

表 1-13　常用的焊接方法与代号

焊接方法	代号	焊接方法	代号	焊接方法	代号	焊接方法	代号
电弧焊	1	压焊	4	电阻焊	2	氧乙炔焊	311
焊条电弧焊	111	超声波焊	41	点焊	21	氧丙烷焊	312
埋弧焊	12	摩擦焊	42	缝焊	22	其他焊接法	7
MIG	131	扩散焊	45	闪光焊	24	激光焊	751
TIG	141	爆炸焊	441	气焊	3	电子束	76

1.2.2 焊接装配图的识读与绘制

（1）焊接装配图的识读

① 识读焊接装配图的方法和步骤

a. 通读图样，形成总体概念。识图之前，应先根据图样目录清查图样是否齐全，并应根据图样的先后次序，依次通读，以对整个工程和产品建立一个基本的概念。

b. 概括了解与焊接有关的图样。先看标题栏，了解图样的名称，并熟知与各图样间的衔接与联系以及之间的相互关系。再看明细表和图上的零件编号，了解零件的组成情况。

如图 1-17 所示，从标题栏和明细表中可以看出该部件的名称是支承座，由 9 种零件组成，再顺着零件编号的指引线，就能很快地在各视图上找到零件的位置、几何形状和连接方法。这样就可以详细地对该装配体的视图、零件结构和连接方法作出进一步分析和了解。

c. 分析视图。在图 1-17 中，为表达装配体，该图样采用了五个视图：主视图采用全剖视图，表达 1～6 号零件的焊接形式和它们的装配位置；侧视图则表达两处角焊缝尺寸及位置，俯视图主要表示各零件的相对位置及 7、8、9 号零件（端板和筋板）的连接形式，并运用半剖视图表达结构内部的连接关系、表面形位公差及精度等；局部剖视图放大 2.5 倍，是为了更清楚地表示轴套与端板焊缝的严格尺寸要求；B 向局部视图表示出前端板 9 号零件要去掉 10°。

d. 分析零部件。主要是了解零件的基本形状和作用，以便弄懂部件的工作原理、装配顺序及各焊接处的可焊到性。分析时应注意以下几点。

- 分清零件轮廓，想象出各零件的大致立体结构形状，必要时参阅焊接部件图，增加对整体结构的印象，便于做初步工艺分析。

- 分清零部件之间的关系，了解各零部件的几何形状、尺寸、公差、技术要求以及装配次序等。

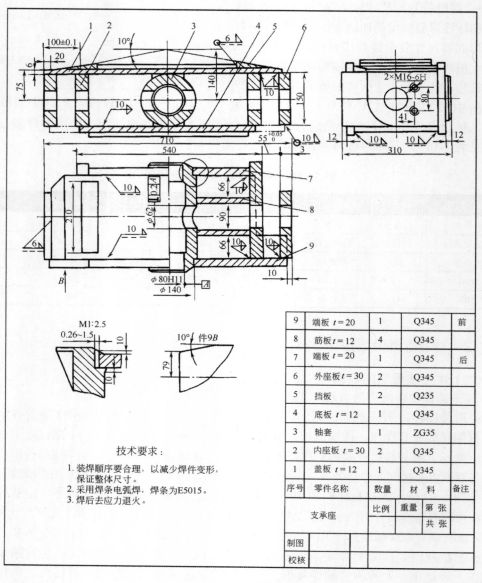

图 1-17　支承座焊接图

技术要求:
1. 装焊顺序要合理,以减少焊件变形,保证整体尺寸。
2. 采用焊条电弧焊,焊条为 E5015。
3. 焊后去应力退火。

9	端板 $t = 20$	1	Q345	前
8	筋板 $t = 12$	4	Q345	
7	端板 $t = 20$	1	Q345	后
6	外座板 $t = 30$	2	Q345	
5	挡板	2	Q235	
4	底板 $t = 12$	1	Q345	
3	轴套	1	ZG35	
2	内座板 $t = 30$	2	Q345	
1	盖板 $t = 12$	1	Q345	
序号	零件名称	数量	材料	备注

支承座	比例	重量	第 张
			共 张

制图	
校核	

• 弄清零部件的工作状况,如承受载荷的性质和大小,介质的性质和防腐、密封等情况,工作温度及焊接变形将对结构整体质量的影响等。

　　e. 要与阅读工艺卡片或工艺规程相结合。识读焊接装配图或焊接部件图的同时,要结合阅读工艺文件。

　　② 焊接装配图识图实例　以如图 1-18 所示的卧式贮罐结构为例,说明识图的方法和步骤。

　　a. 先看图头、后看图面。图头(标题栏和明细表)可以集中说明各个零件的名称、材料和数量等。在图 1-18 中清楚地表达了贮罐的全部零件和各个零件的名称、规格、材料、数量和贮罐的总质量达 4722kg,并注明了设计单位和施工单位。然后再看图面,对卧式贮罐形成一个总体的概念,基本上了解每个零件在各部位的作用及相互关系。

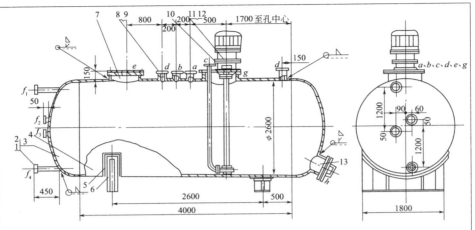

技术要求：

1. 简体及简体与封头焊缝采用埋弧焊。
2. 接管、人孔等与简体连接的角焊缝采用焊条电弧焊，焊条为E4303。
3. 制造完毕后进行水压试验。
4. 介质贮罐内壁需做厚度为8mm的石墨双层防腐衬。
5. 液下泵在现场安装，制造单位可不安装。
6. 设备表面需涂油漆两道，安装完毕，贮罐用蛭石保温，其余用毛毡保温，外缠玻璃布涂油漆。

序 号	公称直径	规 格	名 称	用 途
a	D_g70	$\phi76\times4$	法兰	物料入口
b	D_g70	$\phi76\times4$	法兰	物料回流口
c	D_g50	$\phi57\times3.5$	法兰	物料罐口
d	D_g70	$\phi76\times4$	法兰	排空
e	D_g500		法兰	人孔
$f_1\sim f_4$	D_g50	$\phi57\times3.5$	法兰	液石计
g	D_g400	$\phi426\times9$	法兰	液下泵口
h	D_g250	$\phi273\times8$	法兰	手孔

序号	代号	名称及规格	材料	单位	数量	单位质量	总质量
13	932-10-1	手孔 D_g250	Q235	套	1	11	11
12	932-10-2	法兰 D_g400	Q235	套	1	31	31
11	外购	液下泵孔 $\phi426\times9$ $L=152$	Q235	个	1	14	14
10	外购	液下泵 2.5FY-g	T1	套	1	100	100
9	932-10-3	接管 D_g60	Q235	套	3	3.5	10.5
8		法兰 D_g70	Q235	套	3	0.7	2.1
7	932-10-7	人孔 D_g500	Q235	套	1	43	43
6	JB1167-89	支座 D_g2600A ($h=200$)	Q235	套	2	420	840
5		加强板 $400\times2100\times10$	Q235	套	2	69	138
4	JB1153-89	简体 $D_g2600\times8$	Q235	套	1	2056	2056
3	JB1154-89	封头 $D_g2600\times12$ $H=50$	Q235	套	2	730	1460
2	932-10-3	法兰 D_g50	Q235	套	4	2.6	10.4
1		接管 $\phi57\times3.5$	Q235	套	4	1.5	6.0
序号	代号	名称及规格	材料	单位	数量	单位质量	总质量

球氧氯丙烷工程卧式贮罐		比 例	1:60
		图 号	S99-932-1
设计单位	××× 绘图 ×××	施工单位 ×××	审核 ×××

图 1-18 卧式贮罐结构

b. 先看总图，再看详图。总图是表示结构的主要视图，它是一个长度为 4000mm、内径为 $\phi2600$mm 的圆筒，其两端用封头封闭，上部有人孔 7、法兰 8、接头 9 和液下泵 10，在两个封头上有接管 1 和手孔 13，底部装有支座。主视图采用局部剖视可以了解贮罐的内部结构和液下泵的连接管分布情况。侧视图未经过任何剖视，只表示贮罐外部情况及支座的具体数据。

c. 弄清贮罐的材料、规格、数量及构件的连接情况。通过标题栏和明细表了解贮罐是由 13 个零件组成的。

以上零件需要看零件的详图，可通过明细表上的代号所标注的零件图号，去查阅零件图样（因受图面所限没有给出零件详图）。待零件加工完毕后，再进行装配与焊接，装配时要看详图，按零件与零件的连接关系进行安装，全部采用焊接方式。

d. 了解图样的技术要求。图样上的技术要求即是该工程的各项技术规定，制造时要严格执行，有问题应与有关部门具体协商。

• 筒体及筒体与封头焊缝采用埋弧焊；接管、人孔等与筒体连接的角焊缝采用焊条电弧焊，选择 E4303 焊条。

• 制造完毕应进行水压试验。

• 介质贮罐内壁需做厚度为 8 mm 的石墨双层防腐衬。

• 液下泵需在现场安装，制造单位可不安装。

• 设备表面需涂油漆两道。

• 安装完毕，贮罐用蛭石保温，其余用毛毡保温，外缠玻璃布涂油漆。

通过以上的识读，对贮罐图样应有了详细的了解。

（2）焊接装配图的绘制

① 绘制焊接装配图的步骤

a. 为了清楚地表达焊接装配图的构造和每个零部件的形状及尺寸大小，首先应确定图形的比例和图幅，然后确定主视图，并同时选择必要视图、剖视图和剖面图及其他表示方法。如箱体类零部件，一般结构比较复杂，应以工件位置画出主视图，侧视图可以反映出结构的外形尺寸，内部结构形状可以用适当数量的剖视图来表示。

b. 画出框线、标题栏、零件明细表、布置图形。

c. 绘制图形。一般先画出主体零件（大零件），然后再画较小的和比较简单的零件。画图时，各视图中的有关部分，最好同时进行，以利于保持投影关系。

d. 标注尺寸、焊缝符号及编排零件序号。

e. 填写技术要求、零部件明细表及标题栏。

f. 校对全图。

② 焊接装配图绘制举例　以图 1-19 所示的简单桁架装配图为例说明绘制步骤。

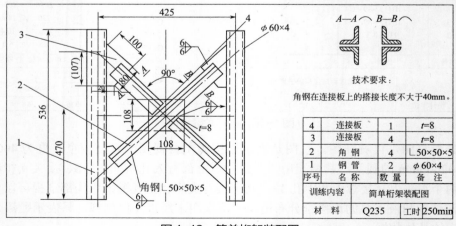

图 1-19　简单桁架装配图

a. 布置图幅。选择绘图比例，确定图幅大小，画出基准线、中心线（以桁架中心线和桁架底座为基准线）。应留出标注尺寸、焊缝符号、零件编号和明细表位置。

b. 选择视图。以桁架的工件位置安排主视图，用剖面图表达六根角钢的截面形状及装配关系。

c. 画桁架图。先画出桁架的两根 $\phi60mm \times 4mm$ 的钢管，再画四块连接板，并连接角钢，画角钢的中间连接板 $108mm \times 108mm$，然后绘制角钢的 $A—A$ 和 $B—B$ 的剖面图。

d. 标注尺寸 标注两根 $\phi60mm \times 4mm$ 的钢管的中心距 425mm、长度尺寸 536mm、直径 $\phi60mm$ 及管壁厚度 4mm；标注角钢中心线尺寸、与钢管相连接的四块连接板的位置尺寸及其形状尺寸和中间连接板形状尺寸；标注角钢的尺寸 ∟ 50×50×5，并分别标注角钢剖面的剖切位置和各零件的编号。

e. 标注焊缝符号。四块连接板与钢管采用双角焊缝的焊缝符号标注；角钢与四块连接板及角钢与中间连接板搭接也采用双角焊缝的焊缝符号标注。

f. 完成技术要求、明细表和标题栏。

g. 校对全图。

1.3 焊接安全

1.3.1 焊接操作个人防护与安全操作

焊工在工作时要与电、可燃及易爆的气体、易燃液体、压力容器等接触，在焊接过程中还会产生一些有害气体、金属蒸气和烟尘、电光弧的辐射、焊接热源的高温等。如果焊工不遵守安全操作规程，就可能引起触电、灼伤、火灾、爆炸、中毒等事故。因此，从思想上重视安全生产，明确安全生产的重要性，增强责任感，了解安全生产的规章制度，熟悉并掌握安全生产的有效措施，对于避免和杜绝事故的发生十分必要。

（1）安全生产的作业环境

① 焊接场地应有良好的通风。焊接区的通风（包括机械通风和自然通风）是排出有毒气体的有效措施。

② 采用静电防护面罩，做好个人防护工作。

③ 焊工在作业时，应穿白帆布工作服，以避免强烈电弧光辐射灼伤皮肤。

④ 在厂房内和人多的区域进行焊接时，尽可能使用防护屏，如图 1-20 所示，以避免周围的人受电弧光伤害。

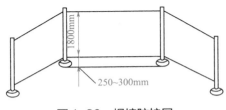

图1-20　焊接防护屏

⑤ 焊接作业必须配有灭火器材。

（2）安全生产的具体要求

做到安全生产的具体要求是焊工应做到十个不焊。

① 焊工没有操作证又没有正式焊工在场进行技术指导时，不能进行焊、割作业。

② 凡属一、二、三级动火范围的焊、割，未办理动火审批手续的，不得擅自进行焊、割。

③ 焊工不了解焊、割现场周围情况时不得盲目进行焊、割。

④ 焊工不了解焊、割件内部条件是否安全时，未彻底清除，不得进行焊、割。

⑤ 盛装过可燃气体或有毒物质的各种容器，未经清洗不得进行焊、割。

⑥ 用可燃材料作保温、冷却、隔音、隔热的部位，火星能飞溅到的地方，在未经采取切实可靠的安全保护措施之前，不得进行焊、割。

⑦ 有电流／压力的导管、设备、器具等，在未切断电、泄压之前，不得进行焊割。

⑧ 焊、割部位附近堆有易爆物品时，在未彻底清理或未采取有效安全措施之前不得进行焊、割。

⑨ 与外单位相接触的部位，在没弄清楚外单位是否有影响或明知存在危险又未采取切实可靠的安全条件之前不得进行焊、割。

⑩ 焊、割场所与附近其他工种互相有抵触时不得进行焊、割。

（3）预防触电的安全知识

线路中的电压和人体的电阻，决定于通过人体的电流大小。人体的电阻除人的自身电阻外，还包括人身所穿的衣服和鞋等的电阻。干燥的衣服、鞋及工作场地，能使人体的电阻增大。通过人体的电流大小不同，对人体伤害的轻重程度也不同。当通过人体的电流超过 0.05A 时，生命就有危险。人体的电阻由 50000Ω 可以降至 800Ω，根据欧姆定律，40V 的电压就对人身有危险。而焊接工作场地所提供的电压为 380V 或 220V，焊机的空载电压一般都在 60V 以上，因此，焊工在工作时必须注意防止触电。

焊接时，为防止触电，应采取下列措施：

① 弧焊设备的外壳必须接零或接地，而且接线应牢靠，以免由于漏电而造成触电事故。

② 弧焊设备的一次侧接线、修理和检查应由电工进行，焊工不可私自随便拆修。二次侧接线由焊工进行连接。

③ 推拉电源开关时，应戴好干燥的皮手套，面部不要对着开关，以免推拉开关时发生电弧火花灼伤脸部。

④ 焊钳应有可靠的绝缘。中断工作时，焊钳要放在安全的地方，防止焊钳与焊件之间产生短路而烧坏弧焊机。

⑤ 焊工的工作服、手套、绝缘鞋应保持干燥。

⑥ 在容器、船舱内或其他狭小工作场所焊接时，须两人轮换操作，其中一人留守在外面监护，当发生意外时，立即切断电源，便于急救。

⑦ 在潮湿的地方工作时，应用干燥的木板或橡胶片等绝缘物作垫板。

⑧ 在光线暗的地方、容器内操作或夜间工作时，使用的工作照明灯的电压应不大于 36V。

⑨ 遇到焊工触电时，切不可用赤手去拉触电者，应先迅速将电源切断。如果切断电源后触电者呈现昏迷状态，应立即施行人工呼吸法，如图 1-21 所示，直至送到医院为止。

⑩ 焊工要熟悉和掌握有关电的基本知识、预防触电及触电后急救方法等知识，严格遵守有关部门规定的安全措施，防止触电事故发生。

图 1-21　人工呼吸法

（4）预防火灾和爆炸的安全知识

焊接时，由于电弧及气体火焰的温度很高，而且在焊接过程中有大量的金属火花飞溅物，如稍有疏忽大意，就会引起火灾甚至爆炸。因此焊工在工作时，为了防止火灾及爆炸事故的发生，必须采取下列安全措施：

① 焊接前要认真检查工作场地周围是否有易燃、易爆物品（如棉纱、油漆、汽油、炼

油、木屑、乙炔发生器等）。如有易燃、易爆物，应将这些物品搬离焊接工作点 5m 以外。

② 在高空作业时，更应注意防止金属火花飞溅而引起的火灾。

③ 严禁在有压力的容器和管道上进行焊接。

④ 焊补储存过易燃物的容器（如汽油箱等）时，焊前必须将容器内的介质放净，并用碱水清洗内壁，再用压缩空气吹干，并应将所有孔盖完全打开，确认安全可靠方可焊接。

⑤ 在进入容器内工作时，焊、割炬应随焊工同时进出，严禁将焊、割炬放在容器内而擅自离去，以防混合气体燃烧或爆炸。

⑥ 焊条头及焊后的焊件不能随便乱扔，要妥善管理，更不能扔在易燃、易爆物品的附近，以免发生火灾。

⑦ 每天下班时，应检查工作场地附近是否有引起火灾的隐患，如确认安全，才可离开。

1.3.2　焊接设备安全技术

（1）气瓶的安全技术

焊接和切割用的气瓶可分为三类。

第一类为压缩气体类，它包括可燃气体和不可燃气体两种。可燃气体有天然气瓶（甲烷）、氢气瓶；不可燃气体有氧气瓶、氩气瓶、氮气瓶及其混合气瓶等。

第二类为液化气体类，它包括液化石油气瓶、二氧化碳气瓶等。

第三类为溶解气体类，包括乙炔气瓶等。

焊接、切割时使用的各类气瓶最高允许工作压力和水压试验压力见表 1-14，不符合要求不能使用。

① 压缩气瓶的安全技术　压缩气瓶不可置于日光下曝晒，应放在阴凉的通风环境下使用。也不可靠近热源，特殊条件下必须靠近明火使用时，其最短距离也不得小于 10m，以防止气瓶受热后压力增大而引起爆炸事故；在运输气瓶时，应将安全帽和防震胶圈装好，严格防止气瓶跌落或撞击。使用气瓶时不要太快旋开阀门，以防止压力气流急增，气嘴冲出后造成事故。不能全部用尽气瓶内气体，要有剩余压力。对于氢气接触的管道和设备要有接地装置，以防产生静电造成自燃。氧气瓶嘴不得沾染油脂。如冬季瓶嘴冻结，使用时只能用热水和蒸汽加热，不能用火来烤。

表 1-14　各类气瓶使用规范

气体			分子式	最高工作压力 / （kgf/cm²）	水压试验压力 / （kgf/cm²）	阀门螺纹	受验期年限	备注
压缩气体类	可燃气体	氢	H_2	150	225	左旋	3	装过气可改为 2 年
		甲烷（天然气）	CH_4	150	225	左旋	3	
	不可燃气体	氧	O_2	150	225	右旋	3	—
		氩	Ar	150	225	右旋	3	—
		氮	N_2	150	225	右旋	3	—
液化气体类	石油气		$C_3H_8C_7H_{10}$	16	32	右旋	—	
	二氧化碳		CO_2	125	187.5	右旋	—	
溶解气体类	乙炔	—	C_2H_2	15.5	60	左旋		

② 液化气瓶的安全技术　液化气瓶须留出 10% ～ 15% 的空间，不能充满液体，否

则压力过大，使用时可能会使气嘴打出造成事故。瓶阀及管接头不得漏气，要经常保证减压阀安全好用。注意防止丝堵及角阀螺纹的磨损和锈蚀，防止在压力下打出。连接胶管和衬垫须采用耐油材料。气瓶严禁用火烤或沸水加热。冬季可用40℃以下热水加热后使用，不得接近明火和暖气片，不得自行倒出残液，以防遇火造成火灾事故。用完后要关闭全部阀门，并仔细检查是否有漏气现象。

③ 溶解气瓶的安全技术　溶解气瓶不得卧放，只能直立使用，以防止丙酮流出。其余安全技术与压缩气瓶相同。

（2）乙炔发生器的安全技术

乙炔发生器分自制浮桶式乙炔发生器和中压乙炔发生器两种。前者工作压力在0.1倍表压力以下，因此也称低压式。后者工作压力最高为1.5倍表压力。使用时除必须装回火防止器外，还要有压力表、安全阀和装设防爆膜等安全设施。防爆胶皮薄膜不能太厚，一般为1～2mm，面积占浮桶断面60%～70%（或直径占浮桶直径的80%左右）。

乙炔发生器使用中需注意，铜与乙炔接触会产生乙炔铜而发生爆炸，因此所用零件和工具不得用纯铜，只能使用含铜70%以下的铜合金。

在使用中压乙炔发生器时，压力要保持正常，安全阀要确保安全可靠，水要保持清洁，电石分解的灰浆要及时清除，发气室温度一般不得超过80℃，浮桶式乙炔发生器水温不得超过60℃，否则应停止作业。

电石应有大小适当的块度。电石一次不应加得过多，不可集中使用小块电石，更不可集中用电石碎末，以防止反应猛烈，引起乙炔压力增大而发生爆炸。

（3）减压器的安全技术

焊接和切割用氧气减压器、乙炔气瓶减压器和液化石油气瓶的减压器三种减压器。氧气减压器应涂蓝色，连接气瓶的螺纹是右旋；乙炔气瓶减压器应涂白色，连接乙炔气瓶的螺纹是左旋；液化石油气瓶的减压器应涂灰色，连接液化石油气瓶的螺纹是左旋。

减压器冻结时只能用热水和蒸汽解冻，不可用火烤。减压器不得沾有油脂。工作中如发现减压器漏气或自流时应关闭瓶阀取下修理。减压器停止工作时，先将减压阀关闭，然后松开调整杆。使用时注意每个减压器只能用于一种气体。

（4）焊炬及割炬的安全技术

射吸式焊炬和割炬使用前要检查它的射吸能力，没有射吸能力的严禁使用。

使用时如发生加火现象，应迅速先关闭氧气阀门，再关乙炔阀门。喷嘴温度过高时，熄火后放入水中冷却。工作前先略开氧气阀再开乙炔阀门，迅速点火后调整火焰；熄火时，与此相反。

（5）橡胶软管的安全技术

橡胶软管应具有能承受一定气体压力的强度，长度一般不小于5m，两端应用卡子或细钢丝绑紧。工作过程中要防止橡胶软管沾上油脂或触及红热金属。

氧气橡胶管为红色，应能承受20kgf/cm² 气压；乙炔橡胶软管为绿色，应能承受5kgf/cm² 气压。

1.3.3　焊接污染与控制

（1）焊接污染

焊接污染物的种类很多，对人与环境的危害程度也不一样，并因焊接方法的不同，所产生的污染物种类和数量也有所不同。

① 电焊烟尘与危害　电焊烟尘是指焊接过程中产生的"烟"和"粉尘"。被焊金属材料和焊接材料（焊条和焊丝）熔化时产生的高温金属蒸气，在空气中迅速蒸发－氧化－冷凝形成细小的固态粒子，弥散在电弧周围，从而形成电焊烟尘。固态粒子的直径小于 $0.1\mu m$ 称为"烟"，直径在 $0.1 \sim 10\mu m$ 称为"粉尘"。这些金属及其化合物的细小微粒飘浮到空气中会造成环境污染。电焊烟尘的成分及浓度主要取决于焊接方法、焊接材料及焊接参数。

电焊烟尘的成分十分复杂，不同焊接方法的烟尘成分及其主要危害也有所不同。例如，焊条电弧焊、二氧化碳气体保护焊、等离子弧焊（切割）等，其电焊烟尘中主要成分是铁、锰、硅、铝等，长时间接触这些烟尘，容易被吸入人的肺部并积聚下来，将有可能引起"焊工尘肺""锰中毒"和"金属热"等疾病。

② 焊接有害气体与危害　在各种熔化焊过程中，焊接电弧的高温和强烈紫外线会使焊接区周围形成一些气体，其中有些气体对人体有害，称为焊接有害气体。这些气体包括臭氧、氮氧化物、一氧化碳、氟化物和氯化物等。

有害气体成分及数量多少与焊接材料、焊接方法及焊接参数有关。如采用熔化极氩弧焊焊接碳钢时，由紫外线激发作用而产生的臭氧量大于 $73\mu g/min$，而采用二氧化碳焊接碳钢时，仅产生 $7\mu g/min$ 左右的臭氧量。

在氩弧焊、等离子弧焊及等离子弧切割、喷涂、喷焊过程中，电弧温度极高，如钨极氩弧焊电弧温度最高可达 16000K 以上。因此，在这些焊接方法中电弧发出的紫外线强度很高，可比焊条电弧焊电弧发出的紫外线强度大 $30 \sim 50$ 倍。在这样的条件下，电弧区周围必然发生强烈的高温化学反应，而导致较多的臭氧产生。

其次，在焊接铜合金、铝合金的（有色）金属及喷焊、喷涂、切割中，还会产生较多的氮氧化物。

a. 臭氧（O_3）的产生与危害。焊接区内的臭氧，是空气中的氧气经电弧高温和强烈紫外线光化作用而产生的。电弧与等离子弧辐射出的短波紫外线，特别是波长为 $185 \sim 210mm$ 的紫外线，使空气中的氧分子分解成氧原子。这些氧分子或氧原子在高温下获得一定能量后，激发并互相撞击，生成臭氧。

臭氧是一种淡蓝色气体，具有强烈刺激性气味。当空气中臭氧浓度较高（达到 $0.01mg/m^3$）时，可闻到腥臭味；浓度再高时，腥臭味中略带有酸味。

臭氧是属于具有刺激性的有害气体和极强的氧化剂，容易同各种物质起化学反应。臭氧被人体吸入之后，主要是刺激呼吸系统和神经系统，引起咳嗽、头晕、胸闷、全身乏力和食欲不佳等症状，严重时可发生肺水肿和支气管炎。此外，臭氧容易同橡皮和棉织品起化学反应，可使其老化变性，如在 $13mg/m^3$ 浓度作用下，帆布可在半个月内变性，易破碎。

b. 氮氧化物的产生与危害。在焊接高温作用下，空气中的氮分子、氧分子离解，并重新结合成氮氧化合物。

氮氧化物种类很多，主要有氧化亚氮（N_2O）、一氧化氮（NO）、二氧化氮（NO_2）、三氧化二氮（N_2O_3）、四氧化二氮（N_2O_4）、五氧化二氮（N_2O_5）等。这些气体因其氧化程度不同而具有不同的颜色（从黄白色到深棕色），除 NO_2 外均不稳定，遇光或热都将变成 NO_2 及 NO。NO 在常温下又迅速氧化成 NO_2。因此，焊接时常见的氮氧化物为 NO_2，其次为 NO 和 N_2O_4。

NO_2 为红褐色气体，其毒性为 NO 的 $4 \sim 5$ 倍，遇水可变成硝酸或亚硝酸，产生强烈的刺激作用。

氮氧化物对人体的危害主要是可通过呼吸道吸入肺部，其中 80% 滞留在肺泡，逐渐与水作用形成硝酸或亚硝酸，对肺组织产生强烈的刺激及腐蚀作用，引起急性哮喘症或产生肺水肿，主要表现是剧烈咳嗽、呼吸困难、虚脱、全身软弱无力等症状。

在实际焊接过程中，氮氧化物单独存在的可能性很小，一般都是和臭氧同时存在，两者叠加后的毒害作用倍增。一般情况下，两种有害气体同时存在比单独存在时，对人体的有害作用增大 15～20 倍。

c. 一氧化碳（CO）的产生与危害。焊接过程中产生的一氧化碳（CO）主要来源于二氧化碳（CO_2）在电弧高温作用下的分解。在各种焊接方法中，二氧化碳气体保护焊产生的一氧化碳的浓度最高。

一氧化碳是无色、无味、无臭、无刺激性的气体，密度比空气略小，几乎不溶于水，它属于一种窒息性气体。一氧化碳对人体的有害作用是使氧在人体内的输送和氧的利用功能发生障碍，造成组织缺氧坏死而中毒。其表现是头晕、头痛、面色苍白、全身不适、四肢无力等神经衰弱症。

③ 焊接电弧光辐射的危害　焊接电弧的光辐射主要是由红外线（波长为760～345000nm）辐射、强可见光（波长为 400～750nm）辐射和紫外线（波长为180～400nm）辐射组成。光辐射是能的传播方式，波长越短，则每个量子具有的能量越大，对机体的作用越强。不同焊接方法和不同焊接参数的光辐射强度及其组成是不同的，尤其是紫外线辐射的强度不同，见表 1-15。

表 1-15　几种焊接方法的紫外线辐射相对强度

波长 /nm	相对强度			波长 /nm	相对强度		
	焊条电弧焊	氩弧焊	等离子弧焊		焊条电弧焊	氩弧焊	等离子弧焊
200～233	0.025	1.0	1.91	290～320	3.9	1.0	4.4
233～260	0.059	1.0	1.32	320～350	5.61	1.2	7.0
260～290	0.60	1.2	2.21	350～400	9.35	1.0	7.8

a. 红外线对人体的危害。红外线对人体的危害主要是引起人体组织的热作用。波长较长的红外线可被皮肤表面吸收，使人产生热的感觉；波长较短的红外线可被深部组织吸收，使血液和深部组织灼伤。眼睛若受到强烈的红外线照射，可立即感到强烈的灼伤和灼痛，发生闪光幻觉。若长期受到红外线照射，可造成红外线白内障和视网膜灼伤，严重时能导致失明。电弧焊均可产生各种波长的红外线。但是，只有气焊是以红外线辐射的危害为主。

b. 紫外线对人体的危害。适量的紫外线照射对人的健康是有益的。但焊接电弧的强烈紫外线过度照射，对人体健康有一定的危害。

紫外线对人体伤害的程度与其波长有关，研究表明，波长为 180～290nm 的紫外线对人体的伤害作用最大，它主要对皮肤和眼睛造成伤害。当皮肤受到强烈紫外线作用时，可引起皮炎、弥漫性红斑，有时出现小水泡和水肿，有发痒和热灼感；作用强烈时表现为头痛、头晕、发烧、失眠及神经兴奋等。紫外线对眼睛有一定的伤害作用，如直接照射眼睛会引起电光性眼炎，就是由于紫外线过度照射引起的急性角膜炎，主要表现为两眼流泪、刺痛、异物感、怕光等，并伴有头痛、视物模糊等症状。

此外，焊接电弧的紫外线辐射对纤维的破坏力很强，尤其是棉织品为甚。在等离子弧焊、氩弧焊、二氧化碳气体保护焊和焊条电弧焊中，主要以紫外线辐射的危害为主。

c. 强可见光。焊接电弧的可见光的亮度，比肉眼正常承受的亮度约大一万倍。被强可见光照射后眼睛看不见东西、疼痛，通常也称为电弧"晃眼"，短时间内失去视觉，长时间的恶射会引起视力减弱。

（2）焊接污染物的控制途径

在焊接污染物中，电焊烟尘的危害最大。对焊接污染物的控制主要应从以下几个方面考虑：

① 改革工艺　以无污染或污染较少的焊接方法（如埋弧焊和电阻焊等）来代替污染较严重的焊接方法（如焊条电弧焊、二氧化碳气体保护焊、氩弧焊和等离子弧焊）。这些方法对减少污染是有利的，但是，由于技术条件的要求和客观条件的限制，只有局部的可行性。例如，可用埋弧焊代替焊条电弧焊，焊接长而直的焊缝或者直径较大的环缝，而短小的、不规则的焊缝则不能代替。

② 改革焊条　焊条电弧焊时产生的烟尘和有害气体都来自焊条药皮，所以焊条药皮是该焊接方法的污染源。因而改革焊条，减少发尘量和烟尘中致毒物质含量应从焊条药皮着手，也就是从污染源的改革着手，这对减少或消除焊接污染有重要意义。

a. 将高锰焊条改为低锰焊条，可减少烟尘中致毒物质（锰）的含量。

b. 使用已研制成功的低尘低毒碱性焊条，该焊条药皮采用不易蒸发（沸点高）且可减少氟化物产生的药皮材料，达到减少总发尘量和烟尘中致毒物质含量的目的。

③ 采取局部通风除尘系统　局部通风除尘系统是由排气罩、风机、风管及净化装置四部分组成的，其示意图如图 1-22 所示。

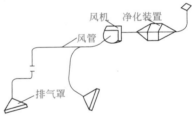

图 1-22　固定式局部通风除尘系统

a. 排气罩。排气罩一般是由薄钢板或薄铁皮制成的吸风罩口，安装于焊接工作点附近，用于吸排焊接过程中产生的有害气体和电焊烟尘。

b. 风机。风机是局部通风系统的重要组成部分，用于克服除尘系统中罩口、风管及净化装置的压力损失，推动通风排尘系统内的气流流量，保证系统的排气量。

c. 风管。风管主要用来输送电焊烟尘和有害气体或净化后的空气。

d. 净化装置。用于捕集电焊烟尘和有害气体的净化器有多种形式，如静电除尘器、袋式除尘器和洗涤除尘器。静电除尘器和袋式除尘器对电焊烟尘的净化效率较高，可达99%，此两种除尘器都属于干式除尘，捕集到的粉尘易于处理，应用非常广泛。

局部排风系统的排气罩可以是固定的（用于小型焊件），也可以是随焊接电弧一起移动的（用于大型焊件的自动化焊接）。

④ 实行密闭化生产　密闭化生产是将污染源控制在一定的空间里，不让污染物向外散发，如将等离子弧堆焊工艺置于密闭罩内进行。密闭罩的结构比较简单，一般可利用屏蔽材料制成罩体，并连接排风系统，将弧光、有害气体、电焊烟尘限制在罩内，防止任意散发，再通过排风除尘系统进行妥善处理。

第2章 气焊与气割

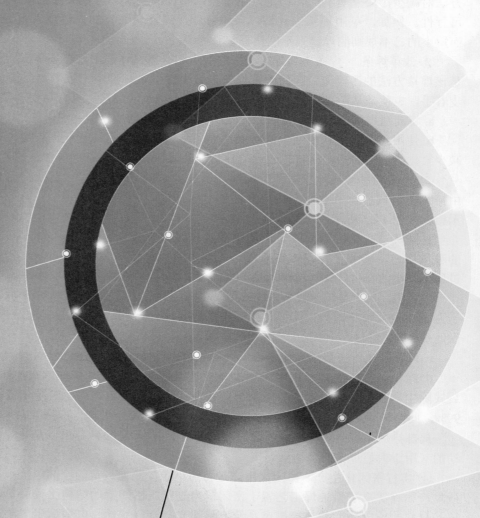

机械加工基础技能双色图解

好焊工是怎样炼成的

气焊是利用可燃气体与氧气混合燃烧的火焰所产生的热量作为热源，进行金属焊接的一种手工操作方法。气割是利用气体的热量将金属待切割处附近预热到一定的温度后，喷出高速氧流使其燃烧，以实现金属切割的方法。

2.1 气焊与气割用设备和材料

2.1.1 气焊与气割常用设备

（1）氧气瓶

① 氧气瓶的构造 氧气瓶如图 2-1 所示，由瓶底、瓶体、瓶箍、瓶阀、瓶帽和瓶头组成，是用来储存和运输氧气的高压容器。它是用 42Mn2 低合金钢经过反复的热挤压、扩孔、拉伸、收口等工序制成的圆筒形无缝容器，底部呈凹面形，能使气瓶直立时保持平稳。瓶内要灌入压力为 15MPa（150 个大气压）的氧气，容积 40L，还要承受搬运时的振动、滚动和撞击等外部的作用力。

a.瓶体。瓶体是用合金钢以热挤压而制成的圆筒形无缝容器。瓶体外表涂有天蓝色漆，并用黑漆写上"氧气"两字。

b.瓶阀。瓶阀是控制瓶内氧气进出的阀门。目前主要采用活瓣式瓶阀，这种瓶阀使用方便，可直接用扳手开启和关闭。活瓣式瓶阀的结构如图 2-2 所示。使用时按逆时针旋转手轮，则瓶阀开启；按顺时针旋转手轮，则瓶阀关闭。

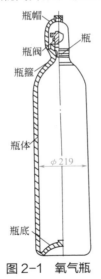

图 2-1 氧气瓶

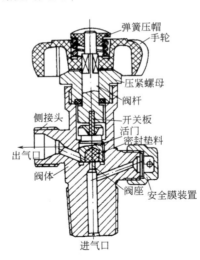

图 2-2 活瓣式氧气瓶阀

② 氧气瓶使用安全注意事项

a.直立放置 氧气瓶在使用时一般应直立放置，并必须安放稳固，防止倾倒。

b.严防自燃和爆炸 高压氧气与油脂、碳粉、纤维等可燃有机物质接触时容易产生自燃，甚至引起爆炸和火灾。因此应严禁氧气瓶阀、氧气减压器、焊炬、氧气皮管等沾上易燃物质和油脂等；焊工不得使用和穿用沾有油脂的工具、手套或油污工作服去接触氧气瓶阀、氧气瓶不得与油脂类物质、可燃气体钢瓶同车运输，或在一起存放。

c. 禁止敲击瓶帽　取瓶帽时，只能用手和扳手旋取，禁止用铁锤或其他铁器敲击。

d. 防止氧气瓶阀开启过快　在瓶阀上安装减压器之前，应先拧开瓶阀吹掉出气口内杂质，并应轻轻地开启和关闭氧气瓶阀。装上减压器后要缓慢地开启阀门，防止氧气瓶开启过快而造成高压氧气流速过高而引起减压器燃烧或爆炸。

e. 防止氧气阀连接螺母脱落　在瓶阀上安装减压器时，和氧气瓶阀连接的螺母至少应拧上三牙以上，以防止开气时脱落。人体要避开阀门喷射方向。

f. 严防瓶温过高引起爆炸　气瓶由于保管和使用不妥，受日光暴晒、明火、热辐射等作用而致使瓶温过高，压力剧增，甚至超过瓶体材料强度极限而发生爆炸。所以夏季必须把氧气瓶放在凉棚内，以免受到强烈的阳光照射；冬季不应将氧气瓶放在距离火炉和暖气太近的地方，以防氧气受热膨胀，引起爆炸。

g. 冬季氧气瓶冻结的处理　冬季使用氧气瓶时，瓶阀或减压器可能会出现冻结现象，这是由于高压气体从钢瓶排出流动时吸收周围热量所致。如果氧气瓶已冻结，只能用热水或蒸汽解冻，严禁敲打或用明火直接加热。

h. 氧气瓶与电焊同时使用时的注意事项　氧气瓶与电焊在同一工作地点使用时，瓶底应垫以绝缘物以防气瓶带电；与气瓶接触的管道和设备应有接地装置，防止产生静电造成燃烧或爆炸。

i. 氧气瓶内应留有余气　氧气瓶内氧气不能全部用完，应留有余气，其压力为 0.1 ～ 0.3MPa，以便充氧时鉴别瓶内气体和吹除瓶阀内的灰尘，防止可燃气体、空气倒流进入瓶内。

j. 氧气瓶运输时的禁忌　氧气瓶在搬运时必须戴上瓶帽，并避免相互碰撞。在厂内或工地运输应使用专用小车，并固定牢靠，严禁把氧气瓶放在地上滚动。

k. 氧气瓶必须定期进行技术检验　氧气瓶在使用中必须根据国家《气瓶安全监察规程》进行定期技术检验，一般氧气瓶每三年检验一次，如有腐蚀、损伤等问题时可提前检验。经技术检验合格后才能继续使用。

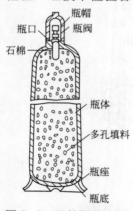

图 2-3　乙炔瓶的内部结构

（2）乙炔瓶

乙炔瓶又称为溶解乙炔瓶。瓶装的溶解乙炔运输携带都很方便，使用也卫生清洁。而且乙炔的纯度较高，压力可以实现自由调节，节约性好，因此，溶解乙炔瓶已经得到了广泛的应用。

① 乙炔瓶的构造　乙炔瓶如图 2-3 所示，是用来储存和运输乙炔压力的容器，因为乙炔不能以高压压入普通的钢瓶内，所以必须利用乙炔易溶解于丙酮（CH_3COCH_3）的特性，采取必要的措施才能把乙炔压入钢瓶内。瓶口安装专门的乙炔气阀，在乙炔瓶内充满了丙酮的多孔物质。

乙炔瓶的瓶体是由优质的碳素钢或低合金钢板材经过轧制焊接而成的。瓶体和瓶帽的外表涂成白色漆，并用红漆醒目地标注"溶解乙炔"和"不可近火"的字样。乙炔瓶的公称容积和直径见表 2-1。

表 2-1　乙炔瓶的公称容积和直径

公称容积 /L	≤ 25	40	50	60
公称直径 /mm	200	250	250	300

在瓶体内装有浸满丙酮的多孔性填料，能使乙炔稳定而又安全地储存于乙炔瓶内。

使用时，打开瓶阀，溶解于丙酮内的乙炔就分解出来，通过瓶阀排出，而丙酮仍留在瓶内。瓶阀下面口中心的长孔内放置着过滤用的不锈钢丝网和石棉（或毛毡）。其作用是帮助作为溶质的乙炔从溶剂丙酮中分解出来。瓶内的多孔性填料是用多孔而质轻的活性炭、木屑、硅藻土、浮石、硅酸钙、石棉纤维等联合制成的，目前广泛应用的是硅酸钙。为使瓶体能平稳直立地放置，在瓶体底部焊有瓶座。为防止搬运时溶解乙炔瓶阀及瓶体意外的碰撞，在瓶体上部装有一个带内螺纹的瓶帽，在外表装有两只防振箍。

溶解乙炔瓶出厂前，除对各个部件严格检查外，还需对瓶体进行水压试验。乙炔瓶的工作压力为1.5MPa，设计压力为3MPa，一般试验的压力为设计压力的2倍，即试验压力应为6MPa。同时在瓶的上部记载该瓶的容积和质量、制造年月、最高工作压力和水压试验压力、出厂年月等。在使用期间，每3年进行一次技术检验。使用中的乙炔瓶，不再进行水压试验，只做气压试验。气压试验的压力为3.5MPa，所用气体为纯度不低于97%的干燥氮气。试验时将乙炔瓶浸入地下水槽内，静置5min后检查，如发现瓶壁渗漏，则予以报废。除做压力检查外，还要对多孔性填料（硅酸钙）进行检查，发现有裂纹和下沉现象时，应重新更换填料。

溶解乙炔瓶的容量一般为40L，一般乙炔瓶中能溶解6～7kg乙炔。溶解乙炔不能从乙炔瓶中随意取出，每小时所放出的乙炔应小于瓶装容量的1/7。

② 乙炔瓶阀 乙炔瓶阀是控制乙炔瓶内乙炔气体进出的阀门，它主要由阀体、阀杆、压紧螺母、活门以及垫料等部分组成，如图2-4所示。

乙炔瓶阀与氧气瓶阀不同，它没有旋转手轮，活门的开启和关闭是利用方孔套筒扳手转动阀杆上端的方形头，使嵌有尼龙1010制成的密封填料的活门向上（或向下）移动而进行控制。当方孔套筒扳手逆时针方向旋动时，活门向上移动而开启乙炔瓶阀，相反方向旋转时则关闭乙炔瓶阀。

由于乙炔瓶的阀体旁侧没有连接减压器的侧接头，因此须使用带有夹环的乙炔减压器，如图2-5所示。乙炔减压器的作用是将瓶内的高压乙炔降低到所需的工作压力后输出。夹环外壳漆成白色，压力表上有最大许可工作压力的红线，以便使用时严格控制。当转动紧固螺钉时就能使乙炔减压器的连接管压紧在乙炔瓶阀上的出气口上，从而使乙炔能通过减压器供给工作场地使用。

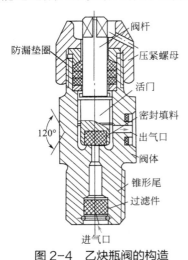

图 2-4 乙炔瓶阀的构造　　　　图 2-5 带夹环的乙炔减压器

由于乙炔是易燃、易爆的危险气体，所以在使用时必须谨慎：

a. 乙炔瓶不能遭受剧烈震动或撞击，以免瓶内的多孔性填料下沉而形成空洞，影响乙炔的储存。

b. 乙炔瓶在工作时应直立放置，卧放会使丙酮流出，甚至会通过减压器而流入乙炔胶管和焊炬内，这是非常危险的。

c. 乙炔瓶体的温度不应超过 30～40℃，因为乙炔瓶温度过高会降低丙酮对乙炔的溶解度，而使瓶内的乙炔压力急剧增高。

d. 乙炔减压器与乙炔瓶的瓶阀连接必须可靠，严禁在漏气的情况下使用，否则会形成乙炔与空气的混合气体，一旦触及明火就可能造成爆炸事故。

e. 使用乙炔瓶时，不能将瓶内的乙炔全部用完，最后应剩下 0.05～0.1MPa 压力的乙炔气。

③ 乙炔瓶使用安全注意事项　瓶的使用除了必须遵守氧气瓶的使用要求外，还必须严格遵守下列各项。

a. 乙炔瓶使用时只能直立，不能横放，以防丙酮流出引起燃烧爆炸。

b. 乙炔瓶不应遭受剧烈的振动和撞击，以免填料下沉形成空洞，影响乙炔的储存和引起乙炔瓶的爆炸。

c. 乙炔瓶体表面温度不得超过 40℃。瓶温过高会降低丙酮对乙炔的溶解度，并使瓶内乙炔的压力急剧增高。在一个大气压下，温度 15℃时 1L 丙酮可溶解 23L 乙炔，而在 30℃时为 16L 乙炔，在 40℃时为 13L 乙炔。

d. 乙炔瓶使用压力不得超过 0.15MPa，输出流量不应超过 2.5mm³/h。

e. 乙炔减压器与乙炔瓶的瓶阀连接必须可靠，严禁在漏气的情况下使用。否则，会形成乙炔与空气的混合气体，一有明火就会发生爆炸。

f. 乙炔瓶内乙炔不能全部用完，当高压表读数为零，低压表读数为 0.01～0.03MPa 时，应将瓶阀关紧。

g. 乙炔瓶阀应用碳素钢或低合金钢制成，如果用铜时，必须使用含铜量小于 70% 的铜合金。瓶阀应有易熔塞，侧面接头应采用环形凹槽结构，下端应设置过滤用的毛毡和不锈钢丝网。易熔塞合金的熔点应为（100±5）℃。瓶阀的密封垫料必须采用与乙炔、丙酮不起化学反应的材料。

（3）乙炔发生器

如图 2-6 所示，乙炔发生器由筒体、电石篮、移位调节器、开盖手柄、储气罐、回火保险器等组成，是使用水与电石进行化学反应产生乙炔的装置。

使用时，先将清水注入乙炔发生器筒体、储气筒和回火保险器内，至水从各自的水位阀流出为止，随后关闭各水位开关；再操纵移动调节器使电石篮处于最高位置；然后打开开盖手柄，装入电石后将开盖手柄拧紧；最后将电石篮调节到最低位置，使电石浸入水中，开始产生乙炔气。

电石用完后，如需继续使用，应先把发生器水位开关打开，降低发生器内的压力，然后打开发生器上盖，装入电石后继续使用。当电石没有耗完而又不继续使用时，应将电石篮调节器放到最高位置上，使发气室内电石篮与水完全脱离，终止乙炔气的继续产生，然后打开水位开关，打开上盖，取出电石篮，放渣后清洗乙炔发生器。

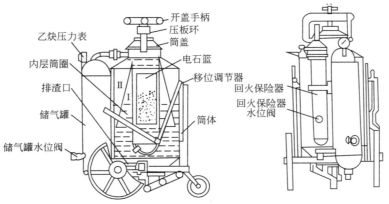

图 2-6　乙炔发生器

（4）减压器

减压器是将储存在气瓶内的高压气体减压为工件需要的低压气体的调节装置，以供给焊接、气割时使用，同时减压器还有稳压的作用，使气体工作压力不会随气瓶内的压力减小而降低。

减压器的形式较多，有单级式减压器和双级式减压器，经常使用的是 QD-1 型单级反作用式，其外形如图 2-7 所示。常用减压器的技术数据见表 2-2。

图 2-7　QD-1 型单级反作用减压器

表 2-2　减压器的主要技术数据

项目数据	型号		
	QD-1	QD-2	QD-2
进气口最高压力 /MPa	15	15	15
最高工作压力 /MPa	2.5	1.0	0.2
工作压力调节范围 /MPa	0.1～2.5	0.1～1.0	0.01～0.2
最大放气能力 /（m^3/h）	80	40	10
出气口孔径 /mm	6	5	3
压力表规格 /MPa	0～25 0～4	0～25 0～1.6	0～25 0～0.4
安全阀泄气压力 /MPa	2.9～3.9	1.15～1.6	—
质量 /kg	4	2	2
外形尺寸 /mm	200×200×210	165×170×160	165×170×160

① 减压器的使用

a. 安装减压器之前应先将氧气瓶放出少量气体，吹去瓶口附近的脏物，随后立即将氧气瓶关闭。

b. 将减压器的螺母对准氧气瓶的瓶嘴，至少应拧紧 4 牙以上。如发现接嘴漏气，应将减压器卸下，更换新的垫圈后再将螺母拧紧。

c. 检查各接头是否拧紧。减压器出气口与氧气胶管接头处须要用多芯丝或夹头拧紧，以防止气口胶管脱落。

d. 打开氧气阀门时要缓缓开启，不要用力过猛，以防止气体压力过高而损坏减压器与压力表。

e. 减压器上不得附有油脂等，如发现应立即擦拭干净后再使用。

f. 在停止工作时，应先松开减压器的调节螺钉，再关闭氧气阀。工件结束时，先松开减压器上的调节螺钉，再关闭氧气瓶。

② 减压器故障与排除 为确保减压器的准确与安全。应定期对其进行校验。发现问题，应及时排除。减压器常见的故障与排除方法见表2-3。

表2-3 减压器常见的故障与排除方法

常见故障	排除方法
减压器与氧气瓶连接部分漏气	扳紧螺母，调换垫圈
安全阀漏气	调整弹簧或更换活门垫料
减压器罩壳漏气	更换膜片
调节螺钉旋松但低压表有上升的自流现象	去除活门附近污物，调换减压活门，调换副弹簧
工作中气体供不上和压力表指针有较大摆动	用热水和蒸汽加热方法去除
高低压表指针不回零值	修理或调换

（5）回火保险器

回火保险器是装在乙炔发生器和焊炬之间的防止乙炔气向发生器回烧的保险装置。还可以对乙炔进行过滤，提高其纯度。

回火是气体火焰进入喷管内逆向燃烧的现象。回火有逆火和回烧两种。逆火是火焰向喷嘴孔逆行，并瞬时自行熄灭，同时伴有爆鸣声的现象。回烧是火焰向喷嘴孔逆行，并继续向混合室和气体管路燃烧的现象。

回烧可能烧毁焊炬、管路以及引起乙炔发生器的爆炸。因此，在使用回火保险器时应注意：

① 加入保险器的水要清洁，不得含有油污和酸碱等杂质，而且水量还要适当，使水位保持在水阀附近。

② 要定期换水，以保持干净，且水温不得超过60℃。

③ 环境温度低于0℃时，为防冻结，可加入温水或在水中添加少量食盐。

④ 防爆膜的厚度要合适，使其强度略高于发生器内乙炔的压力即可。

（6）焊炬

① 焊炬的结构形式 焊炬是使可燃气体和氧气按一定比例混合，并喷出燃烧而形成稳定火焰的工具。图2-8所示是常用的射吸式焊炬，使用时，开启氧气调节阀和乙炔调节阀，此时具有一定压力的氧气由喷嘴高速喷出，使喷嘴周围形成负压，把喷嘴四周的低压乙炔气吸入射吸管，经混合管混合后从焊嘴喷出，点燃后形成火焰。

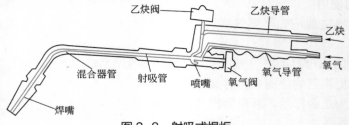

图2-8 射吸式焊炬

射吸式焊炬的型号由汉语拼音字母"H"、结构形式、操作方式、序号及规格组成。

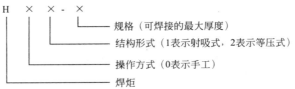

H × ×-×
规格（可焊接的最大厚度）
结构形式（1表示射吸式，2表示等压式）
操作方式（0表示手工）
焊炬

常用的焊炬有 H01-2、H01-6、H01-12、H01-20。H 表示焊炬，其主要数据见表 2-4。

表 2-4　常用焊炬型号与主要技术数据

焊炬型号	焊嘴号码	焊嘴孔径 /mm	焊接范围 /mm	气体压力 /MPa		气体耗量 / (m³/h)	
				氧气	乙炔	氧气	乙炔
H01-2	1	0.9	0.5 ~ 0.7	0.10	0.001 ~ 0.01	0.033	0.04
	2	1.0	0.7 ~ 1.0	0.125		0.046	0.055
	3	1.1	1.0 ~ 1.2	0.15	0.01 ~ 0.1	0.065	0.08
	4	1.2	0.2 ~ 1.5	0.175		0.10	0.12
	5	1.3	1.5 ~ 2.0	0.2		0.15	0.17
H01-6	1	1.4	0.1 ~ 2.0	0.2	0.001 ~ 0.1	0.15	0.17
	2	1.6	2.0 ~ 3.0	0.25		0.20	0.24
	3	1.8	3.0 ~ 4.0	0.3		0.24	0.28
	4	2.0	4.0 ~ 5.0	0.35		0.28	0.33
	5	2.2	5.0 ~ 6.0	0.4		0.37	0.43
H01-12	1	1.4	6 ~ 7	0.4	0.001 ~ 0.1	0.37	0.43
	2	1.6	7 ~ 8	0.45		0.49	0.58
	3	1.8	8 ~ 9	0.5		0.65	0.78
	4	2.0	9 ~ 10	0.6		0.86	1.05
	5	2.2	10 ~ 12	0.7		1.10	1.21
H01-20	1	2.4	10 ~ 12	0.6	0.001 ~ 0.1	1.25	1.5
	2	2.8	12 ~ 14	0.65		1.45	1.7
	3	2.8	14 ~ 16	0.7		1.65	2.0
	4	3.0	16 ~ 18	0.75		1.95	2.3
	5	3.2	18 ~ 20	0.8		2.25	2.6

② 焊炬的使用

a. 焊嘴可根据焊件厚度进行合理的选择和更换，并组装好。

b. 焊炬的氧气管接头必须牢固。乙炔管又不要接得太紧，以不漏气又容易插上、拉下为准。

c. 焊炬在使用前要检查射吸情况。先接上氧气胶管，但不接乙炔管，打开氧气和乙炔调节阀，用手指按在乙炔进气管的接头上，如在手指上感到有吸力，说明射吸能力正常；如没有射吸力，不能使用。

d. 检查焊炬的射吸能力后，把乙炔的进气胶管接上，同时把乙炔管接好，检查各部位有无漏气现象。

e. 检查合格后才能点火，点火后要随即调整火焰的大小和形状。如果火焰不正常，或有灭火现象时应检查焊炬通道及焊嘴有无漏气及堵塞。在大多数情况下，灭火是由乙炔压力过低或通路有空气等造成的。

f. 严禁焊炬与油脂接触，不能用戴有油的手套点火。

g. 焊嘴被飞溅物阻塞时，应将焊嘴卸下来，用通针从焊嘴内通过，清除脏物。

h. 发生回火时应迅速关闭氧气和乙炔调节阀。

i. 焊炬不得受压，使用完毕或暂不用时，要放到合适的地方或挂起来，以免碰坏。

③ 焊嘴　氧乙炔焰射吸式焊炬的焊嘴如图2-9所示。其规格应符合表2-5的规定。

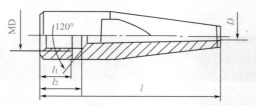

图2-9　氧乙炔焰射吸式焊炬的焊嘴结构

表2-5　氧乙炔焰射吸式焊炬的焊嘴规格　　　　　　　mm

型号	D					MD	l	l_1	l_2
	$1^{\#}$	$2^{\#}$	$3^{\#}$	$4^{\#}$	$5^{\#}$				
H01-2	0.5	0.6	0.7	0.8	0.9	M6×1	≥25	4	6
H01-6	0.9	1.0	1.1	1.2	1.3	M8×1	≥40	7	9
H01-12	1.4	1.6	1.8	2.0	2.2	M10×1.25	≥45	7.5	10
H01-20	2.4	2.6	2.8	3.0	3.2	M10×1.25	≥50	9.5	12

（7）割炬

割炬是手工气割的主要工具，可以安装和更换割嘴，以及调节预热火焰气体和控制切割氧流量。

① 射吸式割炬　射吸式割炬如图2-10所示，它是在射吸式焊炬的基础上增加切割氧的气路和阀门，采用固定的射吸管和专门的割嘴，更换切割氧孔径大小不同的割嘴，来适应不同厚度工件的切割需要。割嘴的中心是切割氧的通道，预热火焰均匀分布在它的周围。由于割嘴的具体结构不同，嘴头可分组合式（环形）和整体式（梅花形）。射吸式割炬主要使用低压的可燃气体，也可以用中压的可燃气体。射吸式割炬在手工切割中使用十分广泛，因其易回火，所以在机械化和自动化的切割中已经越来越少使用了。

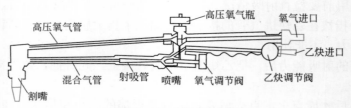

图2-10　射吸式割炬

割炬的型号由汉语拼音字母 G、结构形式、操作方式、序号及规格组成，如：

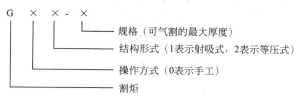

G × × - ×
    └── 规格（可气割的最大厚度）
   └── 结构形式（1表示射吸式，2表示等压式）
  └── 操作方式（0表示手工）
 └── 割炬

其主要技术数据见表 2-6。

表 2-6　射吸式割炬的主要技术数据

割炬型号	割嘴号码	割嘴直径/mm	切割厚度范围（低碳钢）/mm	气体压力/MPa		气体耗量/（m³/h）	
				氧气	乙炔	氧气	乙炔
G01-30	1	0.7	3.0 ~ 1.0	0.2		0.8	0.21
	2	0.9	10 ~ 20	0.25		1.4	0.24
	3	1.1	20 ~ 30	0.3		2.2	0.31
G01-100	1	1.0	20 ~ 40	0.3		0.2 ~ 2.7	0.35 ~ 0.4
	2	1.3	40 ~ 60	0.4	0.001 ~ 0.1	3.5 ~ 4.2	0.4 ~ 0.5
	3	1.6	60 ~ 100	0.5		5.5 ~ 7.3	0.5 ~ 0.6
G01-300	1	1.8	100 ~ 150	0.5		9.0 ~ 10.8	0.6 ~ 0.78
	2	2.2	150 ~ 200	0.65		11 ~ 14	0.8 ~ 1.1
	3	2.6	200 ~ 250	0.8		14.5 ~ 18	1.15 ~ 1.2
	4	3.0	250 ~ 300	1.0		19 ~ 26	1.25 ~ 1.6

② 等压式割炬　按可燃气体与氧气的混合方式来分类，割炬还有等压式割炬，如图 2-11 所示。

等压式割炬的预热火焰是依据等压式焊炬的原理形成的。乙炔、预热

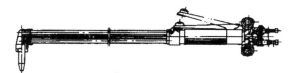

图 2-11　等压式割炬

氧、切割氧分别由单独的管路进入割嘴，预热氧和可燃气体在割嘴内开始混合而产生预热火焰。等压式割炬有专门的等压割嘴，它适用于中压乙炔，火焰燃烧稳定，不易回火，目前已经在生产中得到了越来越多的使用。等压式手工割炬的切割氧阀门采用手压式，操作性好，有利于提高气割的质量。表 2-7 是等压式手工割炬的型号和主要技术数据。这种等压式割炬除了可用于氧 – 乙炔的切割外，也可用于氧 – 液化石油气的手工切割。

表 2-7　等压式手工割炬的型号和主要技术数据

割炬型号	割嘴号码	切割气孔径/mm	氧气工作压力/MPa	乙炔工作压力/MPa	可见切割氧气流的长度（不小于）/mm	割炬总长度/mm
G02-100	1	0.7	0.2	0.04	60	550
	2	0.9	0.25	0.04	70	
	3	1.1	0.3	0.05	80	
	4	1.3	0.4	0.05	90	
	5	1.6	0.5	0.06	100	

机械加工基础技能双色图解 **好焊工是怎样炼成的**

续表

割炬型号	割嘴号码	切割气孔径 /mm	氧气工作压力 /MPa	乙炔工作压力 /MPa	可见切割氧气流的长度（不小于）/mm	割炬总长度 /mm
G02-300	1	0.7	0.2	0.04	60	650
	2	0.9	0.25	0.04	70	
	3	1.1	0.3	0.05	80	
	4	1.3	0.4	0.05	90	
	5	1.6	0.5	0.06	100	
	6	1.8	0.5	0.06	110	
	7	2.2	0.65	0.07	130	
	8	2.6	0.8	0.08	150	
	9	3.0	1	0.09	170	

③ 焊割两用炬　焊割两用炬即在同一炬体上装上气焊用附件可进行气焊，装上气割用附件可进行气割的两用工具。在一般情况下装成割炬形式，当需要气焊时只需拆卸下气管及割嘴，并关闭高压氧气阀门即可。表2-8列出了常用割焊两用炬的型号和主要技术数据，操作时可供选择和参考。

表 2-8　常用割焊两用炬的型号和主要技术数据

型号		HG01-3/50	HG01-6/60	HG01-12/200
焊炬	乙炔工作压力 /kPa	1～100	1～100	1～100
	氧气工作压力 /kPa	200～400	200～400	400～700
	配用焊嘴数 / 个	5	5	5
	可焊接厚度 /mm	0.5～3	1～6	6～12
割炬	乙炔工作压力 /kPa	1～100	1～100	1～100
	氧气工作压力 /kPa	200～600	200～400	300～700
	配用割嘴数 / 个	2	4	4
	切割低碳钢厚度 /mm	3～50	3～60	10～200
焊割炬总长 /mm		400	500	550

④ 割炬的使用　焊炬的使用规则基本上也适合于割炬。除此之外，割炬的使用规则还要注意以下几点：

a. 回火时应立即关闭预热氧阀门，然后关闭乙炔，最后关切割氧。在正常工作时，应先关切割氧，再关乙炔，最后关预热氧阀门。

b. 割嘴通道应经常保持清洁、光滑，孔道内的污物应随时用透针清除干净。

2.1.2　气焊与气割用辅助工具

（1）通针

通针如图2-12所示，是用来去除各种焊枪、割炬嘴孔道内的堵塞物。通孔时必须选择与孔径相同的通针，并使通针与孔道保持在同一水平线上，如图2-13所示，不可用表面粗糙的钢丝随意乱捅，以免损坏气体通道的表面精度，造成不均匀的磨损，而使火焰偏斜，切割氧气内线变坏。

图2-12 通针

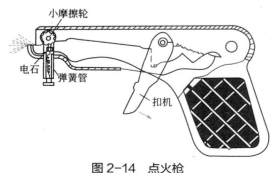

图2-14 点火枪

图2-13 通针的使用

（2）点火枪

点火枪如图2-14所示，是为了保证气焊点火安全的专用工具。其点火方法是利用摩擦轮转动时与电石摩擦产生火花，引燃从焊炬（或割炬）内喷出的可燃气体。在无点火枪的条件下，也可使用火柴、打火机等来点火，但必须注意操作者手的安全，不要被喷射出来的气体火焰烧伤。

（3）橡胶软管

橡胶软管的作用是向焊炬和割炬供应燃气或氧气，其规格见表2-9。

表2-9 气焊胶管的规格

内径尺寸/mm	编织层数/层		胶层厚度/mm		工作压力 /MPa
	氧气	乙炔	内胶层	外胶层	
6.5	1～2	1	1.8	1	0.5，1.0，1.5
8	1～2	1	1.8	1	
9.5	2	1	2.0	1	

使用橡胶软管时应注意：

① 新橡胶管必须用干净的压缩空气（无油、水）吹洗，除去生产过程中遗留在管道内的滑石粉或灰尘。

② 橡胶管必须分别使用，氧气管与燃气管的颜色和耐压必须符合要求。

③ 禁止与油脂、带油棉纱等接触，必须保持胶管清洁。

④ 橡胶管漏气处必须及时切除，然后插上一截钢管，重新连接好。

⑤ 橡胶管长度以10～15m为宜。

⑥ 橡胶管需远离高温管道、热源及电缆，以免引起不必要的事故。

（4）气管快速接头

气管快速接头是各气焊、气割工具与氧气、燃气胶管之间的一种快速连接件。它可分为氧气接头和燃气接头两种，如图2-15所示。其特点是装拆迅速、使用方便、密封性好、节约气源。气管快速接头由阳接头（与焊炬或割炬尾端连接）和进气接头（与气体胶管连接）两部分组成。其技术数据见表2-10。

（a）氧气快速接头

（b）乙炔快速接头

图2-15 气管快速接头

表 2-10　气管快速接头的技术数据

品种	型号	进气接头连接处外径 /mm	连接状况总长度 /mm	气体工作压力 /MPa	总重量 /kg	适用气体
氧气快速接头	YJ-75I	10.5	80	≤1	66	氧气或空气等，其他中性气体
	YJ-75II		86		73.5	
乙炔快速接头	RJ-75I	10.5	80	≤0.15	66	乙炔或丙烷、煤气等可燃气体
	RJ-75II		86		73.5	

（5）节气阀

节气阀外形如图 2-16 所示。它能同时快速关闭或开启氧气和燃气，是一种省时、省力的节气装置，供焊（割）炬使用。将焊（割）炬挂在节气阀的挂钩上，阀门即可自行关闭，火焰熄灭；再次使用时，取下焊（割）炬，阀门会自动打开，即可点火操作。只要事先调好氧气和燃气的压力、工具上氧气和乙炔阀门的位置（即调好氧气与燃气的混合比），使用中不需再调整火焰的性质和大小，适用于焊接、切割现场和流水线作业。

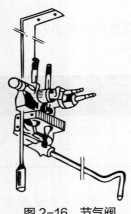

图 2-16　节气阀

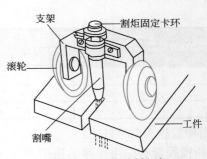

图 2-17　双滚轮托架

（6）滚轮托架

手工气割较长的直缝时，可采用带滚轮的架子，单滚轮或双滚轮均可，图 2-17 所示是用双滚轮托架进行手工气割。

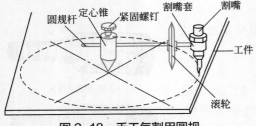

图 2-18　手工气割用圆规

（7）圆规

当手工气割圆形零件时，可使用如图 2-18 所示的圆规。如果零件直径较小时，可不用滚轮，如果零件直径较大时，圆规杆较长时需要加滚轮来提高其稳定性。

2.1.3　气焊与气割用材料

（1）常用气体

气焊与气割常用的气体有可燃气体和助燃气体两种。可燃气体有乙炔（C_2H_2）、氢气

（H_2）、液化石油气等，能燃烧，并能在燃烧过程中释放出大量能量；助燃气体有氧气，其本身不能燃烧，但可助其他可燃物质燃烧。

① 乙炔　乙炔又名电石气，在常温大气压力下是一种无色气体，是不饱和的碳氢化合物。工业用乙炔因为混有硫化氢（H_2S）及磷化氢（PH_3）等杂质，故具有特殊的臭味。在标准的状态下，乙炔密度为 $1.17kg/m^3$，比空气稍轻，$-83℃$ 时乙炔可变成液体，$-85℃$ 时乙炔将变成固体，液体和固体乙炔达到一定条件时可能因摩擦和冲击而爆炸。乙炔是理想的可燃气体，与空气混合燃烧时所产生的火焰温度为 2350℃，而与氧气混合燃烧时所产生的火焰温度为 3100～3300℃，因此用它足以熔化金属进行焊接。

② 氢气　是一种最轻的无色无味气体，与空气的相对密度为 0.07，比空气轻 14.38 倍。它具有最大的扩散速度和很高的导热性，其导热效能比空气大 7 倍，极易漏泄，点火能力低，是一种公认的极危险的易燃易爆气体。氢在空气中的自燃点为 560℃，在氧气中的自燃点为 450℃。氢具有很强的还原性，高温下，它可以从金属氧化物中夺取氧而使金属还原。它被广泛地应用于水下火焰切割和某些有色金属的焊接和氢原子焊等。氢氧火焰的温度可高达 2770℃。氢与空气混合可形成爆鸣气，其爆炸极限为 4%～80%，氢与氧混合气的爆炸极限为 4.65%～93.9%，氢与氯气的混合物为 1∶1 时，见光即爆炸，当温度达 240℃ 时即能自燃。氢与氟化合时发生爆炸，甚至在阴暗处也会发生爆炸。

③ 液化石油气　简称石油气，主要成分是丙烷（C_3H_8），占 50%～80%，其余是丙烯（C_3H_6）、丁烷（C_4H_{10}）、丁烯（C_4H_8）等，是石油炼制工业的副产品。在常温和大气压力下，组成石油气的这些碳氢化合物以气态存在。石油气燃烧用于气割时，因温度比乙炔火焰温度低（丙烷在氧气中燃烧的温度为 2000～2850℃），金属预热需要的时间稍长，但可减少切口边缘的过烧现象，切割质量较好。在切割多层叠板时，切割速度比乙炔快 20%～30%。石油气除越来越广泛地应用于钢材的切割外，还用于焊接有色金属。国外采用乙炔与石油混合后作为焊接气源。

④ 氧气　是一种无色无味无毒的气体，比空气稍重，微溶于水。常压下，氧气在 $-183℃$ 时会变成淡蓝色的液体，在 $-218℃$ 会变成雪花状的淡蓝色固体。大量工业上用的氧气主要是采用空气液化法制取，就是把空气引入制氧机内，经过高压和冷却，使氧气凝结成液体，然后根据各种气体元素的沸点不同，让它在低温下挥发，来提取纯氧，广泛应用于气焊气割行业。

（2）焊丝与气焊剂

① 焊丝　是在气焊时用作填充的金属丝。每盘焊丝都有型号、牌号标记，不允许使用无标记的焊丝来焊接工件。焊丝的化学成分直接影响焊缝质量与焊缝的力学性能。因此正确选用焊丝非常重要。

焊接低碳钢时，常用的气焊丝牌号有 H08、H08A、H08Mn、H08MnA 等。气焊丝的直径一般为 2～4mm。焊丝的直径要根据焊件的厚度来选择。焊接厚度要与焊丝直径相适应，不宜相差太大。如果焊丝直径比焊件厚度小很多，则焊接时往往会发生焊件未熔化而焊丝已熔化下滴现象，从而造成熔合不良；相反，如果焊丝直径比焊件厚度大很多，则为了使焊丝熔化又必须经较长时间的加热，从而使焊件热影响区过大而降低了焊接头的质量。焊丝的直径与焊件厚度的关系见表 2-11。

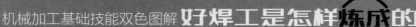

表 2-11　焊丝直径与焊件厚度的关系　　　　　　　　mm

焊件厚度	0.5～2	2～3	3～5	5～10	10～15
焊丝直径	1～2	2～3	3～4	3～5	4～6

② 气焊剂　气焊剂是气焊时的助熔剂。其作用为：

a. 保护熔池，减少空气的侵入。

b. 去除气焊时熔池中形成的氧化物杂质。

c. 增加熔池金属的流动性。

气焊剂可预先涂在焊件的待焊处或焊丝上，也可在气焊过程中将高温的焊丝端部在有焊剂的器皿中沾上焊剂，再填加到熔池中。气焊剂主要用于铸铁、合金钢与各种有色金属的气焊，低碳钢在气焊时不必使用气焊剂。使用时要根据被焊金属在焊接熔池中形成的氧化物性质来选取不同的气焊剂。如果熔池所形成的是酸性氧化物，则选用碱性焊剂；如果熔池所形成的是碱性氧化物，可采用酸性焊剂；酸性气焊剂有硼砂、硼酸、二氧化硅等，主要用于焊接铜及铜合金、合金钢等材料；碱性气焊剂有碳酸钾、碳酸钠等，主要用于焊接铸铁。盐类气焊剂有氯化钾、氯化钠以及硫酸氢钠等，主要用于焊接铝合金。几种常见国产气焊剂牌号及用途见表 2-12。

表 2-12　几种常见的气焊剂牌号及用途

牌号	基本性能	应用范围
气焊剂 101	熔点 900℃，有良好的润湿性，能防止熔化金属氧化，熔渣易清除	不锈钢、耐热钢
气焊剂 201	熔点 650℃，呈碱性，富潮解性，能有效去除铸铁焊接产生的硅酸盐的氧化物	铸铁
气焊剂 301	熔点 650℃，呈酸性，易潮解，能有效熔解氧化亚铜	铜用铜合金
气焊剂 401	熔点 560℃，呈碱性，能破坏氧化铝膜，富潮解性，在空气中能引起铝的腐蚀，焊后必须及时用热水清除	铝及铝合金

2.2　气焊的基本操作

2.2.1　气焊主要参数的选择

气焊的主要参数包括焊丝直径、火焰性质、火焰能率（焊炬型号与焊嘴号码）、焊嘴倾斜角度、焊丝倾角、焊接方向和焊接速度。

（1）焊丝直径

焊丝的直径应根据焊件的厚度、接头坡口的形式、焊缝位置、火焰能率等因素确定。一般焊丝直径常常依据焊件厚度来初步选择，试焊后再根据情况进行调整。表 2-13 是碳钢气焊时焊丝的直径选择方法。

表 2-13　焊件厚度与焊丝直径的关系（碳钢气焊）

焊件厚度 /mm	1～2	2～3	3～5	5～10	10～15
焊丝直径 /mm	1～2（或不用）	1～2	3～4	3～5	4～6

一般平焊应比其他焊接位置选用粗一号的焊丝，右焊法比左焊法选用的焊丝要适当粗一些。在多层焊时，第一、二层应选用较细的焊丝，以后各层可采用较粗的焊丝。

（2）火焰性质

火焰性质是指氧-乙炔不同的火焰形式。不同性质的火焰是通过改变氧气与乙炔的混合比值而获得的。不同的材料应使用不同的火焰焊接。根据氧与乙炔的不同比率，火焰可分为中性焰、碳化焰和氧化焰三种，见表2-14。各种金属材料气焊时火焰种类的选择见表2-15。

表2-14　氧-乙炔火焰

火焰类别	图示	特点	比率	应用范围
中性焰	焰芯　内焰（轻微闪动）外焰	焰芯温度较高，形成光亮而明显的轮廓；内焰颜色较暗，呈淡橘红色；外焰是一氧化碳和氢气与大气中的氧气完全燃烧生成的二氧化碳和水蒸气	氧与乙炔的混合比为1.1～1.2	适用于焊接一般碳钢和有色金属
碳化焰	焰芯　内焰　外焰	火焰长，且明亮。焰芯轮廓不清，外焰特长。当乙炔过剩量很大时，会冒黑烟	氧与乙炔的混合比小于1.1	适用于焊接高碳钢、铸铁及硬质合金等
氧化焰	焰芯　外焰	焰芯呈淡紫蓝色，轮廓不明显；外焰呈蓝色，火焰挺直，燃烧时发出急剧的"嘶嘶"声	氧与乙炔的混合比大于1.2	适用于焊接黄铜、锰钢等

表2-15　各种金属材料气焊时火焰种类的选择

焊接金属	火焰性质	焊接金属	火焰性质	焊接金属	火焰性质
低、中碳钢	中性焰	青铜	中性焰	高碳钢	碳化焰
低合金钢	中性焰	不锈钢	中性焰轻微碳化焰	硬质合金	碳化焰
紫铜	中性焰	黄铜	氧化焰	高速钢	碳化焰
铝及铝合金	中性焰轻微碳化焰	锰钢	氧化焰	铸铁	碳化焰
铅、锡	中性焰	镀锌铁皮	氧化焰	镍	碳化焰

（3）火焰能率

火焰能率是以每小时内可燃气体的消耗来计算的，即单位时间内可燃气体所提供的能量，单位为L/h。

火焰能率的大小是由焊炬型号和焊嘴号码大小来决定的。火焰能率应根据焊件的厚度、母材的熔点和导热性及焊缝的空间位置来选择。如焊接较厚的焊件、熔点较高的金属、导热性较好的铜/铝及其合金时，就要选用较大的火焰能率，才能保证焊件焊透；如是薄板或立焊、仰焊时，火焰的能率要适当地减小，才能不至于组织过热。平焊缝可比其他位置焊缝选用略大的火焰能率。实际生产中，在保证焊接质量的前提下，为了提高生产率，应尽量选择较大的火焰能率。

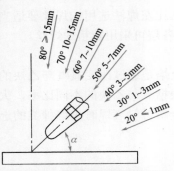

图 2-19 焊炬倾角与焊件厚度
的关系

（4）焊嘴倾斜角度

焊嘴的倾斜角度是指焊嘴的中心线与焊件平面间的夹角。焊炬倾角的大小主要根据焊件厚度、焊嘴大小和金属材料的熔点及导热性来选择的。焊件越厚、导热性越强及熔点越高，焊炬的倾斜角应越大，以使火焰的热量集中；相反，应采用较小的倾斜角度，焊炬倾斜角度与焊件厚度的关系如图 2-19 所示。在焊接的过程中，焊嘴的倾斜角度是不断变化的，如图 2-20 所示。

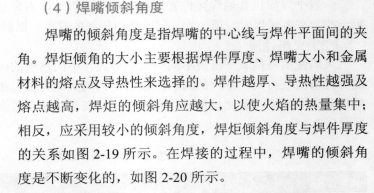

(a) 焊接预热　　　　　　　(b) 焊接过程中　　　　　　　(c) 焊接结束填满

图 2-20　焊接时焊嘴倾斜角的变化

（5）焊丝倾角

焊丝在气焊过程中的主要作用是填充焊接熔池并形成焊缝。焊丝倾角与焊件厚度、焊嘴倾角有关。当焊件厚度大时，焊嘴倾斜度也大，则焊丝的倾斜度小；当焊件厚度小时，焊嘴倾斜度也小，则焊丝的倾斜度大。焊丝倾角一般为 30°～40°。当处于各种位置焊接时，焊丝头部始终应在火焰尖上。

（6）焊接方向

气焊操作时，焊嘴的移动方向为焊接方向。按焊嘴移动的方向可分为左焊法和右焊法。见表 2-16。

表 2-16　焊接方向

焊法	图示	说明	适用场合
左焊法		焊丝在焊嘴前面，从一条焊缝的右端向左端焊接的方法。能看到熔池边缘，容易焊出宽度均匀的焊缝。焊接薄板时，由于焊炬火焰指向焊件未焊部分，对焊件金属有预热作用，生产率高，易掌握，应用普遍。但焊缝易氧化，冷却速度快，热量利用率低	适宜于焊接 5mm 以下的薄板或低熔点的金属
右焊法	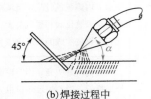	焊嘴在焊丝前面，从一条焊缝的左端向右端焊接的方法。采用右焊法气焊时，焊炬火焰指向焊缝，可以罩住整个熔池，保护了熔化金属，防止了焊缝金属的氧化和产生气孔，减慢焊缝的冷却速度，改善了焊缝组织。但焊接过程中不能看清楚已焊好的焊缝，操作难度高	适用于焊件厚度大，熔点较高的焊件

（7）焊接速度

焊接速度是指单位时间内完成焊道的长度。焊接的速度影响焊接生产率和焊接的质量。如果焊接速度过快，则焊件熔化情况不好；焊接速度过慢，则焊件受热过大，会降低焊接质量。因此应根据不同的焊接情况来选择焊接的速度。

2.2.2　气焊的基本操作

（1）火焰的调节

① 焊炬的握法　右手持焊炬，将拇指置于乙炔开关处，食指置于氧气开关处，以便于随时调节气体流量。用其他三指握住焊炬柄。

② 火焰的点燃　先逆时针方向旋转乙炔开关，放出乙炔，再逆时针方向微开氧气开关，然后将焊嘴靠近火源。开始时，可能会出现连续的"放炮"声，这是因为乙炔不纯造成的，这时应放出不纯的乙炔，然后重新点火。有时也会出现不易点燃的现象，多数情况下是因为氧气量过大，这时应重新微关氧气开关。

点火时，拿火源的手不要正对焊嘴，如图 2-21 所示，也不要将焊嘴指向他人，以防烧伤。

③ 火焰的调节　开始点燃的火焰多为碳化焰，如要调成中性焰，则应逐渐增加氧气的供给量，直至火焰的内焰与外焰没有明显的界限时，即成中性焰。如果继续增加氧气流量，就变为氧化焰。反之，增加乙炔或减少氧气，即可得到碳化焰。

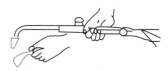

图 2-21　点火的姿势

通过同时调节氧气和乙炔流量的大小，可得到不同的火焰能率。调整方法为：

a. 先减少氧气，后减少乙炔，则火焰能率减小。

b. 先增加乙炔，再增加氧气，则火焰能率增大。

由于乙炔发生器供给的乙炔量经常增减，引起火焰的性质极不稳定，中性焰经常自动变为氧化焰或碳化焰。中性焰变为碳化焰比较容易发现，但变为氧化焰往往不易察觉，因而应经常注意观察火焰性质的变化，并及时调节至所需的工作火焰状态。

④ 火焰的熄灭　焊接结束或是中途停止时，必须熄灭火焰。正确的方法是：

a. 先顺时针旋转关闭乙炔开关阀门，直至关闭乙炔。

b. 再顺时针旋转关闭氧气开关阀门。

（2）平敷焊

焊接方向

图 2-22　左向焊法时焊道的起头

① 焊道起头　用中性焰，左向焊法，即将焊炬由右向左移动，使火焰指向待焊部位，填充焊丝的端头，位于火焰的前下方，距焰心 3mm 左右，如图 2-22 所示。

焊道起头时，由于刚开始加热，焊件温度低，为利于对焊件进行预热，焊炬倾斜角应大些，同时在起焊处应使火焰往复移动，保证焊接处受热均匀。在熔池未形成前，操作者不但要密切注意观察熔池的形成，而且焊丝端部置于火焰中进行预热，待焊件由红色熔化成白亮而清晰的熔池，便可熔化焊丝，将焊丝熔化滴入熔池，而后立即将焊丝抬起，火焰向前移动，形成新的熔池。

在整个焊接过程中，为获得整齐美观的焊缝，应使熔池的形状和大小保持一致。常见的熔池形状如图 2-23 所示。

| (a) 椭圆形 | (b) 瓜子形 | (c) 扁圆形 | (d) 尖瓜子形 |

图 2-23　几种熔池的形状示意图

② 焊炬和焊丝的运动　为了获得优质而美观的焊缝和控制熔池的热量，焊炬和焊丝应作出均匀协调的摆动，既能使焊缝边缘良好熔透，并控制液体金属的流动，使焊缝成形良好，同时又不至于使焊缝产生过热现象。

焊炬和焊丝的运动包括三个动作：

a. 沿焊件接缝的纵向移动。以便不间断地熔化焊件和焊丝，形成焊缝。

b. 焊炬沿焊缝作横向摆动。可充分加热焊件，并借混合气体的冲击力把液体金属搅拌均匀，使熔渣浮起，得到致密性好的焊缝。

c. 焊丝在垂直焊缝的方向送进并作上下移动。用以调节熔池热量和焊丝填充量。

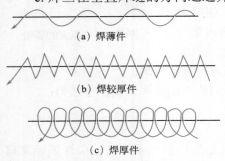

图 2-24　焊炬与焊丝的摆动方法

焊炬与焊丝在操作时的摆动方向和幅度应根据焊件材料的性质、焊缝位置、接头形式和板厚情况进行选择。焊炬与焊丝的摆动方法如图 2-24 所示。

③ 焊道接头　在焊接过程中，当中途停顿后继续施焊时，应用火焰把原熔池重新加热熔化形成新的熔池后再加焊丝。

重新开始焊接时，每次续焊应与前焊道重叠 5～10mm，重叠焊道要少加或不加焊丝，才能保证焊缝高度合适及圆滑过渡。

④ 焊道的收尾　当焊到焊件的终点时，由于端部散热条件差，为防止熔池扩大而烧穿，应减小焊炬与焊件的夹角，同时要增加焊接速度和多加一些焊丝。收尾时为了不使空气中的氧气和氮气侵入熔池，可用温度较低的外焰保护熔池，直至终点熔池填满，火焰才可缓慢离开熔池。

焊嘴的倾斜角在焊接过程中是不断变化的。在预热阶段，为较快地加热焊件，迅速形成熔池，采用的焊炬倾斜角应为 50°～70°；到正常焊接时，采用的焊炬倾斜角常为 30°～50°；而在结尾时，采用的焊炬倾斜角应为 20°～30°。

（3）平对接焊

平对接焊的基本操作方法与平敷焊大致相同，但在焊前应先将被焊接的两个焊件厚进行定位焊。

① 定位焊　其作用是装配和固定焊件接头的位置。定位焊缝的长度和间距视焊件的厚度而定。焊件越薄，定位焊缝的长度和间距应越小，反之则加大。

当焊件较薄时，定位焊应从焊件中间开始向两头进行，如图 2-25（a）所示，定位焊缝长度约为 5～7mm，间隔 50～100mm。当焊件较厚时，定位焊则由两头向中间进行，定位焊缝长度为 20～30mm，间隔 200～300mm，如图 2-25（b）所示。

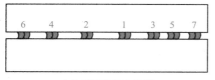
（a）薄焊件的定位焊

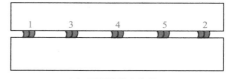
（b）厚焊件的定位焊

图 2-25　焊件定位焊

定位焊的横切面由焊件厚度来决定，随焊件厚度的增加而增大。定位焊点不宜过长，更不宜过宽或过高，但要保证熔透，以避免在正式焊接时出现高低不平、宽窄不一和熔合不良等缺陷。定位焊缝点的要求如图 2-26 所示。

（a）不好　　　　　　　　　　　　（b）好

图 2-26　对定位焊点的要求

定位焊后，为防止角变形，并使焊缝背面均匀焊透，可采用焊件预先反变形法，即将焊件沿接缝向下折成 150° 左右，如图 2-27 所示，然后用胶木锤将焊缝处校正接平。

② 正常焊接　从接缝一端预留出 30mm 处施焊，其目的是使焊缝处于板内，传热面积大，基体熔化时，周围温度已升高，冷凝时不易出现裂纹。施焊到终点时，整个板材温度已升高。再焊预留的一段焊缝，接头处应重叠 5mm 左右，如图 2-28 所示。

采用左焊法时，焊接速度要随焊件熔化的情况而变化，要采用中性焰，并对准接缝的中心线，使焊缝两边缘熔合均匀，背面焊透且要均匀。焊丝位于焰芯前下方 2 ～ 4mm 处，若在熔池边缘处被粘住，可用火焰加热焊丝与焊件接触处，即可自然脱离，切不可用力拔焊丝。

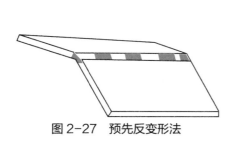
图 2-27　预先反变形法

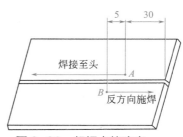
图 2-28　起焊点的确定

在焊接过程中，如发现熔池不清晰，有气泡、火花飞溅或熔池沸腾现象，原因是火焰性质发生变化，应及时将火焰调节成为中性焰后再进行焊接，始终保持熔池大小一致才能焊出均匀的焊缝。

控制熔池的大小可通过改变焊炬角度、高度和焊接速度来调节。如熔池过小，焊丝不能与焊件熔合，仅敷在焊件表面，表明热量不足，应增加焊炬倾斜角，减慢焊接速度；如熔池过大，且没有流动金属时，表明焊件被烧穿，此时应迅速提起火焰或加快焊接速度，减小焊炬倾斜角，并多加焊丝；若熔池金属被吹出或火焰发出"呼呼呼"响声，则表示气体流量过大，应立即调节火焰能率；若焊缝过高，与基体金属熔合不圆滑，则表明火焰能率低，应增加火焰能率，减慢焊接速度。

51

在焊件间隙大或焊件薄的情况下，为防止接头处熔化过快，应将火焰的焰芯指在焊丝上，使焊丝阻挡部分热量。在焊接结束时，将焊炬火焰缓慢提起，使焊缝熔池逐渐减小。为防止收尾时产生气孔、裂纹和熔池没填满产生凹坑等缺陷，可在收尾时多加一点焊丝。对接焊缝尺寸也是有一定要求的，见表2-17。

表2-17　对接焊缝尺寸的一般要求

焊件厚度 /mm	焊缝高度 /mm	焊缝宽度 /mm	层数
0.8～1.2	0.5～1	4～6	1
2～3	1～2	6～8	
4～5	1.5～2	8～10	1～2
6～7	2～2.5		2～3

（4）平角焊

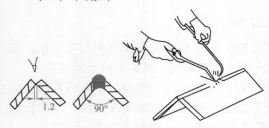

图2-29　外平角焊的操作

① 外平角焊　外平角焊的操作方法如图2-29所示，在焊接3mm以下的焊件时，焊接火焰一般不作摆动，只需平稳均匀向前移动。焊丝的一端在焊缝的熔池内一下一下地送进去，不要点在熔池的外面，以免粘住焊丝。在正常的焊接过程中，向熔池中送进焊丝的速度应是均匀的。如果速度不均匀，会使焊缝金属高低不平，宽窄不一。

如果发现熔池金属有下陷的现象，则送进焊丝的速度应加快。有时仅焊丝加快送进还不能解除下陷现象，就需减小焊炬倾斜角，并作上下摆动，使火焰多接触焊丝，并加快焊接速度。特别是焊缝间隙太大时，在可能烧穿的情况下，更需如此。

如发现焊缝两侧温度低，焊缝熔池深度不够时，送进焊丝的速度要慢些，焊接速度也要慢些，或适当再加大火焰能率，增加焊炬倾斜角。

在焊接4mm以上的焊件时，焊炬要前后轻微摆动，焊丝也应慢慢地送进熔池，以供给填充金属。

② 内平角焊　内平角焊的操作如图2-30所示，焊接时，不仅要根据焊件的厚度掌握焊炬的倾斜角，还要根据焊缝的位置来决定火焰偏向的角度。

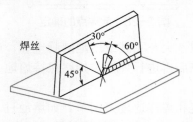

（a）底板在水平面上

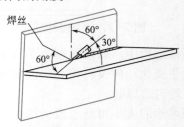

（b）底板在立面上

图2-30　内平角焊的操作

熔池要对称地存在于两个焊件的接缝中间，不要出现一面大，一面小的现象。形成熔池后，焊炬火焰要作螺旋形摆动，均匀地向前移动。为避免因焊丝遮挡熔池上部立面的金属，使得熔池金属的上部温度过高而形成咬边，焊接时，焊丝要加在熔池的上半部，并使焊丝和立面的角度小一些。

为利用火焰喷射的吹力把一部分液体金属吹到熔池上部，使得焊缝金属上下均匀，同时使上部液体金属温度很快地下降，早些凝固，以免流到下边形成上薄下厚的不良现象，焊接时，焊嘴火焰应作螺旋形摆动，如图2-31所示。

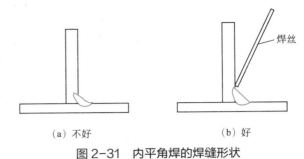

（a）不好　　　　　　（b）好

图2-31　内平角焊的焊缝形状

（5）管子焊接

① 定位焊　可根据接头的形状和管子的直径大小，采用不同的定位焊点定位。如直径小于70mm可定位2点；直径为100～300mm时，定位4～6点；直径为300～500mm时，定位6～8点，如图2-32所示。

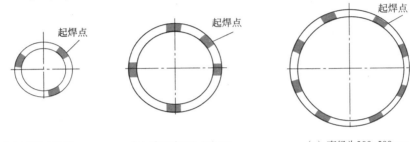

（a）直径小于70mm　　　（b）直径为100~300mm　　　（c）直径为300~500mm

图2-32　不同管径定位焊及起点

定位焊是非常重要的一道工序，定位焊缝必须焊透，否则会直接影响到焊接的质量。因此在操作中必须注意以下几个方面：

a. 定位焊应采用与正式焊接相同的焊丝和火焰性质。

b. 焊点的起头和结尾应圆滑过渡。

c. 开有坡口的焊件定位焊时，其余高不应超过焊件宽度的1/2。

② 校正　校正对焊接质量起到很重要的作用，也是不可缺少的一道工序，它可保证焊件的相互位置，减少焊接变形，保证所需要的间隙等。

小直径管子在圆棒上校正，较大直径管子可在平台上或导轨上校正。手锤的工作面和圆棒、平台及导轨的表面都应光滑，以免将管子压伤。

③ 正常焊接　由于管子的工作条件不同，对焊缝质量的要求也不同，对受高压的管子焊接，要保证单面焊双面成形，以达到高耐压强度。对工作压力低的管子焊接，一般只需要保证焊缝不漏，能达到一定强度即可。

当管子壁厚为2.5mm以下时，不开坡口进行焊接，但必须有一定间隙，其目的是为了焊透。管子壁厚大于3mm时，为了使焊缝熔透，须将管子开V形坡口，同时留有钝边，钝边和间隙的大小均应合适，如果钝边太大和间隙太小时，易造成焊不透，降低接头强度；如果钝边太小及间隙太大时，容易烧穿或造成接头内壁焊瘤。为了在施焊时，既要焊透，又要防止烧穿和产生焊瘤，一般采用两层焊或多层焊。焊缝的余高不得超过1～2mm，其宽度应盖过坡口边缘1～2mm，并应均匀平滑地过渡到基本金属。管子对接时的坡口尺寸和装配间隙要求见表2-18。

表 2-18　管子对接时的坡口尺寸和装配间隙

接头形式	壁厚 /mm	坡口角度 /(°)	钝边 /mm	间隙 /mm
不开坡口对接	≤ 2.5	—		1.0 ～ 2.0
开坡口对接	2.5 ～ 4	60 ～ 70	0.5 ～ 1.5	1.5 ～ 2.0
	4 ～ 6	60 ～ 80	1.0 ～ 1.5	2.0 ～ 3.0
	6 ～ 10	60 ～ 90	1.0 ～ 2.0	

管子焊接时要根据可转动和不可转动两种情况来选择适合的焊接方法。

a. 可转动管子对接焊。由于管子可以自由转动，因此焊缝熔池可控制在方便的水平位置施焊。其焊接方法有两种。

一种是将管子定位焊一点，从定位焊点相对称的位置开始施焊，中间不要停顿，直焊到与起焊点重合为止，如图 2-33（a）所示。另一种焊接方法可分为两次焊完，即由一点开始起焊，两条焊道往相反的方向前进，至相遇重合为止，如图 2-33（b）所示。

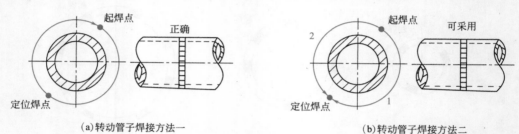

（a）转动管子焊接方法一　　　　　　　　（b）转动管子焊接方法二

图 2-33　管焊接的方法

对于厚壁开有坡口的管子，应采用爬坡焊，即在半立焊位置施焊，不能处于水平位置焊接。因为管壁厚，加入熔池的填充金属多，加热时间长。若用平焊，则难得到较大的熔深，焊缝成形也不美观。具体操作可用左焊法，也可以用右焊法。用左焊法进行爬坡焊时，将熔池控制在与管子水平中心线上方成 50°～ 70° 角度范围进行焊接，如图 2-34（a）所示。这样可以加大熔透深度，控制熔池形状，使接头均匀熔透，同时使填充金属的熔滴自然流向熔池下部，使焊缝成形快，且有利于控制焊缝的高度。

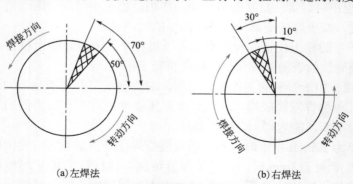

（a）左焊法　　　　　　　　（b）右焊法

图 2-34　厚壁管子的焊接方法

如用右焊法，火焰指向已熔化金属部分，为防止熔化金属被火焰吹力吹成焊瘤，熔池应控制在与垂直中心线成 10°～ 30° 角度范围内施焊，如图 2-34（b）所示。

对于开坡口的管子，可分成三层焊接。

第一层焊嘴和管子表面的倾斜角度为 45°左右,火焰焰芯末端距熔池 3 ～ 5mm。当看到坡口钝边熔化并形成熔池后,马上把焊丝送入熔池前沿,使之熔化填充熔池。焊炬的移动方式为圆圈式前进,焊丝同时不断地向前一起移动,焊件底部要保证焊透。

第二次焊接时,焊炬要作适当的横向摆动。

第三层的焊接方法和第二层相同,但火焰能率应略小一些,这样可使焊缝成形美观。

b. 水平固定位置管子对接焊。管子在水平位置上不可转动对接气焊,如图 2-35 所示,包括了所有的焊接位置,每层焊道都分两次完成,从图中的点 1 开始,沿接缝或坡口焊到 5 的位置结束。

在焊接过程中,应当灵活地调整焊丝、焊炬和管子之间的夹角,以保证不同位置的熔池形状,使之既能保证熔透,又不产生过热和烧穿现象。

水平固定管子气焊时,起点和终点处应相互重叠为 10 ～ 15mm,以避免起点和终点处产生缺陷。

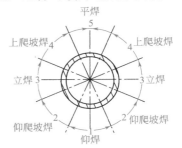

图 2-35　水平固定管焊接位置

2.3　气割的基本操作

2.3.1　气割工艺参数的选择

气割主要参数包括割炬的型号和切割氧气压力、预热火焰能率、割嘴与工件间的倾斜角度、割嘴离工件表面的距离、气割速度等。

（1）割炬型号与切割氧气压力

在对割件进行切割时,被割件越厚,割炬型号、割嘴号码、氧气压力均应增大;当割件较薄时,切割氧压力可适当降低。但切割氧的压力不能过低,也不能过高。若氧气压力过低,会使气割过程中的氧化反应减慢,切割的氧化物熔渣吹不掉,在割缝背面形成难以清除的熔渣黏结物,甚至不能将工件割穿。若切割氧压力过高,则切倒缝过宽,切割速度降低,不仅浪费氧气,还会使切口表面粗糙,而且还将对割件产生强烈的冷却作用。

另外,氧气的纯度对氧气消耗量、切口质量和气割速度也有很大影响。氧气纯度低,会使金属氧化过程缓慢、切割速度降低,同时氧的消耗量增加。氧中的杂质如氮等在气割过程中会吸收热量,并在切口表面形成气体薄膜,阻碍金属燃烧,从而使气割速度下降和氧气消耗量增加,并使切口表面粗糙。因此,气割用的氧气的纯度应尽可能地提高,一般要求在 99.5% 以上。若氧气的纯度降至 95% 以下,气割过程将很难进行。

（2）预热火焰能率

预热火焰的作用是把金属工件加热至金属在氧气中燃烧的温度,并开始保持这一温度,同时还使钢材表面的氧化皮剥离和熔化,便于切割氧流与金属接触。

气割时,碳化焰因有游离碳的存在,会使切口边缘增碳,所以不能采用,可采用中性焰或轻微氧化焰。在切割过程中,要注意随时调整预热火焰,防止火焰性质发生变化。

预热火焰能率的大小与工件的厚度有关,工件愈厚,火焰能率应愈大,但在气割时应防止火焰能率过大或过小的情况发生。如在气割厚钢板时，由于气割速度较慢，为防止割缝上缘熔化，应使火焰能率降低；若此时火焰能率过大，会使割缝上缘产生连续珠状钢粒，甚至熔化成圆角，同时还会造成割缝背面黏附熔渣增多，而影响气割质量。如在气割薄钢板时，因气割速度快，可相应增加火焰能率，但割嘴应离工件远些，并保持一定的倾斜角度；若此时火焰能率过小，使工件得不到足够的热量，就会使气割速度较慢，甚至气割过程中断。

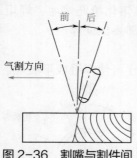

图 2-36　割嘴与割件间的倾斜角

（3）割嘴与割件间的倾斜角

割嘴与割件间的倾斜角如图 2-36 所示，其大小要随割件厚度而定，其规律见表 2-19。

表 2-19　割嘴倾斜角与割件厚度的关系

割件厚度 /mm	< 6	6 ～ 30	> 30		
			起割	割穿后	停割
倾斜方向	后倾	垂直	前倾	垂直	后倾
倾斜角度	25°～45°	0°	5°～10°	0°	5°～10°

（4）割嘴离工件表面的距离

割嘴与被割工件表面距离应根据割件的厚度而定，通常保持火焰的焰心至割件表面 3 ～ 5mm 范围内，这样，加热条件最好，而且渗碳的可能性也最小。如果焰心触及工件表面，不但会引起割缝上缘熔化，还会使割缝渗碳的可能性增加。

一般来说，切割厚板时，由于气割速度慢，为了防止割缝上缘熔化，预热火焰应短些，割嘴离工件表面的距离应适当小些，这样，可以保持切割氧流的挺直度和氧气的纯度，使切割质量得到提高。切割薄板时，由于切割速度较快，火焰可以长些，割嘴离开工件表面的距离可以大些。

（5）气割速度

一般气割速度与工件的厚度和使用的割嘴形式有关。工件越厚，切割的速度越慢；工件越薄，气割的速度应越快。气割速度由操作者根据割缝的后拖量自行掌握。所谓后拖量是指在氧气切割过程中，在切割面上的切割氧气流轨迹的始点与终点在水平方向上的距离，氧-乙炔切割的后拖量如图 2-37 所示。

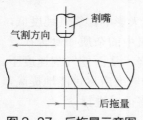

图 2-37　后拖量示意图

在气割时，后拖量总是不可避免的，尤其气割厚板时更为显著。合适的气割速度，应以使切口产生的后拖量比较小为原则，若气割速度过快，会造成后拖量过大，使切口不光洁，甚至造成割不透；若气割速度过慢，会使切口边缘不齐，甚至产生局部熔化现象，割后清渣也较困难。气割时，若能合适地选择气割速度，不但可以保证气割质量，还可降低氧气的消耗量。

2.3.2　气割的基本操作

（1）起割

① 选择起割位置　割零件的外轮廓线时，最好选用钢板的边缘做起割点。割零件内的孔时，必须从丢弃的余料内开始起割，其起割又可分成两种情况：当割件厚

度大于 150mm 时，可先用割炬在余料上割出一个孔，然后开始起割；当割件厚度小于 150mm 时，最好在余料上先钻一个通孔，在通孔处起割。

② 预热　预热的关键是要保证割件起割处，沿厚度方向上温度一致，要回热至燃点，钢材的燃点为 1300℃，此时钢板应呈亮红色至黄色。预热的操作方法应根据零件厚度、起割位置灵活掌握。

对于厚度小于 50mm 的工件，从边缘起割时，可将割炬放在起割边缘的垂直位置进行预热。对于厚度大于 50mm 的工件，从边缘处起割时，预热方法如图 2-38 所示。开始预热时，将割嘴置于工件边缘，并沿气割方向向后倾 10°～20°。如果工件很厚，预热时还可上下移动焊炬，待工件边缘加热或呈暗红色时，将割嘴转到垂直位置继续预热。当在工件内割孔时，割嘴应在垂直位置进行预热。

③ 开始起割　当起割处预热至燃点，钢材表面变成亮红色或黄色时，开切割氧进行气割，当听到工件下面发出"啪啪"声，与气割相反的方向看不到飞出的高温氧化铁熔渣时，说明钢板已割透。

气割时可能会遇到的情况有：

a. 当预热温度还不够，切割氧开得太快时，打开切割氧时，钢板表面燃烧了一下就变黑了，使切割不能正常进行。

b. 打开切割氧后，钢板已正常燃烧，从气割反方向吹出大量熔渣，但割不透。这时应立即关闭切割氧，否则钢板下部会出现一个大凹坑，如图 2-39 所示。

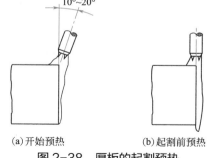

图 2-38　厚板的起割预热　　　　图 2-39　起割处割不透出现的凹坑

c. 当预热温度太低时，打开切割氧时，工件表面不燃烧。

另外，在对厚度较大的工件进行气割时，起割要缓慢开启切割氧阀，待上面的钢材开始燃烧，液态氧化铁熔渣慢慢下流，并从工件侧面飞出时，再加大切割氧，使钢板割透。

 提示

气割前应先清除工件表面的氧化铁皮和污物等，同时也要检查工作环境。

（2）正常气割

① 切割氧压力的选择

a. 通常应根据割嘴的工作原理及工件厚度选择切割氧的压力，可按表 2-20 给定的范围选取，并通过观察切割氧射流的形状和长度最后确定。

b. 切割氧压力不能太大，若压力太大，不仅浪费氧气，而且割口太宽，表面粗糙，

切割氧射流形状不好，发散角大，表面有紊流。

c. 切割氧压力也不能过低，若压力太低，熔渣吹不干净，工件背面粘的熔渣很难清除，甚至会割不透。

表 2-20 切割氧压力与工件厚度的关系（普通割嘴）

板厚 /mm	切割氧压力 /MPa	板厚 /mm	切割氧压力 /MPa
< 4	0.3 ~ 0.4	50 ~ 100	0.7 ~ 0.8
4 ~ 10	0.4 ~ 0.5	100 ~ 150	0.8 ~ 0.9
10 ~ 25	0.5 ~ 0.6	150 ~ 200	0.9 ~ 1.0
25 ~ 50	0.6 ~ 0.7	200 ~ 250	1.0 ~ 1.2

② 气割速度 一般可根据割件背面熔渣的喷射方向和声音来判断气割速度是否正常。

a. 当气割速度正常时，可听到熔渣从工件背面喷出时发出比较微小的"噗噗"声音，且熔渣的喷射方向与切割氧射流的方向相同，割口宽合适，熔渣数量适当。

b. 当气割速度较快时，则割口稍窄，从工件背面喷出的熔渣就偏向割嘴的斜后方，这时已出现后拖量，气割速度越快，后拖量就越大。

c. 当气割速度太快时，则熔渣可能会从割缝的正后方或后上方甚至正上方方向飞出，说明工件没割透，应立即停止气割，并以未割透处为起点重新预热、起割，并转入正常气割。

d. 当气割速度太慢时，熔渣从工件背面喷出时发出较大的"噗噗"声，工件上表面的割口两侧会出现不连续的熔化钢珠、圆角和熔化带，且割口很宽，熔渣量增大，背面粘渣严重，不易清渣。尤其是割薄件时，将使工件产生较大的变形，并使割口的熔渣粘连在一起。

③ 割嘴与工件间的相对位置

a. 工件越薄，行走角越小。气割薄件时，工作角为 90°，行走角为 45° ~ 90°。

b. 气割中、厚板时，工作角和行走角都是 90°，割嘴中心线正好是切割点的垂直线。

c. 气割时不能让焰心与工件接触，以防止工件割口表面严重增碳，产生淬硬组织或裂纹，气割表面与焰心的距离以 3 ~ 5mm 为佳。

④ 气割速度 气割过程中，割嘴除应匀速前进外，不能前后、左右晃动，否则气割表面粗糙度太大。

（3）接头

手工气割时会遇到接头，尤其在割长缝（如割长直缝、大直径圆形管子）时，每割一段必须停止一次，改变工件的位置，或调整操作者的位置，才能继续气割。接头操作的好坏对割口表面粗糙度影响相当大，接头与操作者的技术水平有直接的关系。

气割接头的操作要领如下：

① 气割时先要掌握好接头处的预热温度，气割接头要快，刚一停割，立即做好切割接头的准备工作，在停割处温度比较高的情况下，立即点火预热，将割炬在接头区往复移动，使停割处尽快达到燃烧温度。

② 割炬要始终保持与割件表面垂直的状态，使切割氧孔对准割口中线，当接头处预热温度合适时，稍开切割氧，当接头处上表面开始燃烧时，逐渐加大切割氧流量，待工件割透后，立即按原气割速度转入正常气割。

应该注意的是：如果在起割处停留时间过长或割嘴与工件表面不垂直，切割氧未对准割口中心，接头处就会出现凹坑。

③ 对于割口两面的工件都是产品零件（余料）的气割，更应注意接头。若割口有一

边是余料，则接头时，可先从余料这边起割，待工件焊透后，再将割口引到接头处。

（4）收尾

收尾指的是一条割缝结束处的操作，它不但要保证割透，而且还要保证割缝宽度一致。收尾时应注意：

① 要适当放慢气割速度，将行走角由90°逐渐减至70°，待割件完全割通后，关闭切割氧。

② 不论工件厚薄，割内孔收尾时，割嘴须保持与工件表面垂直，并沿割线进行，直至与起割处连通为止。

③ 气割结束后，应立即关闭切割氧及预热火焰。熄火时，要先关乙炔阀，再关氧气阀。

④ 若停割时间较长，应关闭氧气及乙炔气瓶阀。

（5）穿孔

在工件上割孔时，必须先穿孔。具体操作步骤为：

① 根据钢板厚度换好割嘴（割嘴应比切割相同厚度钢板大一号）。

② 根据割嘴要求调好氧气和乙炔的压力。

③ 选好穿孔点（一般穿孔点都选在余料侧靠近割线处）。

④ 点火预热。预热时割嘴垂直钢板表面，待起割点呈亮红色时准备开始穿孔。

⑤ 开始穿孔。气割开孔分水平气割开孔和垂直板上穿孔。

水平气割穿孔操作过程如图2-40所示。开始穿孔时，割嘴的工作角为90°，行走角为20°左右，缓慢打开一点切割氧，待起割点金属开始燃烧，液态金属氧化物从穿孔处的斜上方吹出时，逐渐加大切割氧压，并加大行走角，但割嘴仍在原处不动，直到行走角为90°，工件穿透为止。

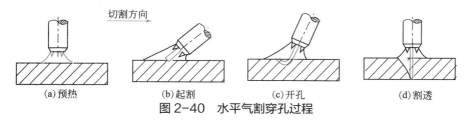

图2-40　水平气割穿孔过程

如果工件过厚，气割时可从正反两面穿孔，先从正面穿孔，当穿孔深度超过焊板厚度的一半时，将钢板翻过来，从穿孔反面的对应处（须对准已穿的孔）继续穿孔。穿孔时要注意防止液态金属飞溅伤人。

垂直板上穿孔操作过程如图2-41所示。操作步骤与气割开孔相同。但应注意要向下吹熔渣，同时也要防止穿透后伤人。

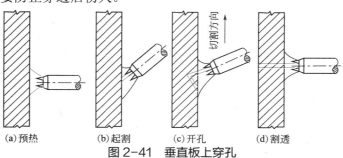

图2-41　垂直板上穿孔

2.4 气焊与气割操作应用实例

2.4.1 水桶气焊

（1）加工图样

水桶气焊加工图样如图2-42所示。

（2）操作步骤与方法

操作步骤与方法如下：

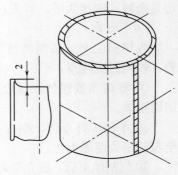

图2-42 水桶气焊图样

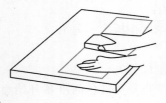

①清理焊件

将待焊处20mm区域内和焊丝表面的铁锈、油污用纱布抛光清理干净

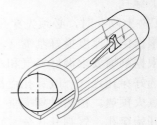

②成形

先在板料上画出柱面的若干直素线，采用压弧锤打压弯形，再套入圆钢进行曲率修整

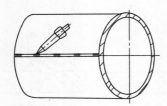

③定位焊

筒体纵缝定位焊，定位焊缝长度5～7mm，间距40～50mm。定位焊必须焊透，焊缝也不宜过宽过高

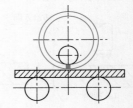

④校正

在导轨上或三轴滚床上进行校正，以保证一定圆度

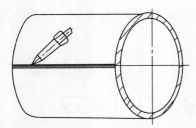

⑤焊桶体纵缝

选择中性焰进行焊接，起焊处焊炬和桶体表面倾斜角应大些，使火焰往复移动，以保证焊接处加热均匀

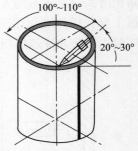

⑥卷边焊接

焊嘴作轻微摆动，卷边熔化后加入少许焊丝，并使焊接火焰略向外侧（以避免桶体受热过大）

提示

在焊接过程中，若发现熔池突然变大，应迅速提起火焰或加快焊接速度，减小焊炬倾角，多添加焊丝。如发现熔池过小，焊丝熔滴不能与焊件很好地熔合，仅敷在熔池表面，此时应增大焊炬角度，减慢焊接速度。

焊缝收尾时，应减小焊炬倾角，加快焊接速度，多加焊丝，将火焰缓慢离开熔池。

2.4.2 法兰的气割

（1）加工图样
法兰的气割图样如图2-43所示。

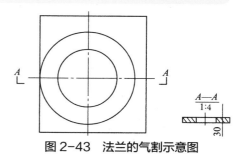

（2）操作步骤与方法
操作步骤与方法如下：

图 2-43　法兰的气割示意图

 ①清理割件 将割件的表面用钢丝刷仔细清理并去掉鳞皮、铁锈和污垢	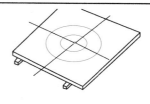 ②割件安放 先按加工要求在割件上划出法兰气割加工线，并在中心钻出一定位孔，再将割件下面用耐火砖垫空，以便排放熔渣（不可将割件直接放在水泥地上）
 ③割起割孔 将割件预热，使割嘴垂直于割件达到切割温度时，将割嘴倾斜一些，便于氧化铁渣的吹出。同时，打开切割氧将氧化铁渣吹掉，在钢板上割个孔	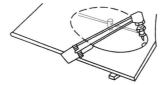 ④用割圆规割圆 按待割圆的半径在定位杆上对好位置（注意留出割口余量），然后用顶端的螺钉紧固。气割时把割嘴穿在钢套内，把定位杆上定圆心支点的尖端插入已钻好的圆孔内，先割外圆，后割内圆

提示

开始时，切割氧不要开得太大，随着割炬移动和逐渐将割炬割嘴角度转为垂直于钢板，而不断地开大切割氧阀门，使氧化铁渣朝割嘴倾斜相反的方向飞出。当氧化铁渣的火花不再上飞时，说明已将钢板割透。这时，将割嘴保持与钢板垂直，割炬沿圆线进行切割。气割过程中，为避免钢套脱落，应使割嘴的下端向圆心方向稍微靠紧一些，同时，为防止割出的断面呈马蹄状，割嘴的高度应始终保持如一。

第**3**章 焊条电弧焊

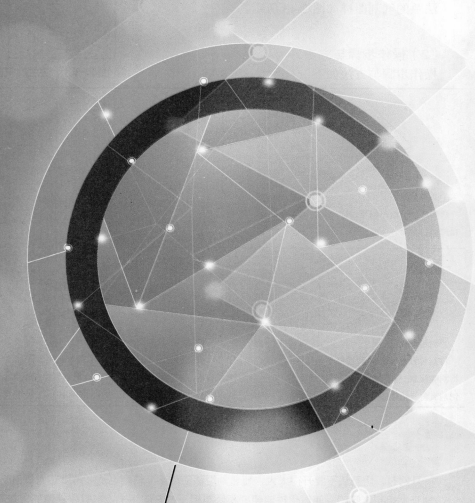

机械加工基础技能双色图解

好焊工是怎样炼成的

焊条电弧焊是用手工操纵焊条进行焊接的电弧焊接方法，如图3-1所示。操作时，焊条与焊件分别作为两个电极。利用焊条与焊件之间产生的电弧热量来熔化焊件金属，冷却后形成焊缝。它操作方便灵活，适应于各种条件下的焊接，特别适用于形状复杂、焊缝短小、弯曲或各种空间位置的焊缝的焊接。

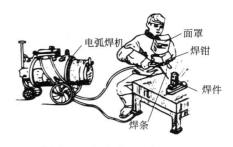

图3-1 焊条电弧焊操作图

3.1 焊条电弧焊的工作原理与特点

3.1.1 焊条电弧焊的工作原理

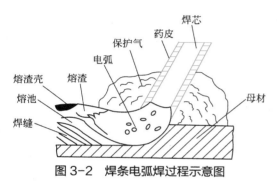

图3-2 焊条电弧焊过程示意图

焊接时，将焊条与焊件之间接触短路引燃电弧，电弧的高温将焊条与焊件局部熔化，熔化了的焊芯以熔滴的形式过渡到局部熔化的焊件表面，熔合在一起形成熔池。药皮熔化过程中产生的气体和液态熔渣，不仅使熔池和电弧周围的空气隔绝，而且与熔融金属发生一系列冶金反应，随着电弧沿焊接方向不断移动，熔池液态金属逐步冷却结晶，形成符合要求的优质焊缝。焊条电弧焊的过程如图3-2所示。

3.1.2 焊条电弧焊的特点

（1）焊条电弧焊的优点

① 适应性强　对于不同的焊接位置、接头形式、焊件厚度及焊缝，只要焊条所能达到的任何位置，均能进行方便的焊接。对一些单件、小件、短的、不规则的空间任意位置以及不易实现机械化焊接的焊缝，更显得机动灵活，操作方便。

② 应用范围广　焊条电弧焊的焊条能够与大多数焊件金属性能相匹配，因而接头的性能可以达到被焊金属的性能。不但能焊接碳钢和低合金钢、不锈钢及耐热钢，对于铸铁、高合金钢及有色金属等也可以焊接。此外，还可以进行异种钢焊接，各种金属材料的堆焊等。

③ 成本较低　焊条电弧焊使用交流或直流焊机进行焊接，这些焊机结构简单，价格便宜，维护保养方便，设备轻便易于移动，且焊接不需要辅助气体保护，并具有较强的抗风能力。因此投资少，成本相对较低，一般小厂和个人都买得起，这是它广泛应用的原因之一。

（2）焊条电弧焊的缺点

① 焊接过程不能连续地进行，生产率低。

② 采用手工操作，劳动强度大，并且焊缝质量与操作技术水平密切相关。

③ 不适合活泼金属、难熔金属及薄板的焊接。

3.2 焊条电弧焊常用设备与工量具

3.2.1 焊条电弧焊常用设备

（1）电弧焊机

电弧焊机是进行手工电弧焊的主要设备，它实质上是用来进行电弧放电的电源。电弧焊机应可维持不同功率的电弧稳定地燃烧，同时焊接工艺参数应便于调节，焊接过程中工艺参数应保持稳定。此外，还应满足消耗电能少、使用安全、容易维护等要求。

电弧焊机按供应电流性质不同可分为直流焊机和交流焊机两大类；按结构不同又分为弧焊变压器、弧焊发电机和弧焊整流器三种类型，见表3-1。

表3-1 电弧焊机的分类与结构特点

分类	图示	特点说明
直流电弧焊发电机		① 由一台交流电动机和一台直流发电机组成，电动机带动发电机而形成直流焊接电源 ② 结构复杂，造价高，易损坏且维修困难 ③ 电流稳定，但运转时噪声大，且空载损耗大
交流弧焊变压器		① 输出电流为交流电 ② 结构简单，制造方便，成本低 ③ 使用可靠，维修方便
弧焊整流器		① 噪声小，空载损耗小 ② 成本低，制造和维修方便

电弧焊机的使用性能对焊接质量有着极其重要的影响，弧焊变压器、弧焊发电机和弧焊整流器三种类型弧焊机电源的特点比较见表3-2。

表3-2 三种类型弧焊机电源的特点比较

项目	弧焊变压器	弧焊发电机	弧焊整流器	项目	弧焊变压器	弧焊发电机	弧焊整流器
焊接电流	交流	直流	直流	供电	一般为单相	三相	一般为三相
电弧稳定性	较差	好	好	功率因数	低	高	较高
极性可换性	无	有	有	空载损耗	小	较大	较小
磁偏吹	很小	较大	较大	成本	较低	高	较高
构造与维护	简单	复杂	复杂	质量	轻	较重	较轻
噪声	小	较大	较小	适用范围	一般	一般或重要	一般或重要

（2）电弧电源的安装

电弧电源的安装是指将电弧焊机接入焊接回路，并保证它能安全工作。

① 弧焊变压器的接线 弧焊变压器的外部接线如图 3-3 所示。接线时，应根据弧焊电源铭牌上所标示的一次电压值确定接入方案。一次电压有 380V 或 220V，还有 380/220V 两用的，必须确保电路电压与弧焊电源规定的电压一致。

弧焊变压器应安装在通风良好、干燥的地方，其电流的调节分粗调和细调两种，粗调分两个调节级，如图 3-4 所示。当连接片接Ⅰ级位置时，电流极小，为 50～180A；当连接片接Ⅱ级位置时，电流放大，为 160～450A。要使焊机输出合适的电流，还应进行电流的细调节，在焊机的侧面逆时针转动调节手柄，使活动铁芯向外移动，则电流增大；顺时针调节手柄，则电流减小。但应注意电机壳上部的电流指示盘，只能近似反映焊接电流的数值，精确度很差，因此应经常用电流表较正指针位置。

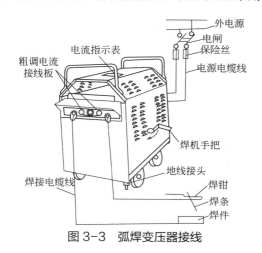

图 3-3 弧焊变压器接线

图 3-4 变压器电流粗调节

② 弧焊发电机的外部接线与电流调节

a. 外部接线。弧焊发电机的外部接线如图 3-5 所示。

焊机的电动机在接入三相外电源前，必须注意外电源的电压和电动机相应的接线方法。当外电压为 380V 时，电动机应为 "Y" 形接法，即星形接法；当外电压为 220V 时，应为 "△" 形接法，即三角形接法，如图 3-6 所示。

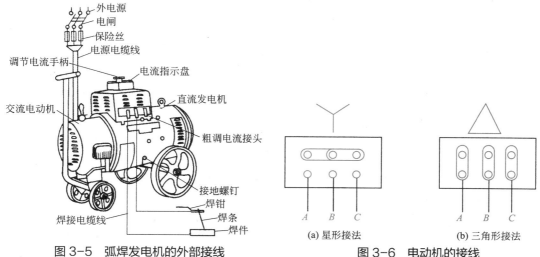

图 3-5 弧焊发电机的外部接线

图 3-6 电动机的接线

提示

　　焊机接入电源后第一次启动时必须检查焊机的旋转方向，如与规定方向不符，应将电动机的三相电源中的任意两相调换一下，再启动时，也应观察是否正确。

　　b. 电流调节。电流调节分为粗调和细调。电流粗调是通过改变焊机接线板上的接线位置来实现的。在焊机接线板上有三个接线柱，为一负两正。负极用"－"标注，正极用"＋"标注。

　　当中间的"＋"极与"－"极分别连接焊钳与焊件时，焊接电流在 300A 以内，如图 3-7（a）所示；当另一个"＋"极与"－"极连接焊钳与焊件时，焊接电流在 300A 以上调节，如图 3-7（b）所示。

　　电流的细调是利用装在焊机上端的可调电阻进行的，当顺时针转动调节手柄时，焊接电流增大；逆时针转动调节手柄时，焊接电流减小，刻度盘上有相应的电流数值。

　　③ 整流器的外部接线与电流调节

　　a. 外部接线。整流器的外部接线如图 3-8 所示。

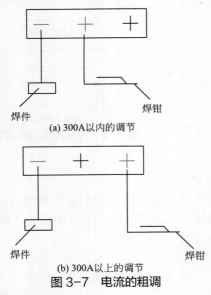

图 3-7　电流的粗调

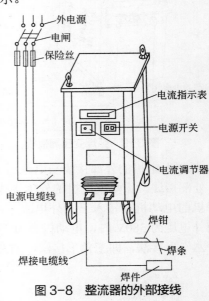

图 3-8　整流器的外部接线

 提示

　　在焊接前应检查硅元件的冷却是否符合要求，同时为保持硅元件与线路的清洁，应定期用干燥的压缩空气吹净机内的尘土。

　　b. 电流调节。整流器的电流调节在焊机面板上进行。先启动电源开关，然后转动电流调节器，电流表指示电流数值，调到所需要的电流即可进行焊接。

3.2.2　焊条电弧焊常用工量具

　　（1）常用工具

　　① 焊钳　焊钳如图 3-9 所示，是用以夹持焊条（或碳棒）并传导电流进行焊接的工

具。焊接对焊钳的要求如下：

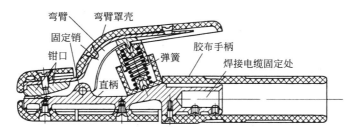

图 3-9　焊钳的结构

a. 焊钳必须有良好的绝缘性与隔热能力。

b. 焊钳的导电部分采用纯铜材料制成，保证有良好的导电性，与焊接电缆连接应简便可靠，接触良好。

c. 焊条位于水平、45°、90°方向时，焊钳应能夹紧焊条，更换焊条方便，并且质量轻，便于操作，安全性高。

常用焊钳有 300A 和 500A 两种规格，其技术参数见表 3-3。

表 3-3　焊钳技术参数

型号	额定电流 /A	焊接电缆孔径 /mm	适用焊条直径 /mm	质量 /kg	外形尺寸（长×宽×高）/mm
G352	300	14	2～5	0.5	250×80×40
G582	500	18	4～8	0.7	290×100×45

② 焊接电缆　焊接电缆的作用是传导焊接电流。焊接对焊接电缆有如下要求。

a. 应由多股细钝铜丝制成，其截面应根据焊接电流和导线长度选择。

b. 电缆外皮必须完整、柔软，且绝缘性好，不可有破损。

c. 焊接电缆长度一般不宜超过 20 ～ 30m。如需超过时，可用分节导线，连接焊钳的一段用细电缆，便于操作，以减轻焊工劳动强度。

d. 焊机的电缆线应尽量使用整根的导线，中间一般不应该有连接接头。当焊接工作中确实要加长导线时，电缆线的接头应采用电缆接头连接器，其连接简便牢固。

焊接电缆型号有 YHH 型电焊橡胶套电缆和 YHHR 型电焊橡胶特软电缆，电缆的选用可参考表 3-4。

表 3-4　焊接电缆与焊接电流、导线长度的关系

焊接电流 /A	导线长 /m								
	20	30	40	50	60	70	80	90	100
	导线截面积 /mm²								
100	25	25	25	25	25	25	25	28	35
150	35	35	35	35	20	50	60	70	70
200	35	35	35	50	60	70	70	70	70
300	35	50	60	60	70	70	70	85	85
400	35	50	60	70	85	85	85	95	95
500	50	60	70	85	95	95	95	120	120
600	60	70	85	85	95	95	120	120	120

焊接电缆的两端可通过接线夹头连接焊机和焊件，也减小了连接的电阻；工作时要防止焊件压伤和折断电缆；电缆不能与刚焊完的焊件接触，以免烧坏。

　(a)手持式　　　　　(b)头盔式

图3-10　面罩

　　③面罩　面罩是为防止焊接时产生的飞溅、弧光及其他辐射对焊工面部及颈部损伤的一种遮蔽的工具，有手持式和头盔式两种，如图3-10所示。面罩上装有用以遮蔽焊接有害光线的护目玻璃。

　　a. 面罩的使用。面罩在使用时的要求如下：
- 面罩应正面朝上放置，不得乱丢或受重压。
- 面罩不得受潮或雨淋，以防变形。

　　b. 护目玻璃的选用。护目玻璃可按表3-5选用。选择护目玻璃的色号，还应考虑焊工的视力，一般视力较好，宜用色号大些和颜色深些的，以保护视力。为使护目玻璃不被焊接时的飞溅损坏，可在外面加上两片无色透明的防护白玻璃。有时为增加视觉效果可在护目玻璃后加一片焊接放大镜。

表3-5　焊工用护目玻璃选用参考

色号	适用电流/A	尺寸（长×宽×高）/mm
7～8	≤100	107×50×2
8～10	100～300	107×50×2
10～12	≥300	107×50×2

　　④焊条保温筒　焊条保温筒是在施工现场供焊工携带的可储存少量焊条的一种保温容器，是焊工在工作时为保证焊接质量不可缺少的工具，它能使焊条从烘箱内取出后继续保温，以保持焊条药皮在使用过程中的干燥度。并且在焊接过程中断时应接入弧焊电源的输出端，以保证焊条保温筒的工作温度。

　　焊条保温筒在使用过程中，先连接在弧焊电源的输出端，在弧焊电源空载时通电加热到工作温度150～200℃后再放入焊条。装入焊条时，应将电焊条斜滑入筒内，防止直捣保温筒底。常用的焊条保温筒型号与规格见表3-6。

表3-6　焊条保温筒的型号与规格

型号	形式	容量/kg	温度/℃
TRG-5	立式	5	200
TRG-5W	卧式	5	
TRG-2.5	立式	2.5	
TRG-2.5B	背包式	2.5	
TRG-2.5C	顶出式	2.5	
W-8	立、卧两用式	5	
PR-1	立式	5	300

⑤ 焊条烘干设备 焊条烘干设备主要用于焊前对焊条的烘干和保温,以减少或防止在焊接过程中因焊条药皮吸湿而造成焊缝中出现气孔、裂纹等缺陷。常用的焊条烘干设备见表 3-7。

表 3-7 常用的焊条烘干设备

名称	型号规格	容量 /kg	主要功能
自动远红外电焊条烘干箱	RDL4-30	30	采用远红外辐射加热、自动控温、不锈钢材料的炉膛、分层抽屉结构,最高烘干温度可达 500℃。100kg 容量以下的烘干箱设有保温储藏箱 RDL4 系列电焊条烘干箱,YHX、ZYH、ZYHC、DH 系列,使用性能不变
	RDL4-40	40	
	RDL4-60	60	
	RDL4-100	100	
	RDL4-150	150	
	RDL4-200	200	
	RDL4-300	300	
	RDL4-500	500	
	RDL4-1000	1000	
记录式数控远红外电焊条烘干箱	ZYJ-500	500	采用三数控带 P、I、D 超高精度仪表,配置自动平衡记录仪,使焊条的烘干温度、温升时间曲线有实质记录,供焊接参考,最高温度达 500℃
	ZYJ-150	150	
	ZYJ-100	100	
	ZYJ-60	60	
节能型自控远红外电焊条烘干箱	BHY-500	500	设有自动控温、烘干定时、报警技术,具有多种功能,最高温度达 500℃
	BHY-100	100	
	BHY-60	60	
	BHY-30	30	

⑥ 辅助工具 焊条电弧焊时常用的辅助工具主要有角向磨光机、风铲、清渣锤、钢丝刷等,见表 3-8。

表 3-8 焊条电弧焊用辅助工具

名称	图示	说明
角向磨光机		角向磨光机有电动和气动两种。用于焊接前的坡口钝边磨削、焊件表面的除锈、焊接接头的磨削、多层焊时层间缺陷的磨削和一些焊缝表面缺陷等的磨削工作
风铲		风铲又叫扁铲打渣机。风铲是将扁铲装在一风动工具上进行敲渣,用于缩短手工敲渣时间。使用轻巧灵活,后坐力小,清渣彻底,方便安全
敲渣锤		用于清除焊件上的熔渣
扁錾	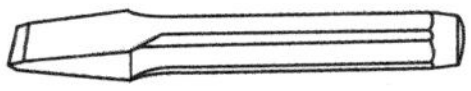	用于清除焊渣,也可铲除飞溅物和焊瘤

续表

名称	图示	说明
钢丝刷	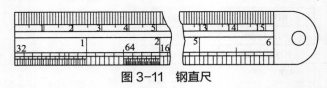	用以清除焊件表面的铁锈、油污等。清理坡口和多道焊时，宜用 2～3 行窄形弯把钢丝刷

（2）常用量具

① 钢直尺　钢直尺如图 3-11 所示，用于测量长度尺寸，常用薄钢板或不锈钢制成。钢直尺的刻度误差规定在 1cm 分度内误差不超过 0.1mm。常用的钢直尺有 150mm、300mm、500mm 和 1000mm 四种长度。

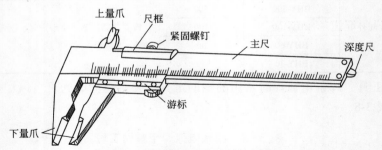

图 3-11　钢直尺

② 游标卡尺　游标卡尺主要由上量爪、下量爪、紧固螺钉、尺身、游标和深度尺组成，如图 3-12 所示。

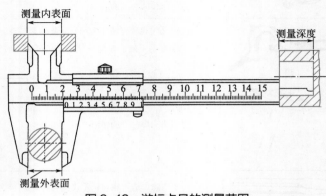

图 3-12　游标卡尺的结构组成

使用时，旋松固定游标用的紧固螺钉即可测量。下量爪用来测量工件的外径和长度，上量爪用来测量孔径和槽宽，深度尺用来测量工件的深度和台阶长度，如图 3-13 所示。

图 3-13　游标卡尺的测量范围

③ 焊缝量规 焊缝量规是用以检查坡口角度和焊件装配用的，这种量规的结构与使用如图 3-14 所示。

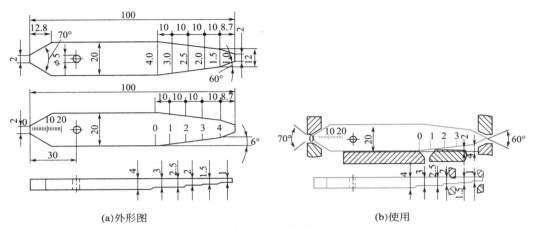

(a)外形图　　　　　　　　　　　(b)使用

图 3-14　焊缝量规

④ 焊道量规 焊道量规如图 3-15 所示，它是用来测量焊脚尺寸的量具。此种量具制作简单，只要用一块厚 1.5 ～ 2.0mm 的钢板，在角上切去一个边长为 6mm、8mm、10mm 或 12mm 的等腰三角形，并在切去的斜边两头适当地挖出两个弧形即可。

焊道量规的使用方法如图 3-16 所示。图 3-16（a）说明焊道的焊脚大小是 8mm，而图 3-16（b）说明焊道的焊脚大于 6mm，只需 8mm 或其他角度去测量。

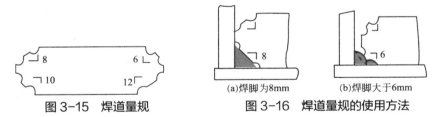

图 3-15　焊道量规　　　　图 3-16　焊道量规的使用方法

⑤ 焊工万能量规 焊工万能量规是一种精密量规，用以测量焊件焊瓣的坡口角度、装配间隙、错位以及焊后对接焊缝的余高、焊缝宽度的角焊缝的焊脚等，如图 3-17 所示。

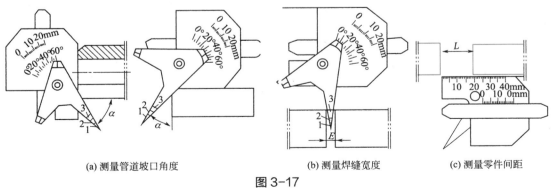

(a) 测量管道坡口角度　　　　(b) 测量焊缝宽度　　　　(c) 测量零件间距

图 3-17

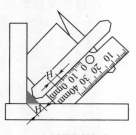

(d) 测量角焊角度

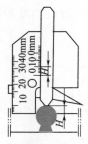

(e) 测量焊缝高度

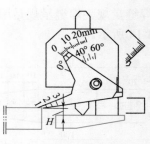

(f) 测量焊件错位

图 3-17　焊缝测量示意图

　　焊工万能量规的外形尺寸为 71mm×54mm×8mm，质量为 80g，使用时应注意避免磕碰划伤，不要接触腐蚀性气体、液体，保持尺面清晰，用毕放入封套内。

3.3　焊条

3.3.1　焊条的组成

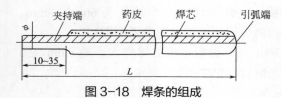

图 3-18　焊条的组成

　　在焊接中，最常用的焊接材料就是焊条。焊条由焊芯（金属芯）和药皮组成。焊条前端的药皮有 45°左右的倒角，以便于引弧。焊条尾部有一段裸露的焊芯，长 10～35mm，便于焊钳夹持和导电。焊条的长度一般在 250～450mm 之间，如图 3-18 所示。

　　焊条直径（指焊芯直径）有 2.0mm、2.5mm、3.2mm、4.0mm、5.0mm、5.8mm 及 6.0mm 等几种规格，常用的有 2.5mm、3.2mm、4.0mm、5.0mm 四种。

　　（1）焊芯

　　焊条中被药皮包裹的具有一定长度和直径的金属芯称为焊芯。焊接时，焊芯有两个作用：一是导通电流，维持电弧稳定燃烧；二是作为填充的金属材料与熔化的母材共同形成焊缝金属。

　　焊条电弧焊时，焊芯熔化形成的填充金属约占整个焊缝金属的 50%～70%，所以，焊芯的化学成分及各组成元素的含量将直接影响焊缝金属的化学成分和力学性能。碳钢焊芯中各组成元素对焊接过程和焊缝金属性能的影响见表 3-9。

表 3-9　碳钢焊芯中各组成元素对焊接过程和焊缝金属性能的影响

组成元素	影响说明	质量分数
碳（C）	焊接过程中碳是一种良好的脱氧剂，在高温时与氧化合生成 CO 或 CO_2 气体，这些气体从熔池中逸出，在熔池周围形成气罩，可减小或防止空气中氧、氮与熔池的作用，所以碳能减少焊缝中氧和氮的含量。但碳含量过高时，由于还原作用剧烈，会增加飞溅和产生气孔的现象，同时会明显地提高焊缝的强度、硬度，降低焊接接头的塑性，并增大接头产生裂纹的倾向	小于 0.10% 为宜

组成元素	影响说明	质量分数
锰（Mn）	焊接过程中锰是很好的脱氧剂和合金剂。锰既能减少焊缝中氧的含量，又能与硫化合生成硫化锰（MnS）起脱硫作用，可以减小产生裂纹的倾向。锰可作为合金元素渗入焊缝，提高焊缝的力学性能	0.30%～0.55%
硅（Si）	硅也是脱氧剂，而且脱氧能力比锰强，与氧形成二氧化硅（SiO_2）。但它会增加熔渣的黏度，黏度过大会促使非金属夹杂物的生成。过多的硅还会降低焊缝金属的塑性和韧性	一般限制在0.04%以下
铬（Cr）和镍（Ni）	对碳钢焊芯来说，铬和镍都是杂质，是从炼钢原料中混入的。焊接过程中铬易氧化，形成难熔的氧化铬（Cr_2O_3），使焊缝产生夹渣。镍对焊接过程无影响，但对钢的韧性有比较明显的影响。一般低温冲击值要求较高时，可以适当掺入一些镍	铬的质量分数一般控制在0.20%以下，镍的质量分数控制在0.30%以下
硫（S）和磷（P）	硫、磷都是有害杂质，会降低焊缝金属的力学性能。硫与铁作用能生成硫化铁（FeS），它的熔点低于铁，因此会使焊缝在高温状态下容易产生热裂纹。磷与铁作用能生成磷化铁（Fe_3P和Fe_2P），使熔化金属的流动性增大，在常温下变脆，所以焊缝容易产生冷脆现象	一般不大于0.04%，在焊接重要结构时，要求硫与磷的质量分数不大于0.03%

（2）药皮

压涂在焊芯表面的涂料层称为药皮。由于焊芯中不含某些必要的合金元素，且焊接过程中要补充焊芯烧损（氧化或氮化）的合金元素，所以焊缝具有的合金成分均需通过药皮添加；同时，通过药皮中加入的不同物质在焊接时所起的冶金反应和物理、化学变化，能起到改善焊条工艺性能和改进焊接接头性能的作用。

① 药皮的组成　焊条药皮为多种物质的混合物，药皮成分主要有以下四种：

a. 矿物类。主要是各种矿石、矿砂等。常用的有硅酸盐矿、碳酸盐矿、金属矿及萤石矿等。

b. 铁合金和金属类。铁合金是铁和各种元素的合金。常用的有锰铁、硅铁、铝粉等。

c. 化工产品类。常用的有水玻璃、钛白粉、碳酸钾等。

d. 有机物类。主要有淀粉、糊精及纤维素等。

焊条药皮的组成较为复杂，每种焊条药皮配方中都有多种原料。根据原料作用的不同，可分为稳弧剂、脱氧剂、造渣剂、造气剂、合金剂、黏结剂、稀渣剂和增塑剂。为简明起见，现将药皮涂料的名称、成分和作用列于表3-10中。

表3-10　药皮涂料的名称、成分和作用

名称	涂料成分	作用
稳弧剂	碳酸钾、碳酸钠、长石、大理石、钛白粉、钠水玻璃、钾水玻璃	改善引弧性能和提高电弧燃烧的稳定性
脱氧剂	锰铁、硅铁、铝铁、石墨	降低药皮或熔渣的氧化性和脱除金属中的氧
造渣剂	大理石、萤石、菱苦土、长石、花岗石、陶土、钛铁矿、锰矿、赤铁矿、钛白粉、金红石	造成具有一定物理性能、化学性能的熔渣，并能良好地保护焊缝和改善焊缝成形
造气剂	淀粉、木屑、纤维素、大理石	形成的气体可加强对焊接区的保护
合金剂	锰铁、硅铁、钛铁、铬铁、钼铁、钒铁、石墨	使焊缝金属获得必要的合金成分
黏结剂	钾水玻璃、钠水玻璃	将药皮牢固在黏结在焊芯上
稀渣剂	萤石、长石、钛铁矿、钛白粉、锰铁、金红石	降低熔渣的黏度，增加熔渣的流动性
增塑剂	云母、滑石粉、钛白粉、高岭土	增加药皮的流动，改善焊条的压涂性能

② 药皮类型　根据药皮组成中主要成分的不同，焊条药皮可分为8种不同的类型。

a. 氧化钛型（简称钛型）。药皮中氧化钛的质量分数大于或等于35%，主要从钛白粉和金红石中获得。

b. 钛钙型。药皮中氧化钛的质量分数大于30%，钙和镁的碳酸盐矿石的质量分数为20%左右。

c. 钛铁矿型。药皮中含钛铁矿的质量分数大于或等于30%。

d. 氧化铁型。药皮中含有大量氧化铁及较多的锰铁脱氧剂。

e. 纤维素型。药皮中有机物的质量分数为15%以上，氧化钛的质量分数为30%左右。

f. 低氢型。药皮主要组成物是碳酸盐和氟化物（萤石）等碱性物质。

g. 石墨型。药皮中含有较多的石墨。

h. 盐基型。药皮主要由氯化物和氟化物组成。

常用焊条药皮类型、主要成分及其工艺性能见表3-11。

表3-11 常用药皮的类型、主要成分与其工艺性能

类型	主要成分	工艺性能	适用范围
钛型	氧化铁（金红石或钛白粉）	焊接工艺性能良好，熔深较浅。交直流两用，电弧稳定，飞溅小，脱渣容易。能进行全位置焊接，焊缝美观，但焊接金属塑性和抗裂性能较差	用于一般低碳钢结构的焊接，特别适用于薄板焊接
钛钙型	氧化钛与钙和镁的碳酸盐矿石	焊接工艺性能良好，熔深一般。交直流两用，飞溅小，脱渣容易	用于较重要的低碳钢结构和强度等级较低的低合金结构钢一般结构的焊接
钛铁矿型	钛铁矿	焊接工艺性能良好，熔深较浅。交直流两用，飞溅一般，电弧稳定	
氧化铁型	氧化铁矿及锰铁	焊接工艺性能差，熔深较大，熔化速度快，焊接生产率高。飞溅稍多，但电弧稳定，再引弧容易。立焊与仰焊操作性差。焊缝金属抗裂性能良好。交直流两用	用于较重要的低碳钢结构和强度等级较低的低合金结构钢的焊接，特别适用于中等厚度以上钢板的平焊
纤维素型	有机物与氧化钛	焊接时产生大量气体，保护熔敷金属，熔深大。交直流两用，电弧光强，熔化速度快。熔渣少，脱渣容易，飞溅一般	用于一般低碳钢结构的焊接，特别适宜于向下立焊和深熔焊接
低氢型	碳酸钙（大理石或石灰石）、萤石和铁合金	焊接工艺性能一般，焊前焊条需烘干，采用短弧焊接。焊缝应具有良好的抗裂性能、低温冲击性能和力学性能	用于低碳钢及低合金结构钢的重要结构的焊接

③ 药皮的作用

a. 防止空气对熔化金属的不良作用。焊接时，药皮熔化后产生大量气体笼罩着电弧和熔池，使熔化金属与空气隔绝。同时还形成了熔渣，覆盖在焊缝的表面，保护焊缝金属，而且熔渣还能使焊缝金属缓慢冷却，有利于已融入液体金属中的气体逸出，减少生成气孔的可能性，并能改善焊缝的成形和结晶。

b. 冶金处理的作用。通过熔渣与熔化金属的冶金反应，除去有害杂质（如氧、氢、硫、磷）和添加有益的合金元素，使焊缝获得良好的力学性能。

虽然药皮对熔化金属有一定的保护作用，但液态熔池中仍不可避免地要有少量空气侵入，使液态金属中的合金元素烧损，导致焊缝力学性能的降低。因此，可在药皮中加入一些还原剂，使氧化物还原，并加入一定量的铁合金或纯合金元素，以弥补合金元素的烧损和提高焊缝金属的力学性能。同时，根据焊条性能的不同，还在药皮中加入一些去氢、去硫的元素，以提高焊缝金属的抗裂性。

c.改善焊条工艺性能的作用。焊条的工艺性能主要包括：焊接电弧的稳定性、焊缝成形、全位置焊接的适应性、脱渣性、飞溅大小、焊条的熔敷率及焊条发尘量等评定指标。因此，药皮中所加入的物质一定要尽可能地满足这些指标的要求，使电弧能稳定燃烧、飞溅少、焊缝成形好、易脱渣及熔敷率高等。

3.3.2　焊条的分类、型号及牌号

(1) 焊条的分类

焊条的分类方法很多，如按用途分类，按药皮主要成分分类，甚至可以按船级社认可分类等。

① 按用途分类　焊条按用途进行分类具有较大的实用性，可分为 10 大类。

a.结构钢焊条。主要用于焊接低碳钢和低合金高强度钢。

b.钼和铬钼耐热钢焊条。主要用于焊接珠光体耐热钢。

c.不锈钢焊条。主要用于焊接不锈钢和热强钢（高温合金）。

d.堆焊焊条。主要用于堆焊具有耐磨、耐热、耐腐蚀等性能的各种合金钢零件的表面层。

e.低温钢焊条。主要用于焊接各种在低温条件下工作的结构。

f.铸铁焊条。主要用于焊补各种铸铁件。

g.镍及镍合金焊条。主要用于焊接镍及其合金，有时也用于堆焊、焊补铸铁、焊接异种金属等。

h.铜及铜合金焊条。主要用于焊接铜及其合金、异种金属、铸铁等。

i.铝及铝合金焊条。主要用于焊接铝及其合金。

j.特殊用途焊条。主要用于焊接具有特殊要求及施焊部位的结构。

② 按熔渣的碱度分类　焊接过程中，焊条药皮或焊剂熔化后，经过一系列化学变化，形成覆盖于焊缝表面的非金属物质，称为熔渣。

根据熔渣的成分不同，可以把熔渣分为三大类，见表 3-12。

表 3-12　熔渣的分类

分类	说明	示例
盐型熔渣	它主要由金属的氟盐、氯盐组成。这类熔渣的氧化性很小，有利于焊接铝 钛和其他活性金属及其合金	如 CaF_2-NaF、CaF_2-BaCl_2-NaF 等
盐-氧化物型熔渣	它主要由氟化物和强金属氧化物组成。熔渣的氧化性也不大，用于焊接高合金钢及其合金	如 $CaIF_2-CaO-Al_2O_3$、$CaF_2-CaO-Al_2O_3-SiO_2$ 等
氧化物型熔渣	它主要由各种金属氧化物组成，熔渣的氧化性较强，用于焊接低碳钢和低合金钢	如 $MnO-SiO_2$、$FeO-MnO-SiO_2$、$CaO-TiO_2-SiO_2$ 等

从表 3-12 可看出，熔渣通常由各种氧化物组成。氧化物可分为三种，见表 3-13。

表 3-13　熔渣的化学成分

氧化物类型	碱性按强到弱的次序排列
碱性氧化物	K_2O、Na_2O、CaO、MgO、BaO、MnO、FeO、Cu_2O、NiO
酸性氧化物	SiO_2、TiO_2、P_2O_5、V_2O_5
中性氧化物	Al_2O_3、Fe_2O_3、Cr_2O_3、V_2O_3、ZnO

为了表示熔渣碱性的强弱，一般用汉语拼音大写字母"K"或"碱度"来说明。熔渣的碱度可以用熔渣中各种氧化物质量分数之和的比值近似地计算：

$$K = \Sigma w_{\text{碱性氧化物}} / \Sigma w_{\text{酸性氧化物}}$$

当 $K > 1.5$ 时，熔渣呈碱性，说明碱性氧化物比例高，此种焊条为碱性焊条。当 $K < 1.5$ 时，熔渣呈酸性，说明酸性氧化物比例高，此种焊条为酸性焊条。

对碳钢焊条来说，由于钛型、钛钙型、钛铁矿型、氧化铁型、纤维素型的药皮所含强碱性氧化物较少，而酸性氧化物较多，故为酸性焊条，而低氢型药皮焊条中有较多的大理石及萤石，碱性较强，故为碱性焊条。常用碳钢焊条的焊接工艺性能比较见表 3-14。

表 3-14 碳钢焊条的焊接工艺性能对比

焊条分类	J421	J422	J423	J424	J425	J426	J427
	钛型	铸钙型	钛镁矿型	氧化铁型	纤维素型	低氢型	低氢型
熔渣特性	酸性，短渣	酸性，短渣	酸性，较短渣	酸性，长渣	酸性，较短渣	酸性，短渣	酸性，短渣
电弧稳定性	柔和、稳定	稳定	稳定	稳定	稳定	较差，交直	较差，直流
电弧吹力	小	较小	稍大	最大	最大	稍大	稍大
飞溅	少	少	中	中	多	较多	较多
焊缝外观	纹细、美	美	美	稍粗	稍粗	粗	稍粗
熔深	小	中	稍大	最大	大	中	中
咬边	小	小	中	大	小	小	小
焊脚形状	凸	平	平、稍凸	平	平	平或凸	平或凸
脱渣性	好	好	好	好	好	较差	较差
熔化系数	中	中	稍大	大	大	中	中
粉尘	少	少	稍大	多	少	多	多
平焊	易	易	易	易	易	易	易
立向上焊	易	易	易	不可	极易	易	易
立向下焊	易	易	易	不可	易	易	易
仰焊	稍易	稍易	困难	不可	极易	稍难	稍难

③ 船用电焊条 凡焊接材料制造厂生产的船用电焊条，必须首先经过我国国家船舶检验局根据《钢质海船入级与建造规范》的规定进行认可。如果建造出口船舶，还必须通过持证国的有关船级社的认可，方能用于船舶焊接生产。

世界主要船级社有：中国船舶检验局（简称 ZC），英国劳埃德船级社（简称 LR），德国埃劳德船级社（简称 GL），法国船级社（简称 BV），日本海事协会（简称 NK），挪威船级社（简称 DnV）和美国船级社（简称 ABS）等。

（2）焊条的型号

焊条型号是以国家标准为依据，反映焊条主要特性的一种表示方法。主要内容包括：焊条，焊条类别，焊条特点（主要指熔敷金属的力学性能、化学性能），药皮类型。

以下仅以碳钢焊条型号的编制为例作一简要介绍，其他类型焊条型号的编制请参阅有关资料。

① 型号中的第一字母"E"表示焊条。

② "E"后面的两位数表示熔敷金属的抗拉强度等级。

③ "E"后面的第三位数字表示焊条的焊接位置。其中"0"及"1"表示焊条适用于

全位置焊接（即可进行平、横、立、仰焊），"2"表示焊条适用于平焊及平角焊，"4"表示焊条适用于向下立焊。

④ "E"后面的第三位和第四位数字组合时表示药皮类型和电源种类。

碳钢焊条型号举例如下：

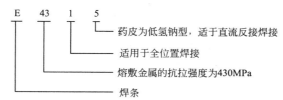

碳钢焊条的型号划分见表3-15。

表 3-15　碳钢焊条型号的划分

焊条型号	药皮类型	焊接位置	电流种类
E43 系列——熔敷金属抗拉强度＞420MPa			
E4300	特殊型	平、立、仰、横	交流或直流反接
E4301	钛铁矿型		交流或直流反接
E4303	铸钙型		
E4310	高纤维钠型		直流反接
E4311	高纤维钾型		交流或直流反接
E4312	高钛钠型		
E4313	高钛钾型		交流或直流正、反接
E4315	低氢钛型		直流反接
E4316	低氢钾型		交流或直流反接
E4320	氧化铁型	平、平角焊	交流或直流正接
E4322			交流或直流反接
E4323	钛粉钛钙型		交流或直流正、反接
E4324	铁粉钛型	平、平角焊	
E4327			交流或直流正接
E4328	铁粉低氢型		交流或直流反接
E50 系列——熔敷金属抗拉强度＞490MPa			
E5001	钛铁矿型	平、立、仰、横	交流或直流正、反接
E5003	钛钙型		
E5011	高纤维钾型		交流或直流反接
E5014	铁粉钛型		交流或直流正、反接
E5015	低氢钠型		直流反接
E5016	低氢钾型		交流或直流反接
E5018	铁粉低氢型		
E5024	铁粉钛型	平、平角焊	交流或直流正、反接
E5027	铁粉氧化铁型		
E5028	铁粉低氢型	平、立、仰、立向下	交流或直流反接
E5048			

（3）焊条的牌号

焊条牌号是焊条制造商对生产的焊条所规定的统一编号。它主要根据焊条的用途及性能特点来命名，一般可分为 10 大类。

① 结构钢焊条牌号的编制　结构钢焊条牌号的编制见表 3-16。

表 3-16　结构钢焊条牌号的编制

序号	代号	含义
1	拼音"J"或汉字"结"	结构钢焊条
2	两位数字（J后）	表示熔敷金属的抗拉等级
3	第三位（J后）	表示药皮类型和电源种类（见表 3-17）
4	元素符号（或汉字）+两位数字	符号（或汉字）表示药皮中加入的元素；两位数字表示熔敷率的1/10
5	元素符号或拼音字母	有特殊性能用途时加注起主要作用的元素符号或主要用途的拼音字母（一般不超过 2 个）

表 3-17　焊条药皮类型与电源种类

牌号	药皮类型	电源种类	牌号	药皮类型	电源种类
××0	不属于规定类型	不规定	××5	纤维素型	直流或交流
××1	氧化钛型	直流或交流	××6	低氢钾型	直流或交流
××2	氧化钛钙型	直流或交流	××7	低氢钠型	直流
××3	钛铁矿型	直流或交流	××8	石墨型	直流或交流
××4	氧化铁型	直流或交流	××9	盐基型	直流

结构钢焊条牌号举例如下：

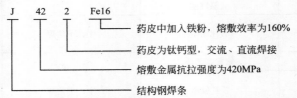

铁粉焊条的特点是：在焊接时，由于铁粉受热氧化而产生大量的热量，成为除电弧以外的补充热源，因此可以提高焊芯的熔化系数和焊缝金属的熔敷效率，从而提高焊接生产率。

所谓熔化系数，是指熔焊过程中单位电流、单位时间内焊芯的熔化量，单位为 g/(A·h)。

所谓熔敷效率，则是指熔敷金属量与熔化的填充金属量的百分比。

② 船及海上平台用焊条的级别

a. 船用焊条的级别。船用电焊条按其熔敷金属的抗拉强度可分为 $\sigma_b=400MPa$ 及 $\sigma_b=460MPa$ 两个强度等级。每一强度等级又按其冲击韧性划分为三个级别。各级别的电焊条熔敷金属和焊接接头的拉力试验结果应符合表 3-18 的要求。

各个级别分别为Ⅰ41（1 级）、Ⅱ141（2 级）、Ⅲ（3 级）和Ⅱ47（2Y 级）、Ⅲ47（3Y 级）。所有低氢型焊条或超低氢型焊条在满足其力学性能要求后，应进行扩散氢的测定，并在焊条后面加上字母"H"或"HH"的标志，以表示符合测定要求的低氢型焊条或超低氢型焊条。如Ⅲ 41H（3H 级）、41HH（3HH 级）、Ⅲ 47HH（3YH 级）、47HH（3YHH 级）等。

表 3-18　焊条级别、熔敷金属和焊接接头的力学性能

焊条级别	σ_s/MPa	σ_b/MPa	伸长率（标准距离长度 50mm）/%	V 形缺口冲击试验	
				温度 /℃	冲击吸收功 /J
I41 II41 III41	≥ 300	400 ～ 560	≥ 22	20 0 − 20	≥ 48
II47 III47	≥ 370	460 ～ 660	≥ 22	0 20	≥ 48

注：一组 3 个冲击试样中，允许有一个个别值小于所需平均值，但不得小于平均值的 70%。

　　b. 海上平台用焊条的级别。按照国家相关规定，平台用焊条级别、熔敷金属和焊接接头的力学性能试验结果应符合表 3-19 的要求。

表 3-19　平台焊条级别、熔敷金属和焊接接头的力学性能

焊条分类	拉力试验		伸长率 %	冷弯试验	V 形缺口冲击试验	
	σ_s 下限值 /MPa	σ_b /MPa			温度 /℃	冲击吸收功 /J
1P	230	400 ～ 490	22	不裂	—	—
2P 3P 4P	230	400 ～ 490	22	不裂	0 − 20 − 40	28
1P32 3P32 4P32	310	440 ～ 490	22	不裂	0 − 20 − 40	32
1P36 3P36 4P36	350	490 ～ 620	21	不裂	0 − 20 − 40	35

注：焊接正弯和反弯试样的受拉面在弯曲规定的角度后，如无超过 3mm 其他缺陷者则认为合格。

　　③ 钼及铬钼耐热钢焊条牌号的编制
　　a. 牌号第一个汉语拼音大写字母"R"或汉字"热"，表示钼及铬钼耐热钢焊条。
　　b."R"后面的第一位数字表示熔敷金属主要化学成分等级，见表 3-20。

表 3-20　钼及铬钼耐热钢焊条

牌号	熔敷金属主要化学成分组成等级	牌号	熔敷金属主要化学成分组成等级
R1××	Mo 为 0.5%	R5××	Cr 为 0.5%；Mo 为 0.5%
R2××	Cr 为 0.5%；Mo 为 0.5%	R6××	Cr 为 7%；Mo 为 1%
R3××	Cr 为 1% ～ 2%；Mo 为 0.5% ～ 1%	R7××	Cr 为 9%；Mo 为 1%
R4××	Cr 为 2.5%；Mo 为 1%	R8××	Cr 为 11%；Mo 为 1%

　　c."R"后面的第二位数字表示同一熔敷金属主要化学成分等级中的不同编号。对同

一种药皮类型的焊条，可有十个编号，按0、1、2、…、9顺序编排。

d. "R"后面第三位数字表示药皮类型和电源种类。

钼及铬钼耐热钢焊条牌号举例如下：

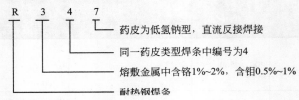

④ 不锈钢焊条牌号的编制

a. 牌号中的第一个汉语拼音大写字母"G"及"A"或汉字"铬"及"奥"，表示铬不锈钢焊条和奥氏体不锈钢焊条。

b. "G"或"A"后面的第一位数字表示熔敷金属主要化学成分等级，见表3-21。

表3-21　不锈钢焊条

牌号	熔敷金属主要化学成分组成等级	牌号	熔敷金属主要化学成分组成等级
G2××	Cr 约为 13%	A4××	Cr 约为 25%；Ni 约为 20%
G3××	Cr 约为 17%	A5××	Cr 约为 16%；Ni 约为 25%
A0××	Cr ≤ 0.04%（超低级）	A6××	Cr 约为 15%；Ni 约为 35%
A1××	Cr 约为 18%；Ni 约为 8%	A7××	铬锰氮不锈钢
A2××	Cr 约为 18%；Ni 约为 12%	A8××	Cr 约为 18%；Ni 约为 18%
A3××	Cr 约为 25%；Ni 约为 13%	A9××	待发展

c. "G"或"A"后面第二位数字表示同一熔敷金属主要化学成分等级中的不同编号。对同一种药皮类型的焊条，可有十个编号，按0、1、2、…、9顺序编排。

d. "G"或"A"后面第三位数字表示药皮类型和电源种类。

不锈钢焊条牌号举例如下：

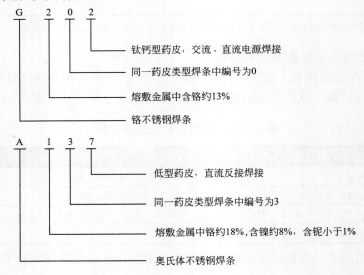

⑤ 堆焊焊条牌号的编制

a. 牌号中的第一个汉语拼音大写字母"D"或汉字"堆"，表示堆焊焊条。

b. "D"后面的第一位数字表示焊条的用途、组织或熔敷金属主要成分，见表 3-22。

表 3-22　堆焊焊条

牌号	用途、组织或熔敷金属主要成分	牌号	用途、组织或熔敷金属主要成分
D0××	不规定	D5××	阀门用
D1××	普通常温用	D6××	合金铸铁用
D2××	普通常温用及常温高锰钢	D7××	碳化钨型
D3××	刀具及工具用	D8××	钴基合金
D4××	刀具及工具用	D9××	待发展

c. "D"后面第二位数字表示同一用途、组织或熔敷金属主要成分中的不同编号。对同一种药皮类型的焊条，可有十个编号，按 0、1、2、…、9 顺序编排。

d. "D"后面第三位数字表示药皮类型和电源种类。

堆焊焊条牌号举例如下：

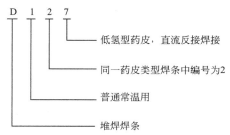

D 1 2 7
低氢型药皮，直流反接焊接
同一药皮类型焊条中编号为2
普通常温用
堆焊焊条

⑥ 低温钢焊条牌号的编制

a. 牌号中的第一个汉语拼音大写字母"W"或汉字"温"，表示低温钢焊条。

b. "W"后面的两位数字表示该焊条的工作温度等级，见表 3-23。

表 3-23　低温钢焊条

牌号	工作温度等级	牌号	工作温度等级
W70××	−70℃	W19××	−196℃
W90××	−90℃	W25××	−253℃
W11××	−110℃		

c. "W"后面第三位数字表示药皮类型和电源种类。

低温钢焊条牌号举例如下：

W 70 7
低氢型药皮，直流反接焊接
工作温度等级为−70℃
低温钢焊条

⑦ 铸铁焊条牌号的编制

a. 牌号中的第一个汉语拼音大写字母"Z"或汉字"铸",表示铸铁焊条。

b. "Z"后面的第一位数字表示熔敷金属主要化学成分组成类型,见表3-24。

表3-24 铸铁焊条

牌号	熔敷金属主要化学成分组成类型	牌号	熔敷金属主要化学成分组成类型
Z1××	铸铁或高钒钢	Z5××	镍铜
Z2××	铸铁(包括球墨铸铁)	Z6××	铜铁
Z3××	纯镍	Z7××	待发展
Z4××	镍铁		

c. "Z"后面第二位数字表示同一熔敷金属主要化学成分组成类型中的不同编号。对同一种药皮类型的焊条,可有十个编号,按0、1、2、…、9顺序编排。

d. "Z"后面第三位数字表示药皮类型和电源种类。

铸铁焊条牌号举例如下:

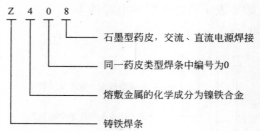

Z 4 0 8
— 石墨型药皮,交流、直流电源焊接
— 同一药皮类型焊条中编号为0
— 熔敷金属的化学成分为镍铁合金
— 铸铁焊条

⑧ 特殊用途焊条的编制

a. 牌号中的两个汉语拼音大写字母"TS"或汉字"特殊",表示特殊用途焊条。

b. "TS"后面的第一位数字表示焊条的用途,见表3-25。

表3-25 特殊用途焊条

牌号	用途或熔敷金属主要成分	牌号	用途或熔敷金属主要成分
TS2××	水下焊接用	TS5××	电渣焊用管状焊条
TS3××	水下切割用	TS6××	铁锰铝焊条
TS4××	铸铁件焊补前开坡口用	TS7××	高硫堆焊焊条

c. "TS"后面第二位数字表示同一用途中的不同编号。对同一种药皮类型的焊条,可有十个编号,按0、1、2、…、9顺序编排。

d. "TS"后面第三位数字表示药皮类型和电源种类。

特殊用途焊条牌号举例如下:

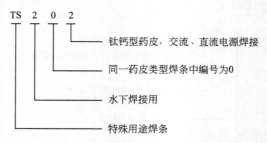

TS 2 0 2
— 钛钙型药皮,交流、直流电源焊接
— 同一药皮类型焊条中编号为0
— 水下焊接用
— 特殊用途焊条

3.3.3　焊条的选用、保管与使用

（1）焊条的选用

正确地选择焊条，拟定合理的焊接工艺，才能保证焊接接头不产生裂纹、气孔、夹渣等缺陷，才能满足结构接头的力学性能和其他特殊性能的要求，从而保证焊接产品的质量。在金属结构的焊接中，选用焊条应注意以下几条原则：

① 考虑母材的力学性能和化学成分　焊接结构通常是采用一般强度的结构钢和高强度结构钢。焊接时，应根据设计要求，按结构钢的强度等级来选用焊条。值得注意的是，钢材一般按屈服强度等级来分级，而焊条是按抗拉强度等级来分级的。因此，应根据钢材的抗拉强度等级来选择相应强度或稍高强度的焊条。但焊条的抗拉强度太高会使焊缝强度过高而对接头有害。同时，还应考虑熔敷金属的塑性和韧性不低于母材。当要求熔敷金属具有良好的塑性和韧性时，一般可选强度低一级的焊条。

对合金结构钢来说，一般不要求焊缝与母材成分相近，只有焊接耐热钢、耐蚀钢时，为了保证焊接接头的特殊性能，则要求熔敷金属的主要合金元素与母材相同或相近。当母材中碳、硫、磷等元素含量较高时，应选择抗裂性好的低氢型焊条。

② 考虑焊接结构的受力情况　由于酸性焊条的焊接工艺性能较好，大多数焊接结构都可选用酸性焊条焊接。但对于受力构件或工作条件要求较高的部位和结构都要求具有较高的塑性、韧性和抗裂性能，则必须使用碱性低氢型焊条。

③ 考虑结构的工作条件和使用性能　根据焊件的工作条件，包括载荷、介质和温度等，选择相应的能满足使用要求的焊条。如高温或低温条件下工作的焊接结构应分别选择耐热钢焊条和低温钢焊条；接触腐蚀介质的焊接结构应选择不锈钢焊条；承受动载荷或冲击载荷的焊接结构应选择强度足够、塑性和韧性较好的碱性低氢型焊条。

④ 考虑劳动条件和劳动生产率　在满足使用性能的情况下，应选用高效焊条，如铁粉焊条、下行焊条等。当酸性焊条和碱性焊条都能满足焊接性能要求时，应选用酸性焊条。

（2）焊条的保管、发放和使用

焊条的保管、发放和使用，以及必要的复验，是保证焊接质量的重要环节，它将直接影响焊缝的质量。每一个焊工、保管员和技术员都应该熟悉焊条的储存和保管规则，熟悉焊条的烘焙和使用要求。

① 焊条的保管　焊条的保管应注意以下几个方面：

a.进厂的焊条应先由技术检验部门核对其生产单位、质量证书、牌号、规格、重量、批号、生产日期。对无证和无检验认可的标记或包装破损、运输过程受潮以及不符合标准规定的焊条，检验人员有权拒绝验收入库。

b.当发现已入库的焊条有保管不善、存放时间过长或发放错误等情况时，质检人员可按有关产品验收技术条件进行抽样检查，不合格的应予报废，并要求停止使用。

c.要保持焊条仓库良好的通风和干燥，同时保证室温不应低于18℃。对含氢量有特殊要求的焊条，其相对湿度应不大于60%。

d.堆放焊条的货架或垫木应离墙、离地不小于300mm。

e.焊条应按品种、牌号分类堆放，并涂以明显标志。

② 焊条的发放和使用　从仓库领取焊条进行使用时，须按产品说明书规定的规范进

行烘干后才能发放使用。

a. 由于酸性焊条对水分不敏感，不易产生气孔，所以酸性焊条可根据受潮情况决定是否进行烘焙。对于受潮严重的焊条，要在 70 ～ 150℃下进行烘焙，保温 1h，使用前不再烘焙。对一般受潮的焊条，焊前不必烘焙。

b. 碱性焊条在使用前必须烘干，以降低焊条的含水量，防止气孔、裂纹等缺陷的产生。烘干温度一般为 350 ～ 400℃，保温 2h。经烘干的碱性焊条最好放入一个温度控制在 100 ～ 150℃的保温电烘箱中存放，随用随取。

c. 露天作业时，规定碱性焊条一次领取不得超过 4h 的用量，酸性焊条一次领取不得超过 8h 的用量，如果到时间未用完，应立即归还。

d. 在现场作业时，焊工应将焊条存放在焊条箱（盒）或自垫式焊条保温筒内，不得随意乱放，以免受潮或破损而影响焊接质量。

3.4 焊接工艺参数与基本操作

3.4.1 焊接工艺参数

为保证焊接质量而选定的焊接电流、电弧电压、焊接速度、焊条直径等物理量称为焊条电弧焊的焊接工艺参数。

（1）焊条直径

焊条直径的选择主要取决于焊件厚度、接头形式、焊缝位置和焊接层次等因素。

对于厚度较大的焊件，应选用较大直径的焊条。平焊时，所用焊条的直径可大些；立焊时，所用焊条的直径最大不超过 5mm；横焊和仰焊时，为减小熔化金属的下淌现象，所用焊条的直径一般不超过 4mm；开坡口多道焊时，为防止产生未焊透的缺陷，第一层焊缝采用直径为 3.2mm 的焊条，以后各层可根据焊件的厚度合理选用直径稍大一点的焊条。

通常情况下，可根据焊件厚度来选择焊条直径，见表 3-26。

表 3-26　焊条直径与焊件厚度的关系　　　　　　　　　　　　　　mm

焊件厚度	≤ 2	3 ～ 4	5 ～ 12	> 12
焊条直径	2	3.2	4 ～ 5	≥ 5

（2）电源种类与极性

由于直流电弧焊时，焊接电弧正、负极上的热量不同，所以采用直流电源时有正接和反接之分，如图 3-19 所示。

正接是指焊条接电源负极，焊件接电源正极，此时焊件获得热量多，温度高，熔池深，易焊透，适于焊接厚件；反接是指焊条接电源正极，焊件接电源负极，此时焊件获得热量少，温度低，熔池浅，不易焊透，适于焊接薄件。

如果使用碱性低氢钠型焊条（如 E5015 等）焊接重要结构时，无论焊接厚板还是薄板，均应采用直流反接，因为这样可减少飞溅和气孔，并使电弧稳定燃烧。如果焊接时使用交流电焊设备，由于电弧极性瞬时交替变化，所以两极加热一样，两极温度也基本一样，不存在正接和反接的问题。

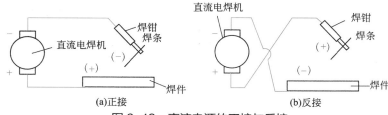

图 3-19　直流电源的正接与反接

（3）焊接电流的选择

焊接电流的大小对焊接质量生产率有较大的影响。电流过小，电弧不稳定，易造成夹渣和未焊透等缺陷，从而降低接头的力学性能；电流过大，则会引起熔化金属的严重飞溅，甚至烧穿工件。

焊接电流主要由焊条直径、焊接位置、焊条种类、焊缝层数等决定。

① 焊接电流与焊条直径关系　当焊件厚度较小时，焊条直径要选小些，焊接电流也应选小些。反之，则应选择较大的焊条直径，电流强度也要相应增大。低碳钢平焊的焊接电流与焊条直径的关系见表 3-27。

表 3-27　焊条电流径与焊件直径的关系

焊件直径 /mm	2	2.5	3.2	4	5	6
焊接电流 /A	40～70	70～90	90～130	140～210	220～270	270～320

② 焊接电流与焊接位置的关系　平焊时，由于运条和控制熔池中的熔化金属比较容易，因此可以选择较大的焊接电流。但在其他位置焊接时，为了避免熔池金属下淌，应适当减小焊接电流。在焊件厚度、接头形式、焊条直径相同的情况下，立焊时的焊接电流比平焊时减小 10%～15%，而仰焊时要比平焊减小 10%～20%。当使用碱性焊条时，焊接电流要比酸性焊条小 10%。

焊接电流是否适当可参考表 3-28 进行判断。

表 3-28　焊接电流的判断

内容	现象	情况
飞溅	电弧吹力大，可看到较大颗粒的铁水向熔池外飞溅，爆裂声大，焊件表面不干净	电流过大
	弧吹力小，熔渣和铁水不易分开	电流过小
焊缝成形	熔深大，焊缝低，两边易产生咬边	电流过大
	焊缝窄小，且两侧与基本金属熔合不好	电流过小
	焊缝两侧与基本金属熔合很好	电流适中
焊条熔化状况	焊条烧了大半根，其余部分也已发红	电流过大
	电弧燃烧不稳定，焊条易粘在焊件上	电流过小

（4）电弧电压的选择

焊条电弧焊电压主要由电弧长度来决定。电弧长，电弧电压高；电弧短，电弧电压低。

在焊接过程中，电弧过长，电弧燃烧不稳定，飞溅增多，焊缝成形不易控制，尤其对熔化金属保护不利，有害气体侵入，还将直接影响焊缝金属的力学性能。因此，焊接时应该使用短弧（即焊条直径的 0.5 ~ 1.0 倍）。

（5）焊接速度

单位时间内完成的焊缝长度称为焊接速度。焊接速度应该均匀适当，既保证焊透又要保证不烧穿，同时还要使焊缝宽度和高度符合图样设计要求。

焊接速度对焊缝成形的影响见表 3-29。

表 3-29　焊接速度对焊缝成形的影响

速度	图示	影响
太慢		焊接速度过慢，使高温停留时间增长，热影响区宽度增加，焊接接头的晶粒变粗，力学性能降低，同时变形量增大。当焊接较薄焊件时，则易烧穿
太快		焊接速度过快，熔池温度不够，易造成未焊透、未熔合、焊缝成形不良等缺陷
适中		速度均匀，既能保证焊透，又保证不烧穿，同时也使焊缝宽度和高度符合图样设计要求

（6）焊接层数

当焊件较厚时，往往需要多层焊，如图 3-20 所示。

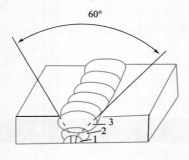
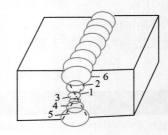

图 3-20　多层焊

① 多层焊时，后层焊道对前一层焊道重新加热和部分熔化，可以消除前者存在的偏斜、夹渣及一些气孔。

② 后层焊道还对前层焊道具有热处理作用，能改善焊缝的金属组织，提高焊缝的力学性能，因此，对一些重要的结构，焊接层数多些为好，但每层厚度最好不大于5mm。

3.4.2 焊条电弧焊基本操作技术

焊条电弧焊的基本操作技术有引弧、运条、焊缝起头、焊缝的收尾、焊缝的连接和定位焊与定位焊焊缝。

（1）引弧

电弧开始时，在焊条末端和焊件之间建立电弧的过程叫引弧。引弧的方法包括不接触引弧和接触引弧两类。接触引弧法就是在引弧前先接通焊接电源，使电焊条端部与焊件短路，当焊条拉开时就能引燃电弧，由于操作手法的不同，常用的引弧方法有划擦法和敲击法两种，见表3-30；不接触引弧的方法很少使用。

表3-30 接触引弧的方法

引弧方法	图示	操作说明	特点
划擦法	引弧前 引弧后	先将焊条前端对准焊件，然后将手腕扭转一下，使焊条在焊件表面上轻微划擦一下，焊条提起2～4mm，即在空气中产生电弧。引弧后，使电弧长度不超过焊条值	引弧方法似划火柴，易于掌握
敲击法	引弧前 引弧后	先将焊条前端对准焊件，然后将手腕下弯，使焊条轻微碰一下焊件，再迅速将焊条提起2～4mm，即产生电弧。引弧后，手腕放平，使弧长保持在与所用焊条直径相适应的范围内	该引弧方法因手腕动作不灵活，感到不易掌握

（2）运条

焊接过程焊条相对焊件所做的各种操作运动总称运条。

① 运条的基本动作 运条包括沿焊条轴线的送进、沿焊道轴线方向的移动和横向摆动三种动作，如图3-21所示。

a.送进。送进是指焊条沿焊条轴线向下进行的移动。在焊接过程中，由于焊条的熔化，会使电弧变长，为了维持弧长不变，要求焊条的送进速度必须等于熔化速度，才能保证焊接过程稳定。若送进速度大于熔化速度，则弧长会越变越短，焊接电流迅速增加，电弧电压降低，就会发生短路，使电弧熄灭；若送进速度小于熔化速度，则弧长会越变越

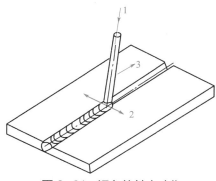

图3-21 运条的基本动作

长，焊接电流会越来越小，熔化速度随之变小，使电弧迅速变长直至熄灭。

焊工在焊接过程中应根据弧长的变化状况，随时调整送进速度，保持弧长不变，使焊接电流稳定。技术好的焊工在进行焊接时，电流表和电压表的指示值几乎是不变的，

或在调定值很小的范围内摆动（$\Delta I \pm 10A$，$\Delta U \pm 1V$）。

b. 纵向前移。纵向前移是指焊条沿焊缝轴线方向向前的移动，使熔敷金属与熔化的母材形成焊缝。焊条前移的速度就是焊接速度，它对焊缝质量、焊接生产率有很大的影响。若焊接速度太快，电弧来不及熔化足够的焊条与母材，则焊缝很窄，或产生未焊透、熔合不良等缺陷；若焊接速度太慢，则会造成焊缝过高、过宽、外形不整齐，产生过烧或烧穿缺陷。焊接过程中必须保持焊接速度均匀，才能获得外形美观的焊道。

c. 摆动。摆动是指焊条沿焊缝轴线的垂直方向的运动。其摆幅决定焊缝的宽度，摆幅越大，焊缝越宽。应根据焊条的直径和要求的焊缝宽度控制摆幅。焊接过程中要保持摆幅一致，才能获得宽度均匀、边缘整齐的焊缝。正常焊缝的宽度不超过焊条直径的 2 ～ 5 倍。

焊条的摆动主要靠的是手腕的摆动，而且焊条摆动的线速度不一定是均匀的。在打底焊时，为了保证背面成形，防止焊漏或烧穿，电弧横过间隙时的速度较快，在两侧坡口处焊条应稍作停留约 0.5s，以保证边缘熔合，防止咬边。焊薄板或窄焊道时，可以不摆动。

② 运条方法　焊接过程中，为了获得较宽的焊缝，焊条在送进和移动过程中，还要作必要的摆动。运条要根据接头形式、装配间隙、焊缝的位置、要求的焊缝宽度、焊条直径与性能、焊接电流的大小及焊工技术水平来合理选用。

运条方法很多，常用运条方法及适用范围见表 3-31。

表 3-31　常用的运条方法及适用范围

运条方法		图示	适用范围
直线形			① 厚长 3 ～ 5mm 的 I 形坡口平焊 ② 多层焊打底 ③ 多层焊、多道焊
直线往返形		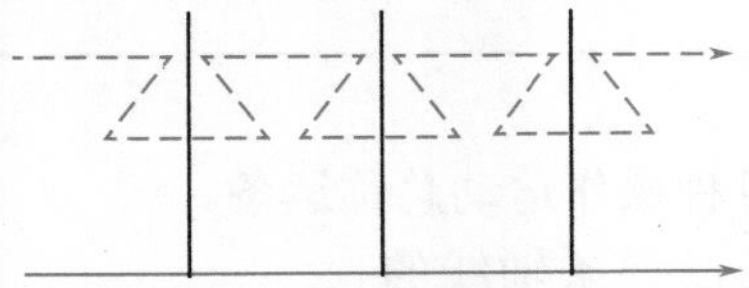	① 焊薄板 ② 间隙大的对接平焊或打底焊道
锯齿形			① 对接接头的平焊、立焊等 ② 角接接头立焊
月牙形			
三角形	斜三角形		① 角接接头仰焊 ② 对接接头开 V 形坡口横焊
	正三角形		① 角接接头平焊、仰焊 ② 对接接头横焊

运条方法		图示	适用范围
圆圈形	斜圆圈形		① 角接接头立焊 ② 对接接头平焊
	正圆圈形		对接接头厚板平焊
八字形			

（3）焊缝的起头

起头是指刚开始焊接的阶段，在一般情况下这部分焊道略高些，质量也难以保证。因为焊件未焊之前温度较低，而引弧后又不能迅速使焊件温度升高，所以起点部分的熔深较浅；对焊条来说在引弧后的 2s 内，由于焊条药皮未形成大量保护气体，最先熔化的熔滴几乎是在无保护气氛的情况下过渡到熔池中去的，这种保护不好的熔滴中有不少气体。如果这些熔滴在施焊中得不到二次熔化，其内部气体就会残留在焊道中形成气孔。因此焊道起头时可以在引弧后稍微拉长电弧，从距离始焊点 10mm 左右处回到始焊点，如图 3-22 所示，再逐渐压低电弧，焊条作微微的摆动，达到所需的焊道宽度，然后正常焊接。

另外，为了减少气孔，操作中可采用跳弧焊，即电弧有规律地瞬间离开熔池，把熔滴甩掉，但焊接电弧并未中断。另一种间接方法是采用引弧板，即在焊前装配一块金属板，从这块板上开始引弧，焊后割掉，如图 3-23 所示。采用引弧板，不但保证了起头处的焊缝质量，也能使焊接接头始端获得正常尺寸的焊缝，常在焊接重要结构时应用。

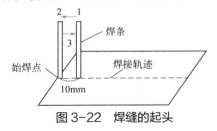

图 3-22 焊缝的起头

图 3-23 引弧板和引出板

（4）焊缝的连接

在操作时，由于受焊条长度的限制或操作姿势的变换，一根焊条往往不可能完成一条焊道。因此，出现了焊道前后两段的连接问题。焊道的连接一般有以下几种方式，如图 3-24 所示。

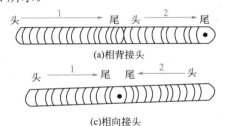

(a)相背接头

(c)相向接头

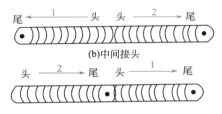

(b)中间接头

(d)分段退焊接头

图 3-24 焊道的连接方式

1—先焊焊道；2—后焊焊道

第一种接头方式使用最多，接头的方法是：

① 在先焊焊道弧坑稍前处（约 10mm）引弧。电弧长度比正常焊接略微长些（碱性焊条电弧不可加长，否则易产生气孔）。

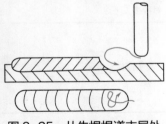

② 再将电弧移到原弧坑的 2/3 处，填满弧坑后，即向前进入正常焊接，如图 3-25 所示。如果电弧后移太多，则可能造成接头过高；后移太少，将造成接头脱节，产生弧坑未填满的缺陷。

焊接接头时，更换焊条的动作越快越好，因为在熔池尚未冷却时进行接头，不仅能保证质量，而且焊道外表面成形美观。

图 3-25 从先焊焊道末尾处接头的方法

第二种接头方式要求先焊焊道的起头处要略低些。

① 在先焊焊道的起头略前处引弧，并稍微拉长电弧。

② 将电弧引向先焊焊道的起头处，并覆盖它的端头。

③ 待起头处焊道焊平后，再向先焊焊道相反的方向移动，如图 3-26 所示。

第三种接头方式是后焊道从接口的另一端引弧，焊到前焊道的结尾处，为填满焊道的弧坑，焊接速度要慢些，然后再以较快的焊接速度再向前焊一小段后熄弧，如图 3-27 所示。

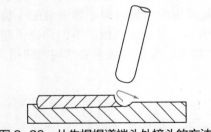

图 3-26 从先焊焊道端头处接头的方法

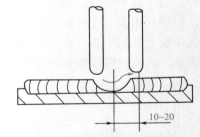

10~20

图 3-27 焊道接头处熄弧

第四种接头方式是后焊的焊道结尾与先焊的焊道起头相连接。主要是利用结尾时的高温重复熔化先焊焊道的起头处，将焊道焊平后快速收弧。

（5）焊缝的收尾

焊缝的收尾是指一条焊缝结束时采用的收弧方法。收尾动作不仅是熄弧，还要填满弧坑。如果收尾时即拉断电弧，会形成低于焊件表面的弧坑，另外，过深的弧坑使焊道收尾处强度减弱，并容易造成应力集中而产生弧坑裂纹。

一般收尾动作有划圈收尾法、反复断弧收尾法、回焊收尾法，见表 3-32。

表 3-32 焊缝收尾的方法

收尾的方法	图示	操作说明	适用场合
划圈法		焊条移至焊道终点时，作圆圈运动，直到填满弧坑再拉断电弧	适用于厚板焊接，对于薄板则有烧穿的危险

续表

收尾的方法	图示	操作说明	适用场合
反复断弧法	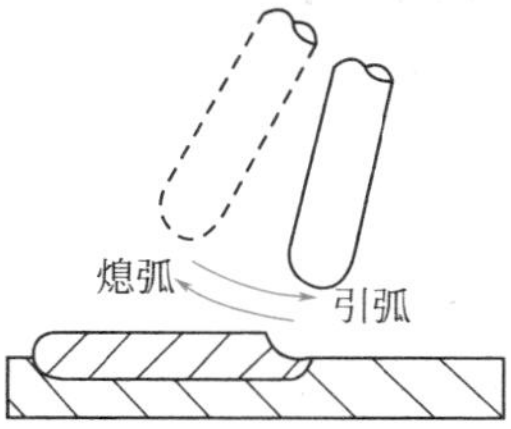 熄弧 引弧	焊条移至焊道终点时，在弧坑上需作数次反复熄弧-引弧，直到填满弧坑为止	适用于薄板焊接
回焊法	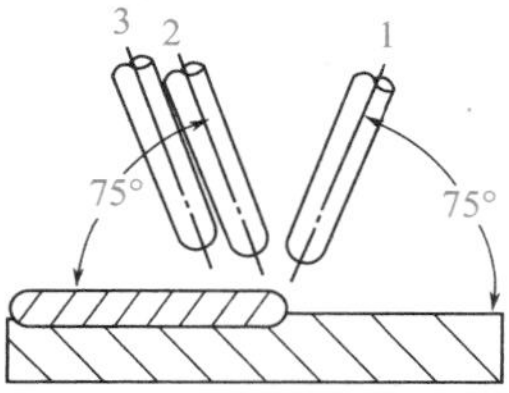 3 2 1 75° 75°	焊条移至焊道收尾处即停止，但不熄弧，此时适当改变焊条角度，焊条位置由1转到2，待填满弧坑后再转到3，然后慢慢拉断电弧	适用于碱性焊条焊接

（6）定位焊

焊前为了固定焊件的相对位置进行的焊接操作叫定位焊，俗称点固焊。定位焊形成的短小的断续焊缝叫定位焊缝，也叫点固焊缝。定位焊缝一般比较短小，焊接过程中都不去掉，作为正式焊缝的一部分保留下来，因此，定位焊缝的质量好坏，位置、长度和高度是否合适，会直接影响正式焊缝的质量及焊件的变形。

焊接定位焊缝时，必须注意以下几点：

① 必须按照焊接工艺规定的要求焊接定位焊缝。

② 定位焊焊道不能太高，起头和收尾应圆滑，不能太陡，必须保证熔合良好，防止焊缝接头时，定位焊缝两端焊不透。

③ 定位焊缝的长度、余高、间距见表3-33。要保证足够的强度，以减少变形。

表3-33　定位焊缝的参考尺寸　　　　　　　　　mm

焊件厚度	定位焊缝余高	定位焊缝长度	定位焊缝间距
≤4	<4	5～10	50～100
4～12	3～6	10～20	100～200
>12	>6	15～30	200～300

④ 定位焊缝不能焊在焊缝方向发生急剧变化的地方，也不能焊在焊缝交叉处，通常至少应距离开这些位置50mm以上。

⑤ 应尽量避免强迫装配，以防止焊接过程中定位焊缝产生裂开现象，必要时可增加定位焊缝的长度，并减小定位焊缝间距。

⑥ 定位后必须尽快焊接，避免中途停顿或存放时间过长，使焊接区受环境污染，产生焊接缺陷。

⑦ 定位焊使用的焊接电流可比正常焊接电流大10%～15%。

3.4.3　各种位置焊接基本操作要领

根据空间位置的不同，焊条电弧焊有平焊、立焊、仰焊、横焊和管子对接焊五种。

图3-28 平焊操作姿势

（1）平焊

平焊是在水平面内进行的焊接，操作姿势如图3-28所示。因其位置处于水平位置，熔池下通常有未熔化的母材支撑，熔滴靠自身重量和电弧吹力作用很容易过渡到熔池中，焊缝成形很容易。

① 对接接头平焊 对接接头平焊参数见表3-34。

表3-34 对接接头平焊焊接参数对照表

焊缝横断面形式	焊件厚度或焊脚尺寸 /mm	第一层焊缝		其他各层焊缝		封底焊缝	
		焊条直径 /mm	焊接电流 /A	焊条直径 /mm	焊接电流 /A	焊条直径 /mm	焊接电流 /A
	2	2	50～60	—	—	2	55～60
	2.5～3.5	3.2	80～110	—	—	3.2	85～120
	4～5	3.2	90～130	—	—	3.2	100～130
		4	160～200	—	—	4	160～
		5	200～260	—	—	5	10
	5～6	4	160～200	—	—	3.2	220～260
				—	—	4	100～130
	>6	4	160～200	4	160～210	4	180～210
				5	220～280	5	220～260
	≥1π	4	160～200	4	160～210	—	—
				5	220～280	—	—

注：1. 第一层焊缝为打底焊缝或正面焊缝。

2. 封底焊缝为双面焊的背面焊缝。

表中第一层焊缝是开始焊的正面焊缝，封底焊缝是将板翻过来，将背面翻到水平位置焊接的焊缝。如果焊缝质量要求高时，焊前必须用角向磨光机或碳弧气刨进行清根处理。

对接接头平焊时的焊条行走角度为65°～80°，工作角为90°。焊接时，应使电弧的热量均匀地分布在坡口两侧，焊条后倾使电弧指向熔池，可获得较大熔深，并可通过后倾角的大小来调节熔池的深度。如果要求焊缝较宽，则焊条应横向摆动，摆幅根据要求的焊缝宽度来决定，如图3-29所示。

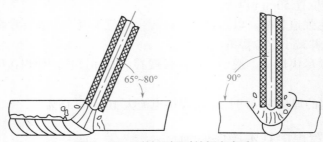

图3-29 对接平焊时的焊条角度

焊件厚度小于6mm时，一般可采用I形坡口进行对接平焊。I形坡口对接平焊应采用双面焊接。焊接正面焊缝时，采用短弧焊接，使熔深达到焊件厚度的 2/3，焊缝宽度 5～8mm，余高应小于 1.5mm。焊接反面焊缝时，对于一般构件，不必清根，但一定要将正面焊缝背部的熔油清除干净，然后再焊接。焊接时，焊接电流可稍大些，以保证根部焊透。

当板厚大于 6mm 时，为了保证焊件焊透，必须开 V 形坡口或 X 形坡口进行对接平焊。多层焊时，焊接第一层应选直径较小的焊条，使电弧能深入到坡口的根部，运条方法应根据焊条直径与坡口间隙决定。焊接填充层时，可改用直径较粗的焊条和较大电流，保证坡口两侧熔合良好，每层焊道表面平整，两侧稍下凹。焊接最后一层填充层时要特别注意不能熔化表面的棱边，并保持焊缝的高度，最好比钢板表面低 1mm 左右。盖面焊接时，所用的电流可比焊接填充层稍小些，焊接时使熔池边缘超过坡口棱边 1.5mm，保持摆幅和焊速均匀、不咬边、成形美观。

② T 形接头的平焊　T 形接头平焊时，容易产生立板咬边、焊缝下塌（焊脚不对称）、夹渣等缺陷，焊接时除正确选择焊接参数外，必须根据板厚调整焊条角度及电弧与立板间的水平距离，电弧应偏向厚板，使两板温度均匀，避免立板过热。

I 形坡口 T 形平焊时的参数见表 3-35。

表 3-35　I 形坡口 T 形平焊时的参数

焊脚尺寸 /mm	层数或道数	焊条直径 /mm	焊接电流 /A
2	1	2～3.2	60～20
3～4		3.2～4	90～80
6			
8	12	4～5	150～200
10～12			
14	2～3	5	200～300
16	3～4		
18	4～5		
20	5～6		

a. 单层焊。当焊脚尺寸小于 8mm 时，采用单层单道焊，焊条角度如图 3-30 所示。焊接时行走角度太小，则熔深过浅；行走度过大，熔渣熔流到弧坑前面引起夹渣。

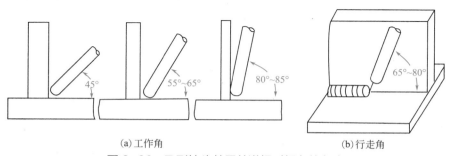

(a) 工作角　　　　　　　　　　　　(b) 行走角

图 3-30　T 形接头单层单道焊时焊条的角度

当焊脚尺寸为 6～10mm 时，可采用斜圆圈形或反锯齿形运条法进行焊接，如图 3-31 所示。焊接时要注意焊条下拖时的速度要慢，使熔池金属吹至斜后方，不易产生咬边和夹渣，上行要快，防止熔池金属下淌，使焊脚不对称，焊条在上下两侧稍停留，保证熔合好。

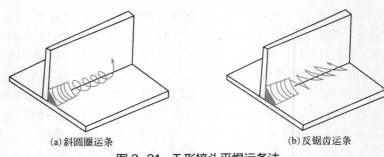

(a)斜圆圈运条   (b)反锯齿运条

图3-31　T形接头平焊运条法

　　b. 多层焊。当焊脚尺寸为 8 ～ 10mm 时，采用两层两道焊法。焊条角度与单层焊相同。第一层用小直径焊条，电流稍大，直线运条，焊条套筒可直接压在焊脚上，收尾时把弧坑填满。第二层用大直径焊条，电流不能过大，否则立板易咬边，斜圆圈或反锯齿形运条。此时要注意在焊第二层前必须将第一层焊道的焊渣清除干净，以防夹渣。

　　c. 多层多道焊。在多层多道焊中，焊脚越大，焊接层数和道数也就越多，但焊接不同焊道的行走角均为 65°～ 80°，工作角在 40°～ 55°之间变化，电弧应始终对准焊道与板或两条焊道的交界处，后一条焊道应压在前一条焊道的 2/3 处，焊条的摆动和前进速度要均匀，使每层焊道的表面平整，焊接熔合良好。

　　如果焊脚尺寸大于 12mm 时，可采用三层六道、四层十道等来完成，如图3-32所示。这样的平角焊缝只适用于承受较小静载荷的焊件。对于承受重载荷或动载荷的较厚钢板平角焊应开坡口，见表3-36。

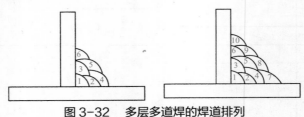

图3-32　多层多道焊的焊道排列

表3-36　大厚度焊件平角焊时的坡口

坡口形式	图示	说明
单边 V 形坡口		在垂直焊件一边开坡口，适用于 15 ～ 40mm 厚度的焊件
K 形坡口		在垂直焊件两边开坡口，适用于 40 ～ 800mm 厚度的焊件

（2）立焊

焊缝垂直于地面的焊接为立焊，其操作姿势如图3-33所示。由于在重力作用下，焊条熔化时形成的熔滴及熔池中的液态金属下淌，使焊缝成形困难，为此，立焊应采用短弧焊接法，焊条直径与焊接电流的选用应小于平焊。

① 对接立焊　对接立焊参数见表3-37。

图3-33　立焊操作姿势

表3-37　对接立焊参数

焊缝横断面形式	焊件厚度或焊脚尺寸/mm	第一层焊缝		其他各层焊缝		封底焊缝	
		焊条直径/mm	焊接电流/A	焊条直径/mm	焊接电流/A	焊条直径/mm	焊接电流/A
	2	2	45～55	—	—	2	50～55
	2.5～4	3.2	75～100			3.2	80～110
	5～6	3.2	80～120			3.2	90～120
	7～10	3.2	90～120	4	120～160	3.2	90～120
		4	120～160				
	≥11	3.2	60～120				
		4	120～160	5	120～160		
	12～18	3.2	60～120	4	160～200	—	—
		4	120～160				
	≥19	3.2	60～120				
		4	120～160	5			

②I形坡口对接立焊　I形坡口对接立焊常用于薄板的焊接，为防止烧穿、咬边、金属熔滴下垂或流失等，通常焊接时采用跳弧焊或断弧焊法。

a.跳弧焊。跳弧焊的操作要点是引燃电弧后，先维持短弧，待熔滴过渡到熔池后，迅速拉长电弧，使熔池冷却。通过护目玻璃可观察到熔池金属的凝固过程，由整体白亮色迅速缩小到熔池中部仍为白亮色时，再将电弧压向熔池。待熔滴过渡到熔池后，再拉长电弧，如此循环，不断向上焊接。

跳弧焊法有三种运条方法，如图3-34所示。

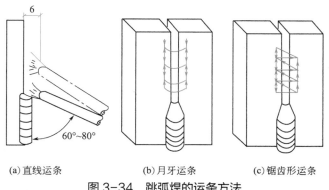

(a)直线运条　　　　(b)月牙运条　　　　(c)锯齿形运条

图3-34　跳弧焊的运条方法

b. 断弧焊。断弧焊的操作与跳弧焊法相似，不同的是熔滴过渡到熔池后，应立即拉断电弧，让熔池冷却得更快。刚开始焊接时，由于工件温度较低，断弧时间应稍短些，随着工件温度的升高，为避免收弧时熔池变宽或产生焊瘤及烧穿等缺陷，断弧时间需不断加长。

③U 形与 V 形坡口的对接立焊　U 形与 V 形坡口的对接立焊通常采用多层焊或多层多道焊。焊缝由打底、填充层、盖面焊层组成，一般采用小直径焊条，小电流施焊，焊接参数见表 3-38。

表 3-38　U 形与 V 形坡口的对接立焊参数

焊接层次	焊条直径 / mm	焊接电流 /A
打底		70 ~ 80
填充层	3.2	110 ~ 130
盖面焊层		110 ~ 120

打底焊视坡口状况及装配质量采用连弧焊法或断弧焊法。若坡口面平直，坡口角、钝边及装配间隙均匀，则采用连弧焊法打底；否则采用断弧焊法打底。焊接打底时，要控制好熔孔大小和熔池的形状，以获得良好的背面成形和优质的焊缝。熔孔要比间隙稍大些，每侧宽 0.8 ~ 1.0mm 为宜，如图 3-35 所示。

填充焊接施焊前应先将打底层的熔渣和飞溅清理干净，焊缝接头凸起部分及焊道上的焊瘤打磨平整。施焊时，焊条的工作角为 90°，行走角前倾 60° ~ 80°，以防止熔化金属受重力作用下淌。仍采用锯齿形运条，摆幅稍宽，焊条从坡口一侧摆至另一侧时速度稍快些，在两侧稍停留，电弧尽量要短，以保证熔合良好，防止夹渣和焊缝下凸。每焊完一层填充焊缝准备焊下一层焊缝时，都必须清渣，并修整焊缝表面。

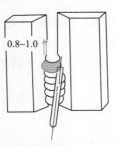 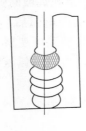 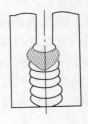

0.8~1.0

(a)立焊熔孔位置大小　　(b)温度适合呈椭圆形　　(c)温度过高边缘下凸

图 3-35　立焊熔孔和熔池形状

盖面焊焊条角度和施焊的操作与填充焊相同。关键是要保证焊道的表面尺寸和成形，防止咬边和接头不良等缺陷的产生。焊接时要控制好摆幅，使熔池侧面超过棱边 1.0 ~ 2.0mm 较好。接头时要特别注意，防止缺肉或局部增高，摆幅和焊速要均匀，才能使焊缝美观。

④T 形接头立焊　因 T 形接头散热快，为保证焊件熔合良好，并防止焊缝根部未熔合，焊接电流可比相同厚度的平板对接稍大些。焊接参数见表 3-39。

表 3-39 T形接头立焊参数

工艺参数	焊道位置		
	第一层焊缝	其他各层焊缝	封底焊缝
焊条直径/mm	3.2	4.0	4.0	3.2
焊接电流/A	90～120	120～160	120～160	90～120

T形接头立焊的焊条角度如图 3-36 所示，其运条方法可根据板厚和要求的焊脚大小来选择：当要求焊脚较大时，采用三角形运条，盖面时采用大摆幅月牙形或锯齿形运条；当焊脚很小时，可采用直线运条或小摆幅月牙形、锯齿形运条。

（3）横焊

横焊就是焊缝朝向一个侧面的焊接。在横焊时，熔化金属在自重作用下容易下淌，在焊缝上侧容易产生咬边，下侧容易产生下坠或焊瘤等缺陷，焊缝表面会呈现出不对称的现象，因此，横焊时要选用小直径焊条，小电流焊接，多层多道焊，短弧操作。横焊时参数见表 3-40。

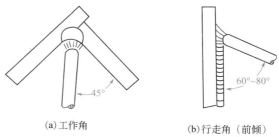

(a) 工作角 45°　(b) 行走角（前倾）60°～80°

图 3-36 T形接头立焊时焊条角度

表 3-40 横焊参数

焊缝横断面形式	焊件厚度或焊脚尺寸/mm	第一层焊缝		其他各层焊缝		封底焊缝	
		焊条直径/mm	焊接电流/A	焊条直径/mm	焊接电流/A	焊条直径/mm	焊接电流/A
	2	2	45～55	—	—	2	50～55
	2.5	3.2	75～110			3.2	80～110
	3～4	3.2	80～120			3.2	90～120
		4	120～160			4	120～60
	5～8	3.2	80～120	3.2	90～120	3.2	90～120
				4	120～160	4	120～160
	≥9	3.2	90～120	4	140～160	3.2	90～20
		4	110～140			4	120～160
	14～18	3.2	90～120	4	140～160	—	—
	≥19	4	140～160				

① 不开坡口的横焊操作　当焊件厚度小于 5mm 时，一般不开坡口，可采取双面焊接。操作时左手或左臂可以有依托，右手或右臂的动作与平对接焊操作相似。焊接时采用直径 3.2mm 的焊条，并向下倾斜与水平面成 15°左右夹角，使电弧吹力托住熔化金属，防止下淌；同时焊条向焊接方向倾斜，与焊缝成 70°左右夹角。选择焊接电流时可比对接焊小 10%～15%，否则会使熔化温度增高，金属处在液体状态时间长，容易下淌而形成焊瘤。

当焊件较薄时，可作直线往复运条，这样可借焊条向前移的时间，使熔池得到冷却，防止烧穿和下淌。当焊件较厚时，可采用短弧直线或小斜圆圈运条。斜圆圈的斜度与焊缝中心约成45°角，如图3-37所示，以得到合适的熔深。但运条速度应稍快些，且要均匀，避免焊条熔滴金属过多地集中在某一点上，而形成焊瘤和咬边。

② 开坡口的横焊操作　当焊件较厚时，一般可开V形、U形、单V形或K形坡口。横焊时的坡口特点是下面焊件不开坡口或坡口角度小于上面的焊件，如图3-38所示。这样有助于避免熔池金属下淌，有利于焊缝成形。

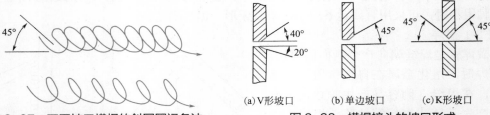

图3-37　不开坡口横焊的斜圆圈运条法

(a)V形坡口　　(b)单边坡口　　(c)K形坡口

图3-38　横焊接头的坡口形式

对于开坡口的焊件，可采用多层焊或多层多道焊，其焊道排列如图3-39所示。焊接第一焊道时，应选用直径3.2mm的焊条，运条方法可根据接头的间隙大小来选择。间隙较大时，宜采用直线往复运条；间隙小，可采用直线运条。焊接第二焊道用直径3.2mm或4mm的焊条，采用斜圆圈运条。

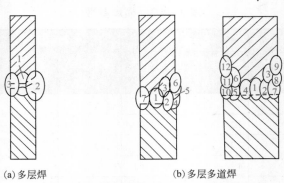

(a)多层焊　　　　　(b)多层多道焊

图3-39　开坡口横焊焊道的排列顺序

在施焊过程中，应保持较短的电弧和均匀的焊接速度。为了更好地防止焊缝出现咬边和下边产生熔池金属下淌现象，每个斜圆圈形与焊缝中心的斜度不得大于45°。当焊条末端运动到斜圆圈上面时，电弧应更短，并稍停片刻，使较多的熔化金属过渡到焊道中去，然后缓慢地将电弧引到焊道下边。为避免各种缺陷，使焊缝成形良好，电弧应往复循环。

背面封底焊时，首先进行清根，然后用直径3.2mm的焊条，较大的焊接电流，采用直线运条进行焊接。

（4）仰焊

仰焊是焊条位于焊件下方，焊工仰视焊件所进行的焊接操作的一种焊接方法，如图3-40所示。

① 对接仰焊　对接仰焊的参数见表3-41。

图3-40　仰焊
操作姿势

表 3-41 对接接头的仰焊参数

焊缝横断面形式	焊件厚度或焊脚尺寸 /mm	第一层焊缝		其他各层焊缝	
		焊条直径 /mm	焊接电流 /A	焊条直径 /mm	焊接电流 /A
	2	2	45 ～ 55	—	—
	2.5	3.2	80 ～ 110		
	3 ～ 45	3.2	85 ～ 110		
		4	120 ～ 140		
	5 ～ 8	3.2	90 ～ 120	3.2	90 ～ 120
				4	120 ～ 160
	≥ 9	3.2	90 ～ 120	4	140 ～ 160
		4	140 ～ 160		

② I 形坡口对接仰焊　当焊件厚度小于 5mm 时，采用 I 形坡口对接仰焊，焊条角度如图 3-41 所示。

当工件较薄，间隙较小时，采用直线运条法；若间隙较大，可采用直线往返运条法或断弧焊法。

③ V 形坡口对接仰焊　当焊件厚度大于 5mm 时，采用 V 形坡口对接仰焊，常用多层焊或多层多道焊，焊条角度与 I 形坡口相同，运条方法如图 3-42 所示。

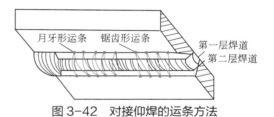

(a) 工作角　　(b) 行走角（倾角）

图 3-41　对接仰焊的焊条角度

图 3-42　对接仰焊的运条方法

④ T 形接头仰焊　当焊脚尺寸小于 6mm 时，适宜采用单层焊，焊条角度如图 3-43 所示。施焊时，引燃电弧以后，将焊条套筒压在交角处，拖着走就可以了。

当焊脚尺寸在 6 ～ 10mm 之间时，可采用二层二道焊法，第一层采用直线

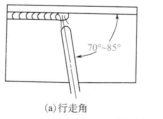
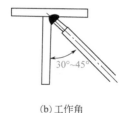

(a) 行走角　　(b) 工作角

图 3-43　T 形接头单层焊仰焊焊条角度

运条法，焊接电流略大些，速度适当，防止焊缝下凸，以保证第二道容易焊接。焊第二层时焊条采用圆圈或锯齿形摆动。焊条的角度与单层焊一样，注意必须采用短弧焊，防止咬边或熔化金属下流。

当焊脚尺寸大于 10mm 时，需采用多层多道焊法。多层多道焊时，焊道排列的顺序与横焊相似，如图 3-44 所示。在按照要求焊完第一层焊道和第二层焊道之后，其他各层焊道用直线运条，但焊条角度应根据各焊道的位置作相应的调整，如图 3-45 所示，以利于熔滴的过渡和获得较好的焊道成形。

图 3-44　仰焊焊道的排列

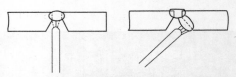

图 3-45　焊条角度位置的调整

（5）管子焊接

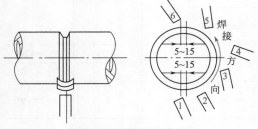

图 3-46　水平固定焊

① 水平固定焊　因为管子的焊缝是环形的，在焊接过程中需采用平、立、横等几种位置，因此焊条角度变化很大（图 3-46），操作较困难。

焊接过程中，因管子受热收缩不均匀，大直径管子的装配间隙上部要比下部大 1 ～ 2mm。坡口间隙的选择与焊条的种类有关，若使用酸性焊条时，对接口上部间隙约等于焊条的直径；若使用碱性焊条，对接口的间隙一般为 1.5 ～ 2.5mm 之间。这样可保证底层焊缝的双面成形良好。焊接时坡口间隙要按上述合理选择，否则间隙过大，焊接容易烧穿或产生焊瘤；若间隙过小又会造成焊不透。

水平固定焊时，由于管子处于吊空位置。一般先从底部仰焊位置开始起焊，平焊位置终止。焊接时可分两半部分进行，先焊的一半称前半部分，后焊的称后半部分。两半部分的焊接都要按仰、立、平的顺序进行。底层用 3.2mm 的焊条，先在前半部分仰焊处的坡口边上用直击法引弧，引弧后将电弧移至坡口间隙中，用长弧烤热起弧处，约经 2 ～ 3s，使坡口两侧接近熔化状态，然后迅速压低电弧，待坡口内形成熔池，抬起焊条，熔池温度下降，熔池变小，再压低电弧向上顶，形成第二个熔池，如此反复移动焊条。如果焊接时发现熔池金属有流淌趋势，应采取灭弧，等熔池稍变暗时，再重新引弧，引弧位置要在前熔池稍前一点。

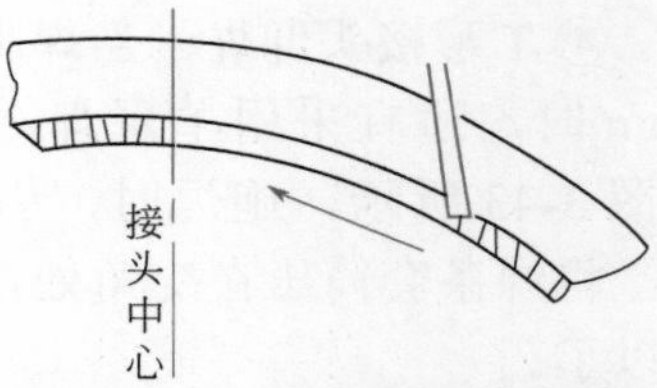

后半部分的焊接与前半部分基本相同，但要完成两半部分相连处的接头。为了利于接头，前半部分焊接时，仰焊起头处和平焊的收尾处，都要超过管子中心线 5 ～ 15mm。在仰焊接头时，要把起头处的焊缝磨掉 10mm，使之形成慢坡。接头焊接时，先用长弧加热接头处，运条到接头的中心时，迅速拉平焊条，压住熔化

图 3-47　平焊部位接头时顶弧焊法

金属，此时切记不能熄弧，将焊条向上顶一下，以击穿未熔化的根部，让接头完全熔合。当焊条焊至斜立焊位置时，要采用顶弧焊，即将焊条向前倾并稍作横向摆动，如图 3-47 所示。

当焊到距接头处 3 ～ 5mm 处快要封口时，切不可灭弧。这时，把焊条向里压一下，可听到"噗、噗"电弧击穿根部的声音，此时焊条在接头处来回摆动，保证接头熔合充分。填满弧坑后在焊缝的一侧熄弧。

② 水平转动焊　焊接时管子可以沿水平轴线转动，如果焊接参数和管子转速适当，则比较容易掌握。因焊接时管子可以转动，既可连续施焊，效率较高，还可获得成形好的焊缝。也可由焊工自己转动管子，焊一段转一段，但这种效果相对较差。

管子水平转动焊时可以在立焊和平焊两种位置施焊。

管子立焊位置施焊是指当管子由转胎带动顺时针转动时，可以在 3 点至 1 点半等的任意位置施焊。因这个位置容易保证焊缝背面成形，不论间隙大小，均可获得较好的焊缝。如果焊工自己转动管子，则从 3 点处逆时针方向焊至 1 点半处，再将管子顺时针旋转 45°，然后继续焊，如此反复直到焊完。

管子平焊位置施焊是指当管子由转胎带动逆时针转动时，在 1 点半至 10 点半处接近平焊位置处施焊。如果焊工自己转动管子，则从 1 点半焊至 10 点半，再转动管子，如此反复直至焊完。平焊时焊接电流较大，效率比立焊时高。

③ 垂直固定焊 管子处于垂直位置时，对接焊缝处于横焊位置。由于焊缝是水平面内的一个圆，比对接横焊难掌握，焊条的角度要随焊接处的曲率随时改变，如图 3-48 所示，行走角为 70°～80°。

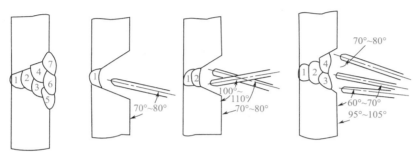

图 3-48 管子垂直固定焊时工作角度的变化

焊接过程中需换焊条时，动作要迅速，在焊缝未完全冷却时，再次引燃电弧，这样容易接头。一圈焊完回到始焊处时，听到有击穿声时，焊条要略加摆动，填满弧坑后再熄弧。

打底焊时最好使熔孔和熔池呈椭圆形，上沿的熔孔滞后下沿熔孔 0.5～1.0 个宽度。焊接电流小时可用连弧焊，焊接电流较大时用跳弧焊或断弧焊。打底焊的位置，应在坡口中心稍偏下一点。焊道上部不要有尖角，下部不能有黏合现象。中间层可采用斜锯齿形运条，可以减小缺陷，生产效率较高，焊波均匀，但有一定的操作难度。若采用多道焊法时，可增大直线运条的电流，充分熔化焊道，焊接速度不应太快，让焊道自上而下整齐排列。焊条的垂直倾角随焊道而变化，下部倾角要大，上部倾角要小些。

盖面层焊道由下往上焊，两端焊速快，中间焊速慢。焊最后一道焊缝时，为防止咬边缺陷的产生，焊条倾角要小。

薄壁垂直固定焊最好采用小直径的焊条，小电流焊两层，第一层打底焊，保证焊根熔合，焊缝背面成形；第二层盖面，关键是保证焊缝外观尺寸。如果采用单层焊，则焊接时既要保证焊缝背面成形，又要保证焊缝正面成形。

④ 倾斜固定焊 倾斜固定焊是管子位置介于水平固定焊和垂直固定焊之间位置的焊接操作，如图 3-49 所示。

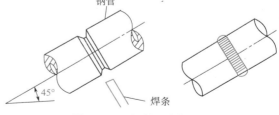

图 3-49 倾斜固定焊操作

打底焊时，选择直径为 3.2mm 焊条，电流在 100～120A 之间，与水平固定焊一样分两部分进行。前半部分从仰焊位置起弧，然后用长弧对准坡口两侧进行预热，待管壁明显升温后，压低电弧，击穿钝边，然后用跳弧法向前进行焊接。如温度过高，熔化金属可能会下淌，这时可采用灭弧法来控制熔池温度，如此反复焊完前半部分。后半部分焊接的接头和收尾法与水平固定焊的操作方法相同。

焊接盖面层时，有一些独特之处。首先是起头，中间层焊完之后，焊道较宽，引弧后在管子最低处按图 3-50 （a）中 1、2、3、4 的顺序焊接，焊层要薄，并能平滑过渡，使后半部分的起头从 5、6 一带而过，形成良好的"人"字形接头。其次是运条，管子倾斜度不论大小，工艺上一律要求焊波成水平或接近水平方向，否则成形不好。因此焊条总是保持在垂直位置，并在水平线上左右摆动，以获得较平整的盖面层，如图 3-50 （b）所示。摆动到两侧时，要停留足够时间，使熔化金属覆盖量增加，以防止出现咬边。收尾在管子焊缝上部，要求焊波的中间略高些，所以需按如图 3-50 （c）中 1、2、3、4 的顺序进行收尾，以保证焊道美观，防止发生咬边。

(a)起头　　　　　(b)运条　　　　　(c)收尾

图 3-50　倾斜固定焊的盖面层焊接方法

⑤ 管板焊　管板焊接头形式实际上是 T 形接头的特例。焊接要领与板式 T 形接头相似，不同的是管板接头的焊缝在管子圆周根部，焊接时需不断地转动手臂和手腕，才能保证正确的焊条角度和电弧对中点，防止咬边和焊脚不对称。

图 3-51　左侧焊与右侧焊位置

a. 打底层的焊接。采用直径 3.2mm 的焊条，焊接电流 95～105A，要求充分熔透根部，以保证底层焊接质量。操作时可分为右侧与左侧两部焊接，如图 3-51 所示。在一般情况下，先焊右侧部分，因为以右手握焊钳时，右侧便于在仰焊位置观察与焊接。施焊前须将待焊处的污物清理干净，必要时还需用角向打磨机打磨。

• 右侧焊。引弧由 4 点处的管子与底板的夹角处向 6 点以划擦法引弧。引弧后将其移到 6 点到 7 点之间进行 1～2s 的预热，再将焊条向右下方倾斜，其角度如图 3-52 所示。然后压低电弧，将焊条端部轻轻顶在管子与底板的夹角上，进行快速施焊。施焊时，须使管子与底板达到充分熔合，同时焊层也要尽量薄些，以利于与左侧焊道搭接平整。

6～5 点位置的操作。为避免焊瘤产生，采用斜锯齿形运条。焊接时焊条端部摆动的倾斜角是逐渐变化的。在 6 点位置时，焊条摆动的轨迹与水平线成 30° 夹角；当焊至 5 点时，夹角为 0°，如图 3-53 所示。运条时，向斜下方摆动要快，到底板面时要稍作停留；向斜上方摆动相对要慢，到管壁处再稍作停顿，使电弧在管壁一侧的停留时间比在底板一侧要长些，其目的是为了增加管壁一侧的焊脚高度。运条过程中始终采用短弧，以便在电弧吹力作用下，能托住下坠的熔池金属。

5～2 点位置的操作。为控制熔池温度和形状，使焊缝成形良好，应用间断熄弧或挑弧焊法施焊。间断熄弧焊的操作要领为：当熔敷金属将熔池填充得十分饱满，使熔池形状欲向下变长时，握焊钳的手腕迅速向上摆动，挑起焊条端部熄弧，待熔池中的液态金属将凝固时，焊条端部迅速靠近弧坑，引燃电弧，再将熔池填充得十分饱满，引弧、熄弧……如此不断进行。每熄弧一次的前进距离为 1.5～2mm。

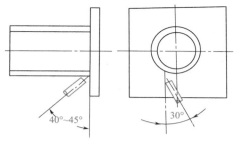

图 3-52 右侧焊时焊条倾斜角度

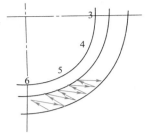

图 3-53 6～5点位置运条

在进行间断熄弧焊时，如熔池产生下坠，可采用横向摆动，以增加电弧在熔池两侧的停留时间，使熔池横向面积增大，把熔敷金属均匀地分散在熔池上，使成形平整。为使熔渣能自由下淌，电弧可稍长些。

2～12点位置的操作。为防止因熔池金属在管壁一侧的聚集而造成低焊脚或咬边，如图 3-54 所示。应将焊条端部偏向底板一侧，按图 3-55 所示方法，作短弧斜锯齿形运条，并使电弧在底板侧停留时间长些。如采用间断熄弧焊时，在 2～4 次运条摆动之后，熄弧一次。当施焊至 12 点位置时，以间断熄弧或挑弧法，填满弧坑后收弧。右侧焊缝的形状如图 3-56 所示。

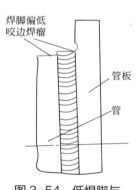

图 3-54 低焊脚与咬边的位置

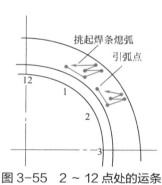

图 3-55 2～12点处的运条

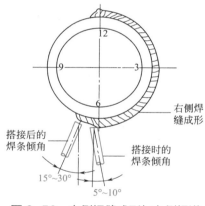

图 3-56 右侧焊缝成形与左侧焊道始端的连接

• 左侧焊。施焊前，将右侧焊缝的始、末端熔渣除尽。如果 6～7 点处焊道过高或有焊瘤、飞溅时，必须进行整修或清除。

焊道始端的连接。由 8 点处向右下方以划擦法引弧，将引燃的电弧移到右侧焊缝始端（即 6 点）进行 1～2s 的预热，然后压低电弧，以快速小斜锯齿形运条，由 6 点向 7点进行焊接，但焊道不宜过厚。

焊道末端的连接。当左侧焊道于 12 点处与右侧焊道相连接时，须以挑弧焊或间断熄弧焊施焊。当弧坑被填满后，方可挑起焊条熄弧。

左侧焊其他部位的操作，均与右侧焊相同。

b. 盖面层焊接。采用直径 3.2mm 的焊条，焊接电流 100～120A。操作时也分右侧焊与左侧焊两个过程，一般也是先右侧焊，后左侧焊。施焊前，须将打底焊道上的熔渣及飞溅全部清理干净。

• 右侧焊。引弧由 4 点处的打底焊道表面向 6 点处以划擦法引弧。引燃电弧后，迅速将电弧（弧长保持在 5 ～ 10mm）移到 6 ～ 7 点之间，进行 1 ～ 2s 预热，再将焊条向右下方倾斜，其角度如图 3-57 所示。然后将焊条端部轻轻顶在 6 ～ 7 点之间的打底焊道上，以直线运条施焊，焊道要薄，以利于与左侧焊道连接平整。

6 ～ 5 点位置的操作。采用斜锯齿形运条，其操作方法与焊条角度同打底层操作。运条时在斜下方管壁侧的摆动要慢，以利于焊脚的增高；向斜上方移动要相对快些，以防止产生焊瘤。在摆动过程中，电弧在管壁侧停留时间比在管板侧要长一些，以利于较多的填充金属聚集于管壁侧，从而使焊脚得以增高。为保证焊脚高度达到 8mm，焊条摆动到管壁一侧时，焊条端部距底板表面应是 8 ～ 10mm，如图 3-58 所示。当焊条摆动到熔池中间时，应使其端部尽可能离熔池近一些，以利于短弧吹力托住下坠的液体金属，防止焊瘤的产生，并使焊道边缘熔合良好，成形平整。

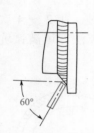

图 3-57 右侧盖面层焊接焊条角度

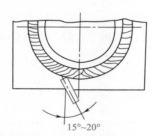

图 3-58 右侧盖面层焊条摆动距离

5 ～ 2 点位置的操作。由于此处温度局部增高，在施焊过程中，电弧吹力不但起不到上托熔敷金属的作用，而且还容易促进熔敷金属的下坠。因此，只能采用间断熄弧法，即当熔敷金属将熔池填充得十分饱满并欲下坠时，挑起焊条熄弧。待熔池将凝固时，迅速在其前方 15mm 的焊道边缘处引弧（切不可直接在弧坑上引弧，以免因电弧的不稳定而使该处产生密集气孔），再将引燃的电弧移到底板侧的焊道边缘上停留片刻；当熔池金属覆盖在被电弧吹成的凹坑时，将电弧向下偏 5°的倾角并通过熔池向管壁侧移动，使其在管壁侧再停留片刻。当熔池金属将前弧坑覆盖 2/3 以上时，迅速将电弧移到熔池中间熄弧，间断熄弧法如图 3-59 所示。在一般情况下，熄弧时间为 1 ～ 2s，燃弧时间为 3 ～ 4s，相邻熔池重叠间距（即每熄弧一次熔池前移距离）为 1 ～ 1.5mm。

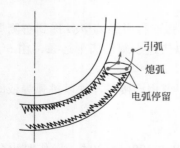

图 3-59 右侧焊盖面层间断熄弧法

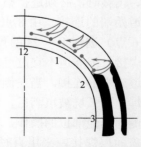

图 3-60 右侧焊盖面层间断熄弧时焊条摆动

2～12 点位置的操作。该处类似平角焊接的位置。由于熔敷金属在重力作用下易向熔池低处聚集，而处于焊道上方的底板侧又易被电弧吹成凹坑，难以达到所要求的焊脚高度，应采用由左向右运条的间隙断弧法，即焊条端部在距原熔池 10mm 处的管壁侧引弧，然后，将其缓慢移至熔池下侧停留片刻，待形成新熔池后再通过熔池将电弧移到熔池斜上方，以短弧填满熔池，再将焊条端部迅速向左侧挑起熄弧。当焊至 12 点处时，将焊条端部靠在打底焊道的管壁处，以直线运条至 12 点与 11 点之间处收弧，为左侧焊道的末端接头打好基础。施焊过程中，可摆动 2～3 次再熄弧一次，但焊条摆动时向斜上方要慢，向下方要稍快，在此段位置的焊条摆动路线如图 3-60 所示。在施焊过程中，更换焊条的速度要快。再燃弧后，焊条倾角须比正常焊接时多向下倾 10°～15°，并使第一次燃弧时间稍长一些，以免接头处产生凹坑。右侧盖面层焊道形状如图 3-61 所示。

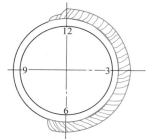

图 3-61　右侧盖面层焊道成形示意图

- 左侧焊。施焊前，先将右侧焊道的始、末端熔渣除尽，如接头处有焊瘤或焊道过高，须加工平整。

焊道始端的连接。由 8 点处的打底焊道表面以划擦法引弧后，将引燃的电弧拉到右侧焊缝始端（即 6 点处）进行 1～2s 预热，然后压低电弧。焊条倾角与焊接方向相反，如图 3-62（a）所示。6～7 点处以直线运条，逐渐加大摆动幅度，摆动时的焊条角度变化如图 3-62(b) 所示。摆动的速度和幅度由右侧焊道搭接处（6～7 点之间的一小段焊道）所要求的焊脚高度、焊道厚度来确定，以获得平整的搭接接头为目的。

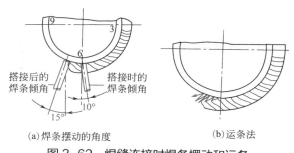

(a)焊条摆动的角度　　　(b)运条法

图 3-62　焊缝连接时焊条摆动和运条

焊道末端的连接。当施焊至 12 点处时，作几次挑弧动作将熔池填满即可收弧。左侧焊的其他部位的焊接均与右侧焊相同。

3.5　焊条电弧焊操作应用实例

3.5.1　大型钢板的对接焊

（1）焊接图样

大型钢板对接焊图样如图 3-63 所示。

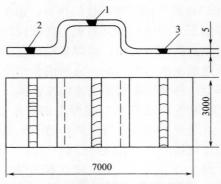

图 3-63　大型钢板的对接焊图样

（2）操作步骤与方法

大型钢板对接焊操作步骤与方法如下：

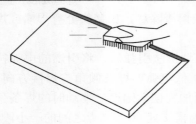 ①去渣 用砂纸或钢丝刷打光焊件的待焊处，直至露出金属光泽	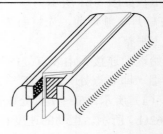 ②弯形 按焊接图样的工艺要求，在设备上将钢板弯曲成"Z"字形
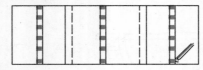 ③定位焊 　　每隔 100～200mm 进行装配定位焊，焊缝长度为 10～20mm，每处焊透。焊接顺序 1→2→3。定位焊后，检查焊件接口处是否变形，如变形并已影响接口处齐平，则应在矫正机上进行校正	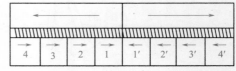 ④焊接焊缝 1 用 4mm 直径的焊条，采用分段逐步退焊法焊接焊缝 1
 ⑤焊接焊缝 2 用 4mm 直径的焊条，采用跳焊法焊接焊缝 2	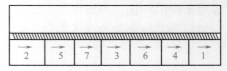 ⑥焊接焊缝 3 用 4mm 直径的焊条，采用交替焊法焊接焊缝 3

3.5.2　三块钢板的焊接

（1）焊接图样

三块钢板焊接图样如图 3-64 所示。

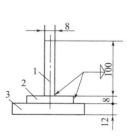
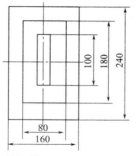

图 3-64　三块钢板的焊接图样

（2）操作步骤与方法

三块钢板焊接操作步骤与方法如下：

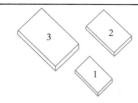	
①备料 按焊接工艺图样要求准备 160mm×240mm×12mm、80mm×1800mm×8mm、8mm×100mm×100mm 三块钢板	②去渣 用砂纸或钢丝刷打光焊件的待焊处，直至露出金属光泽
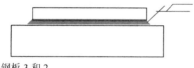	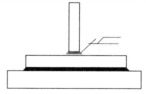
③焊钢板 3 和 2 将钢板 3 和 2 不留间隙进行装配，然后进行定位焊。定位焊后，使焊条与钢板成 55°～65° 夹角，从头至尾将焊缝旋焊完毕	④焊钢板 2 和 1 将钢板 2 和 1 不留间隙进行装配，定位焊后固定，使焊条与钢板成 45° 夹角，从头至尾将焊缝旋焊完毕

3.5.3　实腹式吊车梁的焊接

（1）焊接图样

实腹式吊车梁的焊接如图 3-65 所示。

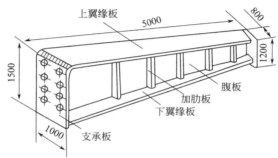

图 3-65　实腹式吊车梁的焊接图样

（2）操作步骤与方法

实腹式吊车梁的焊接操作步骤与方法如下：

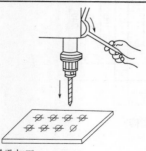

①支承板栓孔加工

下料后对吊车梁两端的支承板经平整、刨光四周边至符合尺寸要求后再划线钻孔

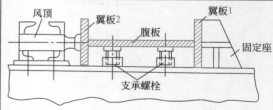

②组装

在专用夹具上按顺序先放腹板，次放翼板1，再放翼板2进行装配，再调整好装配夹具上的支承螺栓，使腹板厚度的中心对正翼板宽度中心，接着打紧楔子或开动风顶，使翼板的中心与腹板的边缘压紧，将上下翼缘板与腹板装配成工字形

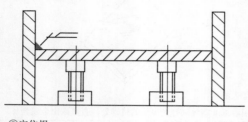

③定位焊

装配好后，在夹具上用直径3.2mm焊条，焊接电流130A，每隔300～400mm定位一处进行定位焊，每处定位长缝20～30mm

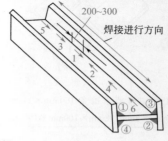

④焊工字梁

从夹具上取下工字梁，放平后，采用直径4mm焊条，焊接电流180～200A，按①、②、③、④4条长缝的顺序，采用分段逆向法进行焊接

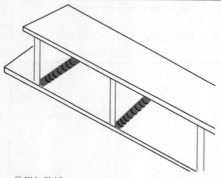

⑤焊加肋板

焊条直径4mm，焊接电流180～200A，采用平角焊位置操作，将加肋板焊接到上下翼缘板中

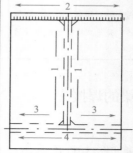

⑥焊支承板

将支承板装配到工字梁两端，在保证垂直度之后定位焊固定，然后采用分段对称焊接法，用4mm直径的焊条进行平角焊位置的焊接

3.5.4 承压管道的焊接

（1）焊接图样

承压管道的焊接如图3-66所示。

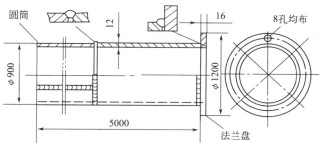

图 3-66 承压管道的焊接图样

（2）操作步骤与方法

承压管道的焊接操作步骤与方法如下：

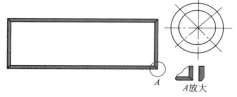

①备料

用剪切或氧气切割备出两节圆筒板料，再用氧气切割方法备出法兰坯料，然后用刨边机或氧气切割方法加工出坡口，根据圆筒壁厚选用 V 形坡口，坡口角度为 60°。在车床上加工法兰，且内孔和外圆直径符合要求。在钻床上加工法兰上螺孔

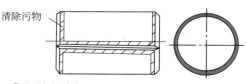

②成形与焊前清理

在卷板机上将两节圆筒板料卷成圆筒，并在圆筒与法兰待焊处 20mm 以内进行清理，并打磨至发出金属光泽

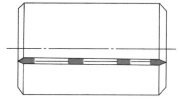

③部件装配

将卷好的两节圆筒分别装配，并均匀留出 2mm 间隙。用直径 3.2mm 的焊条，焊接电流 80～110A 在圆筒的接口处每隔 150～200mm 进行定位焊，每段长 15～20mm，要求焊透

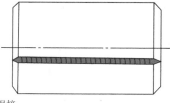

④部件焊接

选择平焊位置，采用跳焊法分段多层焊接。打底焊用直径 3.2mm 的焊条，焊接电流 80～110A。其他各层用直径 4mm 的焊条，焊接电流 170～190A

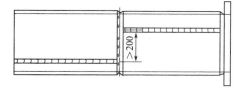

⑤整体组装

先将焊好的两节圆筒整形，清除焊接后引起的变形。再将两节圆筒组装，组装时使两圆筒上的焊缝错开 200mm以上，两圆筒之间留有 2mm 间隙，内壁不能有错位。然后选用直径为 3.2mm 的焊条，焊接电流为 80～110A，在圆筒上对称处进行定位焊，每处要求长度 15～30mm，并要焊透

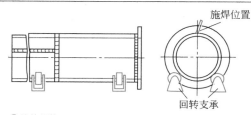

⑥整体焊接

将焊件置于滚动支承上（为便于水平焊接，应使其能方便地绕自身的中心轴转动）。选用直径为 3.2mm 的焊条，焊接电流为 80～110A，对两圆筒之间的对接焊缝进行焊接（其他各层选用直径为 4mm，焊接电流为 170～190A 进行焊接）。再对法兰与圆筒之间的角焊缝进行焊接

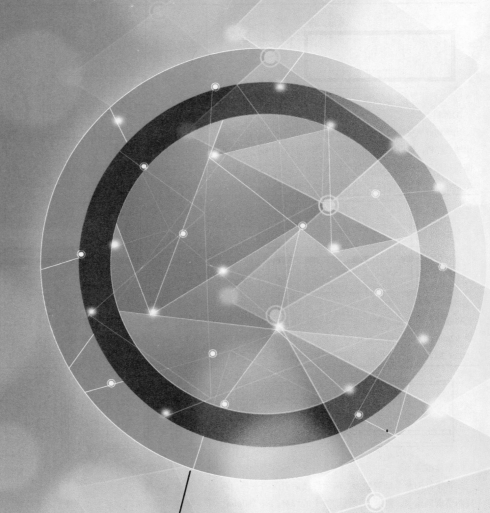

第**4**章　钎　焊

机械加工基础技能双色图解

好焊工是怎样炼成的

4.1　钎焊的工作原理及特点

　　钎焊是指采用比母材金属熔点低的金属材料作钎料，将焊件和钎料加热到高于钎料熔点的温度，利用液态钎料润湿母材金属，填充接头间隙，并与母材金属相互扩散实现连接焊件的方法。

4.1.1　钎焊的基本原理

　　钎焊时，钎焊接头的形成过程是：比焊件金属熔点低的钎料与焊件同时被加热到钎焊温度，在焊件不熔化的情况下，钎料和钎剂熔化并润湿钎焊接触面，依靠两者的扩散作用而形成新的合金，钎料在钎缝中冷却和结晶，形成钎焊接头，如图4-1所示。

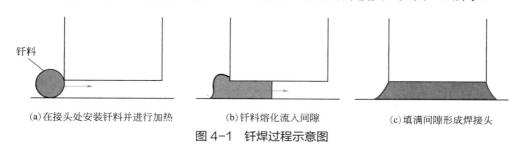

(a)在接头处安装钎料并进行加热　　(b)钎料熔化流入间隙　　(c)填满间隙形成焊接头

图4-1　钎焊过程示意图

　　从图中可看出，钎焊整个过程是交叉进行的，要想获得牢固钎焊接头，一方面是熔化的钎料要能很好地流入接头间隙中去；另一方面是熔化的钎料流入接头间隙后，能与焊件金属相互作用及随后冷却结晶，形成牢固的接头。

　　（1）熔化钎料的填缝过程

　　要使熔化的钎料能很好地流入间隙，就必须具备一定的条件，而润湿性和毛细管作用就是填缝的最基本条件。

　　① 润湿性　钎焊时，液态钎料对母材浸润和附着的能力，称为润湿性。

　　润湿性表示了液态钎料是否能够和固态焊件金属表面很好接触的性质。因此，要使熔化钎料能顺利地流入缝隙，首先必须使熔化钎料能黏附在固态金属表面。如果液态钎料在固态焊件金属表面呈球状，好像水珠在荷叶上一样滚来滚去，其润湿性就差，或不润湿。这就要求液态钎料本身具有较小的表面张力，同时固态焊件金属的原子对液态钎料的原子作用力（即附着力）要大，即液态钎料必须具备良好的润湿性和铺展性（液态钎料在母材表面上流动展开的能力，通常以一定重量的钎料熔化后覆盖母材表面的面积来衡量）。一般来说，钎料与焊件金属能相互形成固溶体或者化合物的润湿性就好，否则其润湿性就差。

　　钎料和钎焊工件表面的氧化膜破坏润湿的作用很大，因此焊前必须做好清理工作。钎焊时，要使用钎剂来去除氧化膜，并使钎焊在熔化的钎剂保护下进行，或者在保护气体或真空条件下进行钎焊，不使熔化钎料和焊件表面氧化，以免影响钎焊的质量。

　　② 毛细管作用　把两根粗细不同的玻璃管插入液体中，液体会沿着玻璃管自动上升，直径越小的管子液体上升的高度越高，这种现象称为毛细管作用。毛细管作用越强，熔化钎料的填缝能力越好。

　　一般来讲，钎料在固态金属上润湿性好的其毛细管作用也强。然而，间隙大小对毛细管作用影响也较大。较小的间隙，毛细管作用较强，填缝也充分。但并不是说间隙越小越好，因为钎焊时，焊件金属受热膨胀，如果间隙过小，反而使填缝困难。

影响钎料润湿性的因素有下列几个：

a. 钎料和焊件金属成分的影响。钎料和焊件成分对润湿性影响很大，当液态钎料与焊件在液态或固态下均不发生作用时，则它们之间的润湿性很差。如果液态钎料能与焊件相互溶解或形成化合物，钎料便能够较好的润湿焊件。例如，银和铁互不作用，银在铁上的润湿性极差；银在1000℃时稍溶于镍（30%），所以银能润湿镍；而银在779℃时能溶解于铜（约8%），故银在铜上的润湿性良好。又如，铅与铜及钢都互不相溶，故铅在铜及钢上的润湿性是很差的。但在铅中加入能与铜及钢形成固溶体及化合物的锡后，钎料的润湿性得到改善，含锡量越高，润湿性就越好。因此，对于与焊件（母材）互不作用而润湿性差的钎料，可加入能与焊件形成共同相的第三物质，以改善对焊件的润湿性。

b. 钎焊温度的影响。钎焊温度升高，有助于提高钎料对焊件的润湿性。但是钎焊温度太高，钎料的润湿性太好，往往发生流散现象。更重要的是温度过高，钎料对焊件的熔蚀加重，所以必须合理地选择钎焊温度。

c. 金属表面氧化物的影响。为保证钎料的原子与焊件直接接触，使液态钎料团聚成球状，形成润湿现象，在钎焊前应先去除金属表面的氧化物。

d. 钎焊焊件表面状态的影响。焊件表面的粗糙度，对于与它相互作用较弱的钎料的润湿性有明显的影响。钎料在粗糙表面的润湿性比在光滑表面上好，这是由于纵横交错的细槽对液态钎料起特殊的毛细管作用，促进了钎料沿钎焊面铺展。

（2）钎焊与焊件金属的相互作用

钎焊时，熔化的钎料在填充缝隙的过程中与焊件金属发生相互作用，这种作用可归纳为两种：一种是固态的焊件金属向液态的钎料溶解；另一种是液态钎料向固态焊件金属扩散。这两种作用对钎焊接头性能的影响极大。

① 焊件金属溶解于液态钎料　钎焊时，如果钎料和焊件金属在液态下是能够相互溶解的，则钎焊过程中焊件金属就溶于液态钎料。如在铜散热器浸入液态锡钎料中进行钎焊时，随着钎焊次数增多及钎焊温度升高，液态钎料中的铜量增加。又如用铜钎料钎焊钢时，在1150℃保温2min后，钎缝中的钎料含铁量由零增加到4.7%。这就说明焊件金属的溶解在钎焊过程中是存在的。这种溶解的作用相当于"清理"了焊件表面，使熔化钎料与焊件有良好的接触，有利于提高润湿性。同时，对钎料起着合金化作用，可提高钎焊接头强度。

但在钎焊的过程中，如果焊件金属很容易被溶解，就会破坏熔化钎料的毛细管作用，使钎焊发生困难。焊件金属溶解太多，还会出现"熔蚀"与"烧穿"等缺陷，有时还会引起钎缝的晶间腐蚀。所以，必须控制钎料成分、钎焊的温度、加热时间、间隙大小与钎料填充量，从而达到控制焊件金属的溶解量的目的，防止缺陷的产生。

② 钎料向焊件金属的扩散　钎焊过程中，在焊件金属溶解于液态钎料的同时，也存在钎料向焊件金属的扩散。如用黄铜钎焊铜时，在贴近液态钎料的焊件接触面，发现有锌在铜中的固溶体。与此类似，用锡钎料钎焊铜及铜合金时，在焊件与钎缝的交界面上，发现有金属间化合物形成。这都说明在钎焊时发生钎料向焊件的扩散过程。

如果扩散过程形成的是固溶体，则接头的强度和塑性都好，对钎焊接头没有不良的影响；如果扩散过程形成的是化合物，则由于化合物大多硬而脆，会使钎焊接头变脆，对质量不利。如果形成共晶，由于共晶熔点低、较脆，故钎缝性能不如固溶体。

因此，钎焊时钎料与焊件相互溶解、扩散的结果，形成了钎缝。

4.1.2 钎焊的特点

钎焊是完成材料连接的一种重要方法，它与熔焊和压焊一起构成了现代焊接技术的三个重要组成部分。图 4-2 为三类焊接方法搭接接头对比示意图，表 4-1 列出了三类焊接方法的主要特征对比情况。

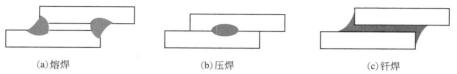

（a）熔焊　　　　　　　（b）压焊　　　　　　　（c）钎焊

图 4-2　三类焊接方法接头对比示意图

表 4-1　三类焊接方法的主要特征对比

连接方法	母材受热	填充材料	热源	压力	接头的可拆卸性	结合特征
熔焊	熔化	有或无	外加	无	不可拆卸	冶金结合
压焊	熔融或不熔	无	内部	有	不可拆卸	
钎焊	不熔化	有	外加	无	部分可拆卸	

钎焊与熔焊、压焊相比，虽有一些共同之处，但却存在本质上的差异。钎焊与其他熔焊方法相比较，具有如下特点：

① 钎焊工艺的加热温度低于焊件金属的熔点，因此钎焊后焊件的应力与变形小，易保证焊件的尺寸精度，同时对焊件母材的组织与性能的影响也较小。

② 可一次完成多个零件或多个钎缝的焊接，生产效率高。

③ 钎焊接头好，外形美观。

④ 钎焊不仅可以焊接同种金属，也适宜焊接异种金属，甚至可以焊接金属与非金属。

⑤ 既可以钎焊极细极薄的零件，也可钎焊厚薄及粗细差别很大的零件。

⑥ 根据需要可将某些材料的钎焊接头拆开，经过修整后可重新钎焊。

目前钎焊技术获得了很大的发展，解决了其他焊接方法所不能解决的问题。在电机、机械、无线电真空、仪表等工业部门都得到广泛的应用，特别在航空、火箭、空间技术中发挥着重要的作用，成为一种不可替代的工艺方法。

钎焊的主要缺点是：在一般的情况下，钎焊接头的强度较低，耐热能力都较基体金属低。另外，钎焊对工件连接表面的清理工作和工件装配质量要求都很高。

4.1.3 钎焊的分类

以传热和加热的方式，钎焊分为普通烙铁钎焊、火焰钎焊、浸渍钎焊和炉中钎焊等，其中以火焰钎焊应用较为普遍。

火焰钎焊具有设备简单、燃气来源广、灵活性大的特点。火焰钎焊所用焊炬可以是通用的气焊炬，也可以是专用钎焊炬。专用钎焊炬的特点是火焰比较分散，加热集中程度较低，因而加热比较均匀。钎焊比较大的工件或机械化火焰钎焊时可采用装有多焰喷嘴的专门钎焊炬。

以电加热的方式，钎焊分为电阻钎焊、感应钎焊、电弧钎焊和电烙铁钎焊等。
各种钎焊方法的特点及应用见表 4-2。

表 4-2　各种钎焊方法的特点及应用

钎焊方法	特　点	应 用 范 围
普通烙铁钎焊	温度低	① 适用于钎焊温度低于 300℃ 的软钎焊（用锡铅或铅基钎料） ② 钎焊薄件、小件需钎剂
火焰钎焊	设备简单，通用性好、生产率低（手工操作时），要求操作技术高	① 适用于钎焊某些受焊件形状、尺寸及设备等的限制而不能用其他方法钎焊的焊件 ② 可采用火焰自动钎焊 ③ 可焊接钢、不锈钢、硬质合金、铸铁、铜、银、铝等及其合金 ④ 常用钎料有铜锌、铜磷、银基、铝基及锌铝钎料
电阻钎焊	加热快、生产率高，操作技术易掌握	① 可在焊件上通低电压，由焊件上产生的电阻热直接加热，也可用碳电极通电，由碳电阻放出的电阻热间接加热焊件 ② 钎焊接头面积小于 65 ～ 380mm^2 时，经济效果最好 ③ 特别适用于钎焊某些不允许整体加热的焊件 ④ 最宜焊铜，使用铜磷钎料可不用钎剂；也可用于焊银合金、铜合金、钢、硬质合金等 ⑤ 使用的钎料有铜锌、铜磷、银基，常用于钎焊刀具、电器触头、电机定子线圈、仪表元件、导线端头等
感应钎焊	加热快，生产效率高，可局部加热，零件变形小，接头洁净，易满足电子电器产品的要求，受零件形状及大小的限制	① 钎料需预置，一般需用钎剂，否则应在保护气体或真空中钎焊 ② 因加热时间短，宜采用熔化温度范围小的钎焊 ③ 适用于除铝、镁外的各种材料及导电材料的钎焊，特别适宜于焊接形状对称的管接头、法兰接头等 ④ 钎焊异种材料时，应考虑不同磁性及膨胀系数的影响 ⑤ 常用的钎料有银基、铜基
浸渍钎焊	加热快、生产效率高，当设备能力大时，可同时焊多件、多缝，宜大量连续生产，如制氧机铝制大型板式热交换器，单件或非连续生产	① 在熔融的钎料槽内浸渍钎焊：软钎料用于钎焊钢、铜和合金，特别适用于钎焊焊缝多的复杂焊件，如换热器、电机电枢导线等；硬钎料主要用于焊小件。缺点是钎料消耗量大 ② 在熔盐槽中浸渍钎焊：焊件需预置钎料及钎剂，钎焊焊件浸入熔盐中预置钎料，在熔融的钎剂或含钎剂的熔盐中钎焊。所有的熔盐不仅起到钎剂的作用，而且能在钎焊的同时向焊件渗碳、渗氮 ③ 适于钎焊钢、铜及其合金、铝及其合金，使用铜基、银基、铝基钎料
炉中钎焊	炉内气氛可控，炉温易控制准确、均匀，焊件整体加热，变形量小，可同时焊多件、多缝，适于大量生产，成本低，焊件尺寸受设备大小的限制	① 在空气炉中钎焊，如用软钎料钎焊钢和铜合金，铝基钎料焊铝合金，虽用钎剂，焊件氧化仍较严重，应用少 ② 在还原性气体如氢、分解氨的保护气氛中，不需焊剂，可用铜、银基钎料钎焊钢、不锈钢、无氧铜 ③ 在惰性气体，如氩的保护气氛中钎焊，不用钎剂，可用含锂的银基钎料焊钢、以银基钎料焊钢，铜钎料焊不锈钢；使用钎剂时可用镍基钎料焊不锈钢、高温合金、钛合金，用铜钎料焊钢 ④ 在真空炉中钎焊，不需钎剂，以铜、镍基钎料焊不锈钢、高温合金（尤以含钛、铝高的高温合金）为宜；用银铜钎料焊铜、镍、可锻合金、银钛合金；用铝基钎料焊铝合金、钛合金

按照使用钎料的不同分为软钎焊、硬钎焊和高温钎焊。

软钎焊是使用软钎料（熔点低于450℃的钎料）进行的钎焊；硬钎焊是使用硬钎料（熔点高于450℃的钎料）进行的钎焊；高温钎焊是钎料熔点大于900℃、并且不使用钎剂的钎焊。

一般情况下，习惯于用被连接的母材种类来区分钎焊方法，如铝钎焊、不锈钢钎焊、钛合金钎焊、高温合金钎焊、陶瓷钎焊、复合材料钎焊等。但平常所说的银钎焊，一般并不是指银母材的钎焊，而是指用银基钎料进行钎焊。同样铜钎焊的说法，也指铜基钎料钎焊。

4.2 钎焊的基本操作方法

4.2.1 钎焊工具与材料

钎焊的设备简单轻便，燃气来源广，不依赖电力供应，并能保证必要的质量，且通用性好。氧-乙炔火焰钎焊时所用设备和工具与气焊用设备相同。也可采用专门的钎焊焊炬代替气焊焊炬。

图4-3　钎焊用工作台

（1）工作台
小型焊件火焰钎焊用工作台如图4-3所示。它由金属制成，在下方装有一脚踏转动式圆盘和转动轴，轴又与工作台上的小圆盘连接，圆盘上放置耐火砖，钎焊时即将焊件放在耐火砖上。

（2）钎料与钎剂
① 钎料　钎焊时用作形成钎缝的填充金属称为钎料。
a. 钎焊的基本要求。
- 低于工件金属的熔点。
- 有足够的浸润性（钎料流入间隙的能力）。
- 有与工件金属适当的溶解和扩散能力。
- 焊接接头应具有一定的机械性能和物理、化学性能。

b. 钎料的分类。根据熔点的不同，钎料分为软钎料和硬钎料，见表4-3。

表4-3　钎料的种类

类别	含义	用途	分类
软钎料	即熔点低于450℃的钎料，有锡铅基、铅基（$T < 150℃$，一般用于钎焊铜及铜合金，耐热性好，但耐蚀性较差）、镉基（是软钎料中耐热性最好的一种，$T=250℃$）等合金	软钎料主要用于焊接受力不大和工作温度较低的工件，如各种电器导线的连接及仪器、仪表元件的钎焊（主要用于电子线路的焊接）	常用的软钎料有：锡铅钎料（应用最广、具有良好的工艺性和导电性，$T<100℃$）、镉银钎料、铅银钎料和锌银钎料等
硬钎料	即熔点高于450℃的钎料，有铝基、铜基、银基、镍基等合金	硬钎料主要用于焊接受力较大、工作温度较高的工件，如：自行车架、硬质合金刀具、钻探钻头等（主要用于机械零、部件的焊接）	常用的硬钎料有：铜基钎料、银基钎料、铝基钎料和镍基钎料等

② 钎剂　钎焊时使用的金属连接材料，是一种溶剂。

a. 钎剂的作用。

- 清除钎焊金属和钎料表面的氧化物。
- 保护钎焊金属和钎料，使其在钎焊过程中免遭氧化。
- 改善液态钎料在钎焊金属上的润湿。

b. 钎剂的组成见表4-4。

表4-4　钎剂的组成

组成	作用	常用材料
覆盖剂	在钎焊时形成致密的液态薄膜，覆盖于钎料和钎焊金属表面	它是钎剂的基本组分，常用硼化物和氯化物
去膜剂	溶解钎焊金属和钎料的表面氧化膜	常用碱金属和碱土金属的氟化物
活性剂	活化钎剂，以加速氧化物的溶解和改善钎料在钎焊金属上的润湿	常用氯化锌、硼酐等

c. 钎剂的分类见表4-5。

表4-5　钎剂的分类

分类方法	类别		说明
按使用对象分类	软钎剂	无机软钎剂	无机软钎剂系腐蚀性钎剂，其中包括盐酸、氢氟酸和磷酸等无机酸，以及氯化锌、氯化铵等无机盐
		有机软钎剂	有机软钎剂腐蚀性很弱，其中包括乳酸、硬脂酸、水杨酸和油酸等弱有机酸；盐酸苯胺、磷酸苯胺、盐酸肼和盐酸二乙胺等有机胺盐；尿素、乙二胺、乙酰胺和二乙胺等胺和酰胺类，以及松香和活化松香等的天然树脂
	硬钎剂		有硼酸或硼砂基的化合物；硼酸或硼酐基的化合物；硼砂－硼酸基的化合物，以及氟化物盐基的化合物
	铝用钎剂	铝用软钎剂	主要组分为几种氟硼酸盐，用三乙醇胺作为溶剂，可用于180～275℃铝和铝合金的钎焊，也可用于钎焊铝青铜和铝黄铜
		铝用硬钎剂	铝用硬钎剂，以碱金属、碱土金属的氯化物作为钎剂的基本组元，之外加入碱金属氟化物，重金属氯化物。主要用于纯铝、防锈铝和锻铝的钎焊
		铝用反应钎剂	铝用反应钎剂，主要组分为锌、锡等重金属氯化物，可用于270～380℃铝和铝合金的钎焊
按形态分类	粉末或糊状钎剂		能够有效地保护焊材不被氧化，促进钎料的流动
	气体钎剂		一种呈气态的钎剂。它可以是活性气体，如三氟化硼、氟化氢和氯化氢等，也可以是低沸点液态化合物的气化产物，如三氯化硼、三氯化磷等，或者是低升华点固态化合物的气化产物，如氟化铵、氟硼酸铵和氟硼酸钾等

4.2.2　钎焊的接头形式与钎焊间隙

（1）钎焊接头形式

钎焊的接头形式对接头的承载能力起着相当重要的作用。钎焊接头的形式多种多样，经常使用的有：搭接、对接、斜接及T形接，如图4-4所示。

(a)搭接　　　　　　(b)对接　　　　　　(c)斜接　　　　　　(d)T形接

图 4-4　钎焊的接头形式

图 4-5　锁边接头

由于一般钎焊接头强度较低，而且对装配间隙要求较高，所以钎焊多采用搭接接头。通过增加搭接长度达到增强接头抗剪的能力。当钎焊薄壁零件时，可采用锁边接头以提高接头强度和气密性，如图 4-5 所示。

① 钎焊接头的典型形式　火焰钎焊的接头形式除了上述的基本形式外，还有一些典型的形式，见表 4-6。

表 4-6　火焰钎焊接头的典型形式

钎焊形式	接头形式	图示
平板钎焊	对接形式	
	加盖板形式	
	搭接形式	
	弯边和锁边形式	
T 形和斜角钎焊	T 形接头形式	
	斜角接头形式	
	弯边和锁边形式	

除了表 4-6 中的形式外，还有一些管、棒与板的接头形式，如图 4-6 所示。

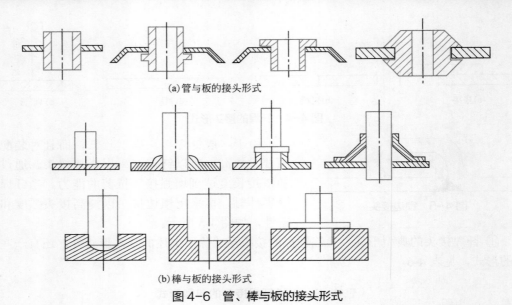

(a) 管与板的接头形式

(b) 棒与板的接头形式

图 4-6　管、棒与板的接头形式

② 火焰钎焊接头搭接长度的确定　搭接长度 L 可根据接头与焊件等强度的原则确定。

a. 板件搭接钎焊时长度的计算。计算公式如下：

$$L=\delta\sigma_b/\sigma_t$$

式中　δ——母材板厚，mm；

　　　σ_b——母材拉伸强度，MPa；

　　　σ_t——钎焊接头的剪切强度，MPa。

b. 管结构套接时搭接长度的计算。计算公式如下：

$$L=F\sigma_b/2\pi R\sigma_t$$

式中　F——管件的横截面积，mm^2；

　　　R——管件的半径，mm；

　　　σ_b——母材抗拉强度，MPa；

　　　σ_t——钎焊接头的抗剪强度，MPa。

（2）钎焊间隙

钎焊间隙是指在钎焊前焊件钎焊面的装配间隙。由于钎焊接头的形式主要依靠毛细管作用，而影响毛细管作用的主要因素则是钎焊间隙。间隙太小，妨碍钎料的流入；间隙太大，破坏了毛细管的作用。两者都使钎料不能填满间隙。因此，钎焊接头预留间隙的大小和均匀程度直接决定着接头的致密性和强度。

各种不同材料钎焊时所取的适合间隙值见表 4-7。

表 4-7　不同材料钎焊时所取的适合间隙值

母材	钎料	间隙数值 /mm
碳钢	铜	0.01～0.05
	铜锌	0.05～0.20
	银	0.03～0.15
	锡铅	0.05～0.20

母材	钎料	间隙数值 /mm
铜及铜合金	铜锌	0.05 ～ 0.20
	铜磷	0.03 ～ 0.15
	银	0.05 ～ 0.20
不锈钢	铜	0.01 ～ 0.05
	银	0.05 ～ 0.20
	锰基	0.01 ～ 0.05
	镍基	0.02 ～ 0.10
	锡铅	0.05 ～ 0.20
铝及铝合金	铝基	0.10 ～ 0.25
	锌基	0.10 ～ 0.30

在生产中为保证接头的装配间隙均匀一致，常用滑配合、定位焊、打冲点、夹具固定等方法来保证间隙值和焊件的几何形状。

4.2.3 钎焊的工艺准备

（1）焊件的表面处理

① 焊件的表面去油 焊件表面黏附的矿物油可用有机溶剂清除，动植物油可用碱熔液清除。

a. 有机溶剂去油。常用的有机溶剂有三氯乙烯、汽油、丙酮等。三氯乙烯去油效果最好，但毒性最大，最常用的是汽油和丙酮。具体操作是：

- 先用汽油擦去焊件表面油污。
- 将焊件放入到三氯乙烯中浸洗 5 ～ 10min，然后擦干。
- 再将焊件放入到无水乙醇中浸泡。
- 浸泡后在碳酸镁溶液中煮沸 3 ～ 5min。
- 用酒精脱水并烘干。

b. 碱溶液去油。低碳钢、低合金钢铁、铜、镍、钛及其合金等可放入质量分数为 10% 的 NaOH 的水溶液中（80 ～ 90℃）浸洗 8 ～ 10min；铝及铝合金可放在 50 ～ 70g/L 的 Na_3PO_4（70 ～ 80℃）和 25 ～ 30g/L 的 Na_2SiO_3 以及 3 ～ 5g/L 的肥皂水溶液中浸洗 10 ～ 15min，然后用清水冲洗干净，均可达到去油目的。

② 氧化膜的化学清理 焊件表面的锈斑、氧化物通常用锉刀、砂布、砂轮、喷砂或化学浸蚀等方法清除。对于大批量生产及必须快速清除氧化膜的场合，可采用化学浸蚀的方法。使用化学浸蚀的方法要防止焊件表面腐蚀过度，化学浸蚀和电化学浸蚀后，还应进行光亮处理或中和处理，随后在冷水或热水中洗净，并加以干燥。

接合面处理后不得再用手摸，清理后的接头应尽快进行钎焊，以避免焊件在常温下发生氧化。化学浸蚀见表 4-8，电化学浸蚀见表 4-9，光泽处理和中和处理见表 4-10。

表 4-8　化学浸蚀

焊件材料	浸蚀溶液配方	化学清理方法
低碳钢和低合金钢	H_2SO_4 10% 水溶液	40 ~ 60℃下浸蚀 10 ~ 20min
	H_2SO_4 5% ~ 10%、HCl 2% ~ 10% 水溶液，加碘化亚钠 0.2%（缓蚀剂）	室温下浸蚀 2 ~ 10min
不锈钢	HNO_3 150mL，NaF 50g，H_2O 850mL	20 ~ 90℃下浸蚀到表面光亮
	H_2SO_4 10%（浓度 94% ~ 96%） HCl 15%（浓度 35% ~ 38%） HNO_3 5%（浓度 65% ~ 68%）H_2O 64%	100℃下浸蚀 30s，再在 HNO_3 15% 的水溶液中光化处理，然后在 100℃下浸蚀 10min，适用于厚壁焊件
	HNO_3 10%，H_2SO_4 6% HF50g/L，余为 H_2O	室温下浸蚀 10min 后，在 60 ~ 70℃热水中洗 10min，适用于薄壁焊件
	HNO_3 3%，HCl 7%，H_2O 90%	80℃下浸蚀后热水冲洗，适用于含钨、钼的不锈钢深度浸蚀
铜及铜合金	H_2SO_4 12.5%，Na_2CO_3 1% ~ 3%，余量 H_2O	20 ~ 77℃下浸蚀
	HNO_3 10%，Fe_2SO_4 10%，余量 H_2O	50 ~ 80℃下浸蚀
铝及铝合金	NaOH 10%，余量 H_2O	60 ~ 70℃下浸蚀 1 ~ 7 min 后用热水冲洗，并在 HNO_3 15% 的水溶液中光亮处理 2 ~ 5 min，最后在流水中洗净
	NaOH 20 ~ 35g/L Na_2CO_3 20 ~ 30g/L，余量 H_2O	先在 40 ~ 55℃下浸蚀 2 min，然后用上法清理
	Cr_2O_3 150g/L，H_2SO_4 30g/L，余量 H_2O	50 ~ 60℃下浸蚀 5 ~ 20min
镍及镍合金	H_2SO_4（密度 1.87g/L） 1500mL，HNO_3（密度 1.36g/L） 2250mL，NaCl 30g，H_2O　1000mL	—
	HNO_3 10% ~ 20%，HF 4% ~ 8%，余量 H_2O	
钛及钛合金	HNO_3 20%，HF（浓度 40%）1% ~ 3%，余量 H_2O	适用于氧化膜薄的零件
	HCl 15%，HNO_3 5%，NaCl 5%，余量 H_2O	适用于氧化膜厚的零件
	HF 2% ~ 3%，HCl 3% ~ 4%，余量 H_2O	—
钨、钼	HNO_3 50%，H_2SO_4 30%，余量 H_2O	

表 4-9　电化学浸蚀

成分	时间 /min	电流密度 /（A/cm^2）	电压 /V	温度 /℃	用途
正磷酸 65% 硫酸 15% 铬酐 5% 甘油 12% 水 3%	15 ~ 30	0.06 ~ 0.07	4 ~ 6	室温	用于不锈钢
硫酸 15g 硫酸铁 250g 氯化钠 40g 水 1L	15 ~ 30	0.05 ~ 0.1	—	室温	零件接阳极，用于有氧化皮的碳钢

续表

成分	时间 /min	电流密度 /（A/cm²）	电压 /V	温度 /℃	用途
氯化钠 50g 氯化铁 150g 盐酸 10g 水 1L	10～15	0.05～0.1	—	20～50	零件接阳极，用于有薄氧化皮的碳钢
硫酸 120g 水 1L	—	—	—	—	零件接阴极，用于碳钢

表 4-10　光泽处理和中和处理

成分	温度 /℃	时间 /min	用途
HNO₃30% 溶液	室温	3～5	铝、不锈钢、铜和铜合金、铸铁
Na₂CO₃15% 溶液	室温	10～15	
H₂SO₄8%，HNO₃10% 溶液	室温	10～15	

③ 钎焊后的清洗　钎剂的残渣大多数对钎焊接头起腐蚀作用，也妨碍对钎缝的检查，应清除干净。火焰钎焊用的硼砂和硼酸钎剂残渣基本上不溶于水，很难去除。一般用喷砂去除，也可以把已钎焊的工件在热态下放入水中，使钎剂残渣开裂而易于去除，但这种方法不适应于所有的工件。还可将工件放在 70～90℃ 的 2%～3% 的重铬酸钾溶液中较长时间清洗。

含氟硼酸钾或氟化钾的硬钎剂（如钎剂 102）残渣可用水煮或在 10% 柠檬酸热水中清除。

铝用硬钎剂残渣对铝具有很大的腐蚀性，钎焊后必须清除干净。铝用硬钎剂残渣的清洗方法有：

a. 在 60～80℃ 的热水中浸泡 10 min，用毛刷仔细清洗钎缝上的残渣，冷水冲洗后在 15% 的硝酸（HNO₃）溶液中浸泡 30 min，再用冷水冲洗。

b. 用 60～80℃ 流动热水冲洗 10～15 min。然后放在 65～75℃ 的含 2% 铬酸（CrO₃）、5% 的磷酸（H₃PO₄）水溶液中浸泡 5 min，再用冷水冲洗，热水煮，冷水浸泡 8h。

c. 用 60～80℃ 流动热水冲洗 10～15 min，流动冷水冲洗 30min。放在草酸 2%～4%、氟化钠（NaF）1%～7%、海鸥牌洗涤剂 0.05% 溶液中浸泡 5～10 min，再用流动冷水冲洗 20 min，然后放在 10%～15% 的硝酸（HNO₃）溶液中浸泡 5～10 min。取出后再用冷水冲洗。

对于氟化物组成的无腐蚀性铝钎剂，可将工件放在 7% 的草酸、7% 的硝酸组成的水溶液中，先用刷子刷洗钎缝，再浸泡 1.5h，后用冷水冲洗。

（2）焊件装配及钎料放置

① 焊件的装配　钎焊前需要将焊件装配和定位，以确保它们之间的相对位置。典型焊件的定位方法如图 4-7 所示。对于结构复杂的焊件，一般采用专用夹具来定位。钎焊夹具的材料应具有良好的耐高温及抗氧化性，应与钎焊焊件材质有相近的热膨胀系数。

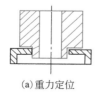 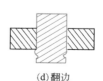

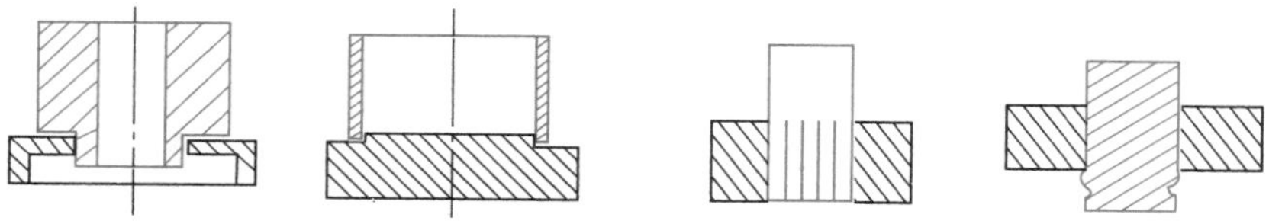

(a)重力定位　　　(b)紧配合　　　(c)滚花　　　(d)翻边

图 4-7

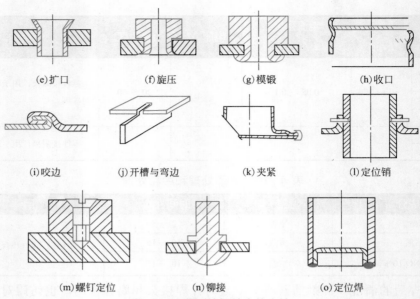

(e) 扩口　　(f) 旋压　　(g) 模锻　　(h) 收口

(i) 咬边　　(j) 开槽与弯边　　(k) 夹紧　　(l) 定位销

(m) 螺钉定位　　　(n) 铆接　　　(o) 定位焊

图 4-7　典型的焊件定位方法

② 钎料的放置　除烙铁钎焊、火焰钎焊之外，大多数钎焊方法都是将钎料预先放置在接头上。安置钎料时，应尽量利用间隙的毛细作用、钎料的重力作用使钎料填满装配间隙。钎料的放置方法如图 4-8 所示，为避免钎料沿平面流失，应将环状钎料放在稍高于装配间隙的部位［图 4-8（a）、（b）］。将钎料放置在孔内可以防止钎料沿法兰平面流失［图 4-8（c）、（d）］对于水平位置的焊件，钎料只有紧靠接头才能 在毛细作用下吸入间隙［图 4-8（e）、（f）］。在接头上加工出钎料放置槽的方法，适用于紧密配合及搭接长度较大的焊件［图 4-8（g）、（h）］。箔状钎料可直接放入接头间隙内［图 4-8（i）～（k）］，并应施加一定的压力，以确保钎料填满面间隙。膏状钎料直接涂抹在钎焊处，粉末钎料可选用适当的黏结剂调和后黏附在接头上。

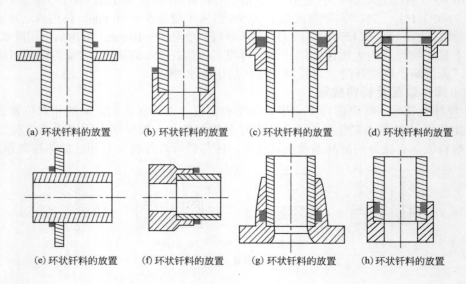

(a) 环状钎料的放置　　(b) 环状钎料的放置　　(c) 环状钎料的放置　　(d) 环状钎料的放置

(e) 环状钎料的放置　　(f) 环状钎料的放置　　(g) 环状钎料的放置　　(h) 环状钎料的放置

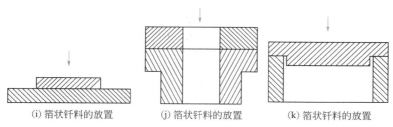

(i)箔状钎料的放置　　(j)箔状钎料的放置　　(k)箔状钎料的放置

图 4-8　钎料的放置方法

涂阻流剂是为了防止钎料的流失。阻流剂由氧化铝、氧化钛等稳定的氧化物与适当的黏结剂组成。钎焊前将糊状阻流剂涂在靠近接头的零件表面上，由于钎料不能润湿这些物质，即被阻止流动。阻流剂多应用于真空炉中钎焊及气体保护炉中钎焊。

（3）钎焊焊接参数与操作要点

① 钎焊焊接参数　钎焊温度和保温时间是钎焊的主要参数。钎焊温度通常高于钎料熔点 25 ～ 60℃，以保证钎料能填满间隙。

钎焊保温时间与焊件尺寸、钎料与母材相互作用的剧烈程度有关。大件的保温时间应当长些，如果钎料与母材作用强烈，则保温时间应短些。一定的保温时间促使钎料与母材相互扩散，形成优质接头。保温时间过长会造成熔蚀等缺陷。

② 钎焊焊接操作要点

a. 火焰钎焊。火焰钎焊是使用可燃气体与氧气（或压缩空气）混合燃烧的火焰进行加热的钎焊。其所用的设备简单、操作方便、燃气来源广、焊件结构及尺寸不受限制。但是这种方法的生产率低、操作技术要求高，适于碳素钢、不锈钢、硬质合金、铸铁，以及铜、铝及其合金等材料的钎焊。

火焰钎焊所用的可燃气体有：乙炔、丙烷、石油气、雾化汽油、煤气等，助燃气体有：氧气、压缩空气。不同的混合气体所产生的火焰温度也不同，例如：氧乙炔火焰温度为 3150℃；氧丙烷火焰温度为 2050℃。氧石油气火焰温度为 2400℃；氧汽油蒸气火焰温度为 2550℃。氧乙炔焰是常用的火焰，由于钎料熔点一般不超过 1200℃，为使钎焊接头均匀加热，并防止母材及钎料的氧化，应当采用中性焰或碳化焰的外焰加热，使用黄铜钎料时，为了在钎料表面形成一层氧化锌以防止锌的蒸发，可采用轻微的过氧焰，压缩空气 - 雾化汽油火焰的温度低于氧乙炔焰，适用于铝焊件或采用低熔点钎料的钎焊。液化石油气与氧气或空气混合燃烧的火焰也常用于火焰钎焊，使用软钎料钎焊时，也可采用喷灯加热作为钎焊的热源。

火焰钎焊的操作通常是用手工填加丝状钎料，也可在接头上预先安置钎料。钎剂在加热前便加在钎焊焊件上，在加热过程中保护母材不被氧化。钎焊时应先将焊件均匀地加热到钎焊温度，然后再加钎料，否则钎料不能均匀地填充间隙。对于预置钎料的接头，也应先加热工件，避免因火焰与钎料直接接触，使其过早熔化。

为了防止钎剂被火焰吹掉，可用水或酒精将钎剂调成糊状，钎焊操作时，应在接头间隙周围缓慢加热使钎剂中的水分先蒸发。此外，也可以在钎焊时把丝状钎料的加热端周期地浸入干钎剂中蘸上钎剂，然后把钎剂带到加热了的母材上。为了均匀加热母材，通常焊嘴与母材加热区的距离控制在 70 ～ 80mm 为宜。特别指出的是，火焰钎焊与一般气焊（熔焊）的操作不同。气焊（熔焊）时往往由焊缝的一端开始，用火焰焰心集中加热一点形成熔池，然后连续地向前加热；而火焰钎焊则首先用火焰的外焰加热整个接头区，使之达到钎焊温度，然后用火焰从其一端继续向前加热，钎料迅速流入不断加热的接头间隙中。

火焰钎焊时，为了补偿良导热体接头零件的热量散失和减少由于热冲击引起的应力开裂，除了正确的加热，使接头均匀地达到钎焊温度范围，钎料能自由流动和填满间隙外，为避免工件过热，最好的方法是采用一种熔化温度比钎料熔点低不太多的活性钎剂，此钎剂的熔化可以用来作为表明已达到正确钎焊温度的指示剂。如果钎料采用手工送给，则对钎剂的外表状态应予以特别注意，一旦钎剂完全成为流体，钎料就立刻接触钎焊工件，施加钎料一直到钎料完全流动和填满间隙，然后稍经几秒钟继续加热保温后停止加热。这种办法可以让熔融钎剂起温度指示作用，同时，零件本身供应热量使钎料熔化和流动。值得注意的是在钎焊过程中，特别要避免火焰直接加热钎剂和钎料。

b. 浸渍钎焊。浸渍钎焊是将工件局部或整体浸入熔态的高温介质中加热，进行钎焊。其特点是加热迅速、生产率高、液态介质保护零件不受氧化，有时还能同时完成液淬火等热处理工艺，这种钎焊方法特别适用于大量生产。浸渍钎焊的缺点是耗电多、熔盐蒸气污染严重、劳动条件差。浸渍钎焊有以下几种形式。

• 盐浴钎焊。主要用于硬钎焊。盐液应当具有合适的熔化温度，成分和性能应当稳定，对焊件能起到防止氧化的保护作用。钎焊钢、低合金钢时所用的盐液成分见表4-11。钎焊铝及铝合金用的盐液既是导热的介质，又是钎焊过程的钎剂。盐浴钎焊的主要设备是盐浴槽。各种盐浴炉型号和技术数据见表4-12。放入盐浴前，为了去除焊件及焊剂的水分，以防盐液飞溅，应将焊件预热到 120 ～ 150℃。如果为了减小焊件浸入时盐浴温度的降低，缩短钎焊时间，预热温度可适当增高。

表 4-11　盐浴钎焊钢和低合金钢时所用的盐液成分

盐类	成分（质量分数）/%	钎焊温度 /℃	适用钎料
中性	$BaCl_2$ 100	1100 ～ 1150	铜
中性	$BaCl_2$ 95，NaCl 5	1100 ～ 1150	铜
中性	NaCl 100	850 ～ 1100	黄铜
中性	$BaCl_2$ 80，NaCl 20	670 ～ 1000	黄铜
含钎剂	BaCl 80，NaCl 20，硼砂 1	900 ～ 1000	黄铜
中性	NaCl 5，KCl 50	730 ～ 900	银基钎料
中性	$BaCl_2$ 55，NaCl 25，KCl 20	620 ～ 870	银基钎料
氰化	Na_2CO_3 20 ～ 30，KCl 20 ～ 30，NaCN 30 ～ 60	650 ～ 870	银基钎料
渗碳	NaCl 30，KCl 30，碳酸盐 Na_2CO_3 15 ～ 20，活化剂余量	900 ～ 100	黄铜

• 金属浴钎焊。主要用于软钎焊。将装配好的焊件浸入熔态钎料中，依靠熔态钎料的热量使焊件加热，同时钎料渗入接头间隙完成钎焊，其优点是装配容易、生产率高、适用于钎缝多而复杂的焊件。缺点是焊件沾满钎料，增加了钎料消耗量，并给钎焊后的清理增加了工作量。

表 4-12 盐浴炉型号和技术数据

名称	型号	功率 /kW	电压 /V	相数	最高工作温度 /℃	盐熔槽尺寸 ($A \times B \times C$) / mm	最大技术生产率 / (kg/h)	质量 /kg
插入式电极盐浴炉	RDM2-20-13	20	380	1	1300	180×180×430	90	740
	RDM2-25-8	25	380	1	1300	300×300×490	90	842
	RDM2-35-13	35	380	3	850	200×200×430	100	893
	RDM2-45-13	45	380	1	1300	260×240×600	200	1395
	RDM2-50-6	50	380	3	600	500×920×540	100	2690
	RDM2-75-13	75	380	3	1300	310×350×600	250	1769
	RDM2-100-8	100	380	3	850	500×920×540	160	2690
	RYD-20-13	20	380	1	1300	245×150×430	—	1000
	RYD-25-8	25	380	1	850	380×300×490	—	1020
	RYD-35-13	35	380	3	1300	305×200×430	—	1043
	RYD-45-13	45	380	1	1300	340×260×600	—	1458
	RYD-50-6	50	380	3	600	920×600×540	—	3052
	RYD-75-13	75	380	3	1300	525×350×600	—	1652
	RYD-100-8	100	380	3	850	920×600×540	—	3052
坩埚式盐浴炉	RGY-10-8	10	220	1	850	$D \times h$/mm $\phi 200 \times 350$	—	1200
	RGY-20-8	20	380	3	850	$\phi 300 \times 555$	—	1350
	RGY-30-8	30	380	3	850	$\phi 400 \times 575$	—	1600

• 波峰钎焊。它是金属浴钎焊的一个特例，主要用于印制电路板的钎焊。依靠泵的作用使熔化的钎料向上涌动，印制电路板随传送带向前移动时与钎料波峰接触，进行了元器件引线与铜箔电路的钎焊连接。由于波峰上没有氧化膜，钎料与电路板保持良好的接触，并且生产率高。

c. 炉中钎焊。炉中钎焊是将装配好钎料的焊件放在炉中加热并进行钎焊的方法。其特点是焊件整体加热、焊件变形小、加热速度慢。但是一炉可同时钎焊多个焊件，适于批量生产。

• 空气炉中钎焊。使用一般的工业电阻炉将焊件加热到钎焊温度，依靠钎剂去除氧化物。

• 保护气氛炉中钎焊。根据所用气氛不同，可分为还原性气体炉中钎焊和惰性气体炉中钎焊。还原性气的主要组分主要是氢及一氧化碳，它的作用不仅防止空气侵入，而且能还原焊件表面的氧化物，有助于钎料润湿母材。表 4-13 列出了钎焊用还原性气体。放热型气体是可燃气体与空气不完全燃烧的产物。吸热型气体是碳氢化合物气体与空气在加热温度很高的热罐内在镍触媒的作用下反应形成的产物。在还原性气体炉中钎焊时，应注意安全操作。为防止氢与空气混合引起爆炸，钎焊炉在加热前应先通 10～15min 还原性气体，以充分排出炉内的空气。炉子排出的气体应点火燃烧掉，以消除在炉周围聚集的危险。钎焊结束后，待炉温降至 150℃ 以下再停止供气。

惰性气体炉中钎焊通常采用氩气。氩气只起保护作用，其纯度 Ar 高于 99.99%。

表 4-13　钎焊用还原性气体

气体	主要成分（体积分数）%				露点 /℃	用途		备注
	H_2	CO	N_2	CO_2		钎料	母材	
放热气体	14～15	9～10	70～71	5～6	室温	铜、铜磷、黄铜、银基	无氧铜、碳素铜、镍、蒙乃尔	脱碳性
放热气体	15～16	10～11	73～75	—	－40		同上，高碳钢、镍基合金	渗碳性
吸热气体	38～40	17～19	41～45	—	－40			
氢气	97～100	—	—	—	室温	铜、铜磷、黄铜、银基、镍基	无氧铜、碳素钢、镍、蒙乃尔、高碳钢、不锈钢、镍基合金	脱碳性
干燥氢气	100	—	—	—	－60			
分解氨	75		25		－54			

● 真空炉中钎焊。焊件周围的气氛纯度很高，可以防止氧、氢、氮对母材的作用。高真空的条件可以获得优良的钎焊质量。一般情况下钎焊温度的真空度不低于 $13.3×10^{-3}$Pa。钎焊后冷却到 150℃ 以下方可出炉，以免焊件氧化。真空钎焊设备包括真空系统及钎焊炉，钎焊炉可分为热壁型和冷壁型两类。真空钎焊设备的投资较大、设备维修困难，因此钎焊成本也比较高。

4.3　常用金属材料的钎焊

4.3.1　同种金属材料的焊接

（1）基本操作方法与要领

① 预热　一般用轻微碳化焰的外焰加热焊件，焰心距焊件表面应保持 15～20mm，如图 4-9 所示，以增大加热面积。如果焊件的导热性较高，如铜、铝等材料，预热时的火焰能率还要大一些，这样有利于钎焊处温度的快速上升。

如果焊口两侧金属的厚薄不同，火焰应偏重于厚件一侧，如图 4-10 所示，以防薄件温度过高和厚件温度不够的现象。

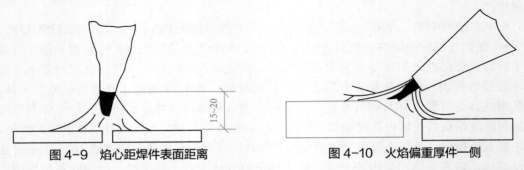

图 4-9　焰心距焊件表面距离　　　　图 4-10　火焰偏重厚件一侧

② 焊接　当钎焊处的温度接近钎料的熔化温度时，应立即撒上钎剂，并用火焰的外焰加热使其熔化，如图 4-11 所示。钎剂熔化后，应立即将钎料与加热到高温的焊件接触，利用火焰作用让钎料熔化，并流入焊件的接缝中，操作中焰心距工件应保持在

35 ～ 40mm 的位置，如图 4-12 所示，防止钎料过热。钎焊后，要待钎料完全凝固后方可挪动位置，否则会形成开裂。

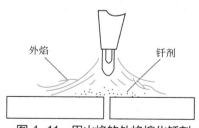

图 4-11　用火焰的外焰熔化钎剂

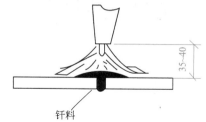

图 4-12　焰心距工件的距离

③ 焊后清理　火焰钎焊时多属于硬钎焊，钎焊后残留在钎焊接头上的钎剂比较坚硬，因此常用机械的方法来消除，如使用专用工具等，如图 4-13 所示。

（2）常用材料的焊接工艺与方法

① 碳钢、不锈钢及铸铁的钎焊　碳钢及不锈钢的主要焊接方法是熔焊，但在异种金

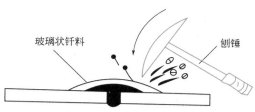

图 4-13　焊后清理专用工具

属、复杂和精密工件以及由于熔焊的热影响产生变形大的场合，钎焊则显出其优越性。钎焊用于铸铁的焊接和补焊，可避免产生白口组织。

根据碳钢、不锈钢及铸铁焊件的不同用途、钎焊温度、接头性能、生产成本，推荐使用的钎料有锡铅钎料、银钎料、铜基钎料和镍基钎料等。

锡铅钎料是用于碳钢和不锈钢软钎焊的主要钎料，其钎焊接头强度见表 4-14。在铸铁的电弧补焊中，用锡铅钎料盖面，可提高气密性。

表 4-14　低碳钢及不锈钢软钎焊接头的强度

钎　料	剪切强度 /MPa		拉伸强度 /MPa
	低碳钢	不锈钢	低碳钢
纯锡	38	31	79
HL601	51	22	105
HL602	50	33	115
HL603	61	32	101
HL604	58	33	105

用硬钎料钎焊时，通常使用铜基和银基钎料。铜基钎料包括纯铜、黄铜和铜镍合金，它们的价格便宜，适用于大量生产。其中黄铜钎料主要用于钎焊碳钢和铸铁，而钎焊不锈钢时因容易使不锈钢产生"自裂"现象，故不推荐使用。纯铜和铜镍钎料则主要用于不锈钢钎焊，其耐热性好，但钎焊温度高，容易使母材晶粒长大。银基钎料是钎焊碳钢和不锈钢最常用的钎料，其熔点低、润湿性好、容易操作。用银基钎料钎焊铸铁效果较好，但因成本高，故使用受到限制。碳钢及不锈钢硬钎焊接头强度见表 4-15。

表 4-15　低碳钢及不锈钢硬钎焊接头的强度

钎　料	剪切强度 /MPa		拉伸强度 /MPa	
	低碳钢	不锈钢	低碳钢	不锈钢
H62	230	—	—	—
H1CuNi-30-2-0.5	—	380	—	670
HL312	207	209	394	417
HL316	236	228	410	438
HL303	201	202	370	403
HL302	203	194	383	350
HL301	202	202	384	394

　　用软钎料钎焊碳钢及铸铁时，可采用氯化锌或氯化锌 - 氯化铵水溶液作为钎剂，钎焊镀锌铁皮时还可用盐酸作钎剂。但用软钎料钎焊不锈钢时必须采用活性更强的氯化锌盐酸溶液或磷酸溶液作钎剂。

　　用铜基钎料钎焊钢及铸铁时，可采用脱水硼砂或硼砂 - 硼酸混合物作钎剂，但钎焊不锈钢时，因它们的活性不够，应采用含氟化钙的 200# 钎剂。用银基钎料钎焊时则采用 QJ101、QJ102 等含氟硼酸钾或氟化钾的钎剂。

　　钎焊前，钎焊部位应仔细进行清理。对于铸铁，为了去除阻碍钎料流动的石墨，可用氧乙炔的氧化焰将表面的石墨烧去。用锡铅钎料钎焊时先将工件预热，然后加入氯化锌型钎剂，最后将工件加热到钎焊温度和填入钎料。对于碳钢，用黄铜钎料的火焰钎焊很容易操作；但钎焊铸铁时，特别是薄壁工件，必须注意控制温度，否则母材有熔化的危险。对于较大的工件，在清理好的钎焊表面撒一层钎剂，然后把工件放进炉中（可用焦炭炉）加热，当工件加热到 800℃ 左右，加入补充钎剂，并用火焰把工件加热到钎焊温度，再用钎料在接头间隙边缘刮撩，使钎料熔化流入间隙。用银基钎料火焰钎焊碳钢、不锈钢及铸铁，操作上困难不大。

　　② 铜及铜合金的钎焊　铜及铜合金通常分为纯铜、黄铜及青铜三大类，其特性与焊接性能见表 4-16。

表 4-16　铜及铜合金的钎焊性能

分类	特性	焊接性能
纯铜	纯铜中无氧铜很容易钎焊，但含氧铜在含氢的气体中加热时，会产生氢脆，这是由于氢和氧化铜反应形成水蒸气，产生高压使铜的内部发生破裂	差
黄铜	由于锌易蒸发，不能在真空中钎焊；同时，黄铜含铅较高（大于 3%），铅会严重损害钎料的润湿性，而且铅与钎料合金化，有产生脆性接头的倾向	较好
青铜	铝青铜由于表面形成稳定的氧化铝，增加了一定的难度，但磷青铜、硅青铜、白铜等较好	一般

　　a. 钎料和钎剂。钎焊铜及铜合金用的软钎料有锡铅钎料、镉基钎料及锌基钎料等。其中锡铅钎料应用最广。用锡基、镉基及锌基钎料钎焊铜时，在钎料与母材交界面上很容易形成脆性的金属间化合物。这些化合物的生成取决于钎焊温度和时间，钎焊加热温度愈高，加热时间愈长，钎缝的脆性愈大。实践证明，通常锡铅钎料在低于 300℃，镉基钎料在低于 400℃ 的火焰钎焊时，由于加热时间不长，化合物层很薄，对接头性能影响不大。用软钎料钎焊铜及黄铜的接头强度见表 4-17。锡铅钎料钎焊接头的耐热性较差，

通常只用来钎焊工作温度低于 150℃的接头，若要求较高工作温度时，需选择铅银钎料及镉基钎料等耐热软钎料。

表 4-17　软钎料钎焊铜及 H62 黄铜接头强度

钎料	剪切强度 /MPa		拉伸强度 /MPa	
	铜	H62 黄铜	铜	H62 黄铜
HL600	35	35	95	80
HL601	38	38	86	94
HL602	37	38	78	88
HL603	37	46	78	80
HL604	46	45	90	91
HL605	38	38	83	89
HL608	33	35	52	62
HL503	45	40	89	90
HL506	49	56	92	98
H1AgPb97	34	35	51	60

用硬钎料钎焊铜及铜合金时，可用黄铜钎料、铜磷钎料及银钎料。黄铜钎料熔点较高，不易掌握。铜磷钎料熔点较低，并且由于磷能还原氧化铜起钎剂作用，所以铜磷钎料钎焊铜时不需用钎剂。但钎焊铜合金时，由于磷不能充分地还原合金元素形成的氧化物，故应与钎剂配合使用。银钎料熔点较低，润湿性好，钎焊铜及铜合金时可得到综合性能良好的接头。用硬钎料钎焊铜及黄铜的接头强度见表 4-18。

表 4-18　硬钎料钎焊铜及 H62 黄铜的接头强度

钎料	剪切强度 /MPa		拉伸强度 /MPa	
	铜	H62 黄铜	铜	H62 黄铜
HL101	135	—	150	—
HL102	157	—	170	—
HL103	165	—	175	—
H62	168	—	180	—
HS221	170	—	185	—
HL201	175	289	165	180
HL202	170	280	175	190
HL204	187	401	212	275
HL301	161	164	170	320
HL302	170	188	175	320
HL303	181	220	185	332
HL306	175	215	101	341
HL307	170	203	189	328
HL312	171	198	183	346
HL313	181	231	215	383

b. 钎焊工艺。

• 焊前准备。铜及铜合金钎焊之前，焊件表面必须进行清理。可用刮刀、细锉、砂布及细钢丝刷等工具去除表面的油污和氧化皮。清理后若表面仍有油污时，还必须用汽油或酒精清洗。大批生产或对表面质量要求较高时，最好用化学方法进行清理。

纯铜——在质量分数为 5% 的硫酸中浸洗。

黄铜和白铜——先在质量分数为 5% 硫酸中浸洗，然后在质量分数为 2% 的重铬酸钠和质量分数为 3% 的硫酸混合液中浸洗。

硅青铜——先在质量分数为 5% 的热硫酸中浸洗，然后在质量分数为 2% 的氢氟酸和质量分数为 3% 的硫酸混合液中浸洗，最后在质量分数为 2% 的重铬酸钠和质量分数为 5% 的硫酸混合液中浸洗。

铝青铜——需要在下列两种溶液中连续浸洗：质量分数为 2% 的氢氟酸和质量分数为 3% 的硫酸混合液；质量分数为 2% 的重铬酸钠和质量分数为 5% 的硫酸混合液。重复清洗，洗净为止。

清洗后的焊件，必须在流动水中冲洗干净，并在 110～120℃烘干或晾干。

• 操作。因为铜的导热性好，因此火焰钎焊时必须用功率较大的焊炬加热。整个接头加热要均匀，对大型及复杂的零件，要进行预热，预热温度 450～600℃。加热火焰要用中性焰或微量过剩乙炔的还原焰。在用黄铜钎料时，用氧化焰加热可以减少锌的蒸发。

用一般银钎料钎焊时，把接头加热到橘红色（600～700℃），而后把钎料丝末端加热，并沾上粉状钎剂，在钎焊面上涂抹（也可用糊状钎剂，或把焊件先浸在钎剂溶液中），被加热的钎剂熔化并沿着接头间隙铺展。若母材上有些部位发黑且不沾钎剂，则说明此处氧化膜未清除干净，应再次涂抹钎剂，直到完全润湿和填缝，即可加入钎料，并继续加热接头部位，使钎料流入间隙深处。加热火焰沿整个接头往返移动，使接头均匀加热，直到钎料在间隙的另一端渗出并形成光滑的圆角为止。小的焊件可以转动加热一次钎焊完毕，大的焊件则要分段钎焊（即一段钎焊完后再钎焊下一段）。

若用铜磷钎料钎焊紫铜时，可不用钎剂。只要将接头加热到橘红色以后，就可以用钎料在钎焊面上摩擦，由母材的热传导使其熔化。熔化后的钎料便迅速地润湿和填缝。

铜及铜合金火焰钎焊时应注意：

i. 钎焊加热时间力求最短，以免接头处过分氧化。

ii. 不能用火焰直接加热钎料丝，而应加热焊件，使钎料碰到焊件后就熔化，润湿并填缝。

iii. 火焰不要对着已熔化的钎料和钎剂加热，以免钎料和钎剂过热，造成钎料的氧化，而使接头性能变坏。

iv. 如果焊件加热不够，不能使钎料填满间隙时，可用火焰加热钎缝附近的母材，把热量传给钎料使其受热熔化，在毛细管吸力及钎剂的作用下，填满整个间隙。

v. 焊件钎焊完后，不要马上挪动，以免因钎料未凝固而使钎缝错动。

• 焊后清洗。使用钎剂钎焊后，焊件的表面存在着残余的熔渣及氧化膜，这些物质易吸收空气中的水分，引起零件的腐蚀。因此，钎焊以后必须将残渣和氧化膜去除干净。清理方法很多，可以用机械方法也可用化学方法，视具体情况而定。

硬钎焊用的硼砂和硼酸钎剂，钎焊后呈玻璃状，在水中溶解度小，去除困难，一般用机械方法（如喷砂）除去。最好在钎焊后焊件尚未完全冷却时便放入水中，产生的热冲击使残渣裂开，从而容易去除。但这种方法不能用于对热冲击敏感的钎焊接头。此外，还可把焊件放在温度较高（70～90℃）的质量分数为 2%～3% 的重铬酸钾溶液中较长时间浸洗。

含较多氟硼酸钾或氟化钾的银钎焊用的硬钎剂，不会形成玻璃状熔渣，焊件可用水煮或在质量分数为 10% 的柠檬酸热水溶液中去除熔渣。

氯化锌、氯化铵型的软钎剂，用热水便可把它除去。但用凡士林调成的氯化锌型焊锡膏，则应先用有机溶剂清除接头表面残留的油脂，再用热水浸洗。

③ 铝及铝合金的钎焊 铝及铝合金的钎焊与其他金属钎焊相比，具有一定难度，这是因为：

• 铝表面生成一层致密且化学稳定性高的氧化膜，通常在室温下厚度是 2～5nm，在 500℃ 的高温中加热可达 100nm 以上。如果不设法破坏这层氧化膜，就无法进行钎焊。

• 铝及铝合金的熔点比较低，合适的铝钎料的熔点又较高，因而用硬钎料钎焊时，钎料与母材的熔点相差不大，所以必须严格控制钎焊温度。

• 由于氧化铝膜的熔点比基体金属高很多，且两者颜色又接近，难以通过观察母材的加热颜色来判别加热温度。

• 对于热处理强化铝合金，钎焊后还会产生退火或过时效等现象，使母材的强度降低。

• 用软钎料钎焊时，由于钎料与母材之间温度差别较大，会造成接头的耐蚀性较差。

a. 钎料和钎剂。铝及铝合金钎焊用软钎料的组成及特性见表 4-19。

表 4-19　铝及铝合金钎焊用软钎料的组成及特性

钎料牌号	化学成分（质量分数）/%					熔化温度范围 /℃	用途
	Zn	Al	Sn	Cu	其他		
S-Zn95A15	95	5	—	—	—	382	用于钎焊铝和铝合金以及铝铜接头，钎焊接头具有较好的抗腐蚀性
S-Zn89A17Cu4	89	7	—	—	—	377	
S-Zn86A17 Cu4Sn2	8b	6.7	—	3.8	Bi1.5	304～350	对铜和铜合金的润湿性较好，主要用于钎焊铜和铜合金
S-Zn73A127 （HLS05）	7215	27.5	—	—	—	430～500	用于钎焊液相线温度低的铝合金，如 LY12 等。接头抗腐蚀性是锌基钎料中最好的
S-Zn58Sn40Cu2 （HL501）	58	—	40	2	—	200～350	用于铝的刮擦钎焊，钎焊接头具有中等抗腐蚀性

铝及铝合金钎焊用硬钎料几乎都是铝基合金，各种铝及铝合金母材与铝基钎料推荐的组合见表 4-20。铝及铝合金钎焊接头强度见表 4-21。

表 4-20　推荐铝及铝合金母材与铝基钎料的组合

母材	推荐的钎料	钎焊温度 /℃
L1，L2，L3，L4，L5，L6 LF2，LF3，LE21 Ln2，919，A612	HL4G0	585～600
	HL402	590～600
	HL403	565～590
	HL401	540～560
ZL11	HL403	565～590
	HL401	540～560
LY16，LD5，ZL2	HL401	540～560
LY11，LY12，LD9，LD10，1C4	Al-35% Ge-3.5%Si	455～510

表 4-21　铝及铝合金钎焊接头强度

钎料	剪切强度 /MPa			拉伸强度 /MPa		
	L3	LF21	LD2	L3	LF21	LD2
HL400	40	58	—	68	98	—
HL401	41	59	—	69	98	—
HL402	42	57	90	70	95	156
HL403	42	60	91	68	96	155
H1501	39	51	—	63	85	—
HL502	40	51	—	65	86	—
HL505	43	56	83	65	96	135
H1607	41	48	—	62	73	—

铝及铝合金用的软钎剂按其去除氧化膜的作用方式，通常分为有机钎剂和反应钎剂两类，有机钎剂的钎焊温度较低，活性及腐蚀性较小，而反应钎剂活性强且腐蚀性大。铝及铝合金钎焊用硬钎剂主要由碱金属或碱土金属的氯化物及氟化物组成。这些钎剂，除有机钎剂外，一般以密封瓶装粉末的形式供应，使用时也可将粉末状钎剂与水混合调成糊状，然后刷在接头的整个表面。当使用适量钎剂时，可得到良好的钎焊效果；钎剂太少，会使钎料铺展不好；钎剂过多，则可能引起铝合金母材过度腐蚀。在薄的组合件上，钎剂的使用更要适量。

　　b. 钎焊工艺。

　　• 焊前准备。钎焊前，铝及铝合金需用化学清洗的办法去除表面的油污和氧化皮。化学清洗的方法很多，其原理大致相同。

　　先用质量分数 3% ～ 5% 的碳酸钠加质量分数 2% ～ 4% 的 601 洗涤剂（烷基磺酸钠）的水溶液在 60 ～ 70℃下浸洗 10min 左右，或用 50g 硅酸钠加 50g 磷酸钠水溶液在 60 ～ 70℃下浸洗 1min，再水洗；然后在质量分数 5% ～ 10% 的氢氧化钠水溶液中，室温下浸洗 1min 左右，或 60 ～ 70℃浸洗 0.5min 左右（浓度大时，时间还要缩短），再水洗；接着在质量分数为 20% ～ 40% 的硝酸水溶液中，室温下浸洗 0.5 ～ 1min；最后水洗后干燥及装配（小的零件水洗后可在 100 ～ 125℃的炉中烘干，装配，待钎焊）。

　　清洗好的零件（表面应全部清洗干净，不应带有棕色），其表面滴上水时，必须完全润湿。如果水成滴而铺展不开，则说明清洗得不好，应重新去油和腐蚀。对数量不多的小零件或棒状钎料，也可以用机械方法（如锉刀，刮刀，钢刷，砂布等）进行清理，代替酸洗。但是还必须用酒精、丙酮等有机熔剂将清理过的零件再擦洗干净，除掉细砂粒，否则将影响钎焊过程的进行并削弱钎缝的强度。

　　• 操作。对于软钎焊操作，通常多采用汽油、酒精喷灯火焰加热。采用有机钎剂时，加热温度若过高（大于 271℃），由于钎剂组分三乙醇胺的极迅速碳化致使钎剂丧失活性。同时，如果火焰直接加热有机钎剂也会使钎剂碳化，从而妨碍钎料的铺展，由于用有机钎剂钎焊时反应缓慢，故适用边加热边加钎料的操作方法，有时钎剂产生过多的泡沫，可用钎料棒拨开，以助钎料流入接头的间隙。

　　采用反应钎剂时，由于钎剂具有一定的反应温度范围（通常为 300 ～ 250℃），如果母材加热温度低于反应温度，尽管钎剂已熔化，但还未与母材发生反应，故不能使钎料铺展。如果母材加热温度超过反应温度范围，反应极其迅速，使钎料来不及流入间隙。反应钎剂在钎焊时产生大量的三氯化铝气体及沉淀出大量重金属，只留下很少的钎剂在钎缝上形成覆盖保护，所以当母材达到反应温度时再用手工加入钎料，有时是来不及的，因此钎料可与钎剂一起预先放置在接头上，并且操作时要准确控制温度。

刮擦钎焊是铝及铝合金的一种特殊的软钎焊方法。它不需用钎剂，母材表面的氧化膜是靠钎料的刮擦作用而除去的。

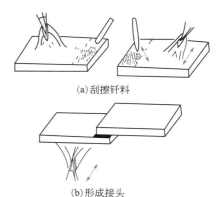

(a)刮擦钎料

(b)形成接头

图4-14　铝板搭接接头刮擦钎焊

钎焊时可先将工件加热到400℃左右（热源可用喷灯、氧乙炔火焰等），随后用钎料（如HL501等）的端部在接头处反复进行刮擦，以破坏表面氧化膜。同时，由于已被加热的母材的热作用使钎料熔化铺展，不能用火焰直接加热钎料，否则会使钎料过早软化而失去刮擦作用。也可采用刮擦工具（如钢丝刷、烙铁头等）帮助进行刮擦。对于搭接接头，则把要钎焊的两个零件分别加热，并用刮擦办法先分别涂上钎料，如图4-14（a）所示，然后将两个零件搭在一起，再用火焰加热，使钎料熔化，并相互摩擦达均匀接触，冷却后即形成牢固接头，如图4-14（b）所示。

硬钎焊操作方法通常有两种：一种是用火焰加热钎料的末端，用已被加热的钎料末端沾上干粉状的钎剂，接着加热母材，并用钎料棒置于接头附近试验温度，若母材已达到钎焊温度则钎剂与母材接触后，立即熔化并铺展在钎焊面上，去除氧化膜，这时熔化的钎料便很好地润湿母材，流入间隙形成牢固的钎焊接头。如果熔化的钎料发黏而不润湿母材，则说明母材加热还不够。

另一种方法是将钎剂用水或酒精混合，在工件和钎料上用刷子刷上、浸沾上或喷涂上钎剂。然后用火焰加热工件，将钎剂的水分蒸发并待钎剂熔化后，使钎料迅速加入加热的接头间隙中。

铝及铝合金的火焰硬钎焊操作应注意以下事项：

i. 由于钎料与母材的熔点相差不大，同时铝及铝合金在加热过程中颜色几乎不变化，因而不易判断温度。

ii. 火焰不能直接加热钎料至熔化，因为钎料流到尚未加热到钎焊温度的工件表面时被迅速凝固，妨碍钎焊顺利进行。因此，钎料熔化的热量应尽量从加热的工件处获得。

iii. 钎焊厚薄不同的零件时，火焰应指向厚件，使加热均匀，防止把薄件烧化。

iv. 小工件火焰容易加热，而大工件则应先将工件在炉中预热到400～450℃，然后再用火焰加热进行钎焊，可加快钎焊过程和防止工件的变形。

钎焊铝及铝合金的钎剂和钎剂残渣对工件有很大的腐蚀性，焊后不彻底去除会引起强烈的腐蚀。这类钎剂中的大部分组成可溶于水，同时温度越高，钎剂溶解越快，则去除时间越短。在铝钎焊操作中，有时也采用将尚未完全冷却的工件放入水中，利用热冲击来崩脱钎剂。钎焊工件经热水洗涤后，还需用酸洗液清洗，最后再作表面钝化处理。典型的清洗液见表4-22。

表 4-22　铝钎剂的清洗液

溶液质量分数	体积 /L	组成质量分数	液温 /℃	浸洗时间 /min	备　注
10% 硝酸溶液	19 129	58% ～ 62% HNO_3 水	室温	5 ～ 15	—
硝酸氢氟酸溶液	15 0.6 137	58% ～ 62% HNO_3 48%HF 水	室温	5 ～ 10	—
1.5% 氢氟酸溶液	5.7 152	48% HF 水	室温	5 ～ 10	—
5% 磷酸＋ 1%CrO_3 溶液	5.7 3.3 152	35% H_3PO_4 CrO_3 水	82	5 ～ 10	适用于薄件

对于简单的火焰钎焊接头，钎焊后在流动的热水中用硬毛刷刷洗，对于清除钎剂和钎剂残渣也是十分有效的方法。

④ 灰口铸铁件裂纹钎焊

a. 焊前清理。先用钢丝刷清除裂纹周围的油污、杂质等，直至露出金属光泽；再在裂纹的末端钻上直径为 $\phi3 ～ 4mm$ 的止裂孔；然后用磨光机沿裂纹的走向磨出坡口，并用较强的氧化焰将坡口内的碳和硅成分烧掉，再用钢丝刷将其清除干净。

b. 钎焊方法。选用 HL103，钎剂用 QJ301 或硼砂，以及硼砂和硼酸各 50% 的混合剂。选用 H 01-12 型焊炬、2 号焊嘴，用轻微氧化焰对焊件进行预热，当钎焊处被加热到暗红色（650℃左右）时，即可将钎剂撒在坡口表面。

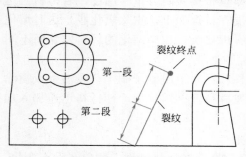

图 4-15　钎焊方法

当待焊处被加热到亮红色（900℃左右）时，即可进行钎焊，钎焊的方向应由裂纹的终端焊向外侧。为减少热应力，可将该焊缝分为两段施焊，每段约 80mm，待第一段钎焊好并冷至 300℃以下时，才可钎焊第二段，如图 4-15 所示。

c. 开始添加钎料后火焰不要往复摆动，为了不使钎焊处过热，添加钎料要快，加热部位要小，焰心距焊件表面的距离应保持在 10 ～ 15mm 为宜。

d. 焊后清理。钎焊后用钢丝刷清除焊件上的钎剂和残渣。

4.3.2　异种金属的钎焊技术

异种金属的气体火焰钎焊，除了需按同种金属火焰钎焊的工艺和操作要点施焊外，还应注意以下几点。

① 钎料和钎剂的选择　钎料应根据两种母材的材质及钎焊接头的使用要求进行选择。所选用的钎剂，应能同时清除两种焊件表面的氧化物，并能改善液态钎料对它们的润湿作用。如用黄铜钎料来钎焊不锈钢与纯铜时，则不宜采用硼砂或 QJ301。因为这两种钎剂均不能有效地消除不锈钢表面的氧化铬，而应选用既适用于钎焊不锈钢，又适用于钎焊纯铜的 QJ200。

② 钎焊接头预留间隙的选择　当钎焊接头采用套接形式时，若被套入零件的线胀系数大于外套零件，则应适当增大其预留间隙；相反，则应适当减小其预留间隙。

③ 异种金属钎焊时的加热　异种金属钎焊时，因两种焊件的热导率不同，故加热时火焰应对着热导率大的焊件，这样才能保证被焊接头的温度均匀一致。

4.4　钎焊操作应用实例

4.4.1　硬质合金刀片与车刀刀体的火焰钎焊

（1）焊接图样

车刀刀体与硬质合金刀片如图 4-16 所示。

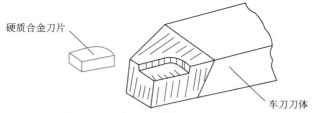

图 4-16　车刀刀体与硬质合金刀片

（2）操作步骤与方法

硬质合金刀片与车刀刀体的火焰钎焊操作步骤与方法如下：

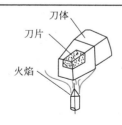

①预热

将刀具用虎钳或压板夹紧，用火焰加热刀头后部及刀槽底部，直到刀头发暗红色（约 650℃）

熔化的钎料及钎剂

②加热刀片与刀槽

用火焰的外焰加热刀片和刀槽四周，直到钎剂全部熔化

③熔钎焊接

继续用外焰均匀加热，使钎料熔化，并沿侧面钎缝渗入。当侧面钎缝出现较刀片的颜色暗而且发亮的液体钎料带，并刚发现蓝火冒白烟时，用加压棒拨动刀片往复移动 2～3 次（因 105 号锰黄铜钎料中含锰，并且钎焊温度较高，钎焊时有锰的氧化和锌的蒸发，而且产生蓝火白烟）

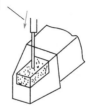

加压方向

④加压

移动刀片摆正位置后，立即用加压棒在刀片中部加压钎焊

提示

对于 YT30、YG3 等容易发生裂纹的刀具及大尺寸刀片的钎焊，应采取特殊的钎焊方法，避免发生裂纹。

① 补偿垫片钎焊法。可用 $w(Ni)$45% 的镍铁合金薄片、低碳钢片或紫铜片（厚度为 0.5mm 左右）作补偿片。钎焊后垫片留在钎缝中，以减缓钎焊后因刀片和刀杆收缩不一致而产生的应力，从而避免裂纹的产生。用紫铜片作补偿垫片时，必须很好掌握钎焊温度，避免紫铜片熔化。也可使用两面是 150# 锰黄铜钎料，中间是低碳钢的特制钎料片。

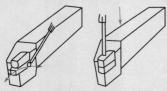

图 4-17 两层刀片钎焊法

② 双片合金钎焊法。此法为减少钎焊应力和消除裂纹的有效方法之一。钎焊时在易裂的刀片 YT30 下面同时钎焊一块 YG8 韧性好的刀片，如图 4-17 所示。加热到钎焊温度时，用加压棒拨动底下的刀片沿刀槽滑动排渣，然后在刀片顶部加压即可。这种钎焊方法，不仅可以避免裂纹，而且可以大大提高刀具使用寿命。

4.4.2 金刚笔钎焊

（1）焊接图样

金刚笔的结构如图 4-18 所示。

（2）操作步骤与方法

金刚笔钎焊操作步骤与方法如下：

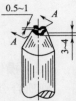

图 4-18 金刚笔的结构

① 洒脱水硼砂

在金刚笔顶部撒上脱水硼砂

② 氧乙炔焰钎焊

用氧乙炔焰、高频或焦炭炉加热直到钎剂全部熔化

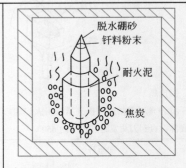

③ 炉中钎焊

继续加热，并用钎料条贴于金刚笔端。焦炭炉钎焊时，可将钎料片锉成粉末与钎剂混合后放在金刚笔顶端

 提示

待钎料熔化并布满凹槽和十字槽后，即可停止加热。

第 **5** 章　CO_2 气体保护焊

机械加工基础技能双色图解　好焊工是怎样炼成的

5.1 CO₂ 气体保护焊设备与焊接材料

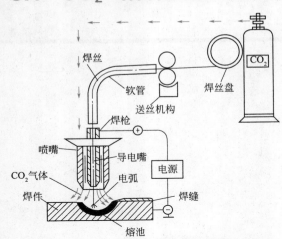

图 5-1 CO₂ 气体保护焊焊接过程示意图

二氧化碳气体保护焊是利用专门输送到熔池周围的 CO_2 气体作为介质的一种电弧焊，简称 CO_2 焊。其焊接过程如图 5-1 所示，焊接电源和两端分别接在焊枪与焊件上，盘状焊丝由送丝机构带动，经软管与导电嘴不断向电弧区域送给，同时，CO_2 气体以一定的压力和流量送入焊枪，通过喷嘴后，形成一股保护气流，使熔池和电弧与空气隔绝，随着焊枪的移动，熔池金属冷却凝固成焊缝。

5.1.1 CO₂ 气体保护焊的特点

由于 CO_2 是具有氧化性的活性气体，因此除了具备一般气体保护焊的特点外，CO_2 焊在熔滴过渡、冶金反应等方面与一般气体保护电弧焊有所不同。

（1）CO_2 气体保护焊的熔滴过渡特点

CO_2 焊的熔滴过渡形式有滴状过渡、短路过渡和潜弧射滴过渡三种，见表 5-1。

表 5-1 CO₂ 气体保护焊的熔滴过渡特点

熔滴过渡形式	图示	特点
滴状过渡		CO_2 焊在较粗焊丝（$> \phi 1.6mm$）、较大焊接电流和较高电弧电压焊接时，会出现颗粒状熔滴的滴状过渡。电流在小于 400A 时，为大颗粒状滴状过渡，这种大颗粒呈非轴向过渡，电弧不稳定，飞溅很大，焊缝成形也不好，实际生产中不宜采用。当电流在 400A 以上时，熔滴细化，过渡频率也随之增大，虽然仍为非轴向过渡，但飞溅减小，电弧较稳定，焊缝成形较好，生产中应用较广
短路过渡		CO_2 焊时，在采用细焊丝小电流，特别是较低电弧电压的情况下，可获得短路过渡。短路过渡的特点是弧长较短，焊丝端部的熔滴长大到一定程度时与熔池接触发生短路，此时电弧熄灭，形成焊丝与熔池之间的液体金属过长，焊丝熔化金属在重力、表面张力和电磁收缩力等力的作用下过渡到熔池，之后电弧重新引燃重复上述过程。短路过渡电弧的燃烧、熄灭和熔滴过渡过程均很稳定，飞溅小，广泛应用于要求较小的薄板焊接生产
潜弧射滴过渡	焊接方向	该形式是介于上两种过渡形式之间的过渡形式，此时的焊接电流和电压比短路过渡大，比细颗粒滴状过渡小。焊接时，由于焊接电流较高，电弧电压较低，弧长较短，在电弧力的作用下熔池会出现凹坑，电弧潜入凹坑中，焊丝端头在焊件表面以下，熔滴由非轴向滴状过渡转变为细小的、轴向性很强的射滴过渡（但伴有瞬时短路现象）。其结果使金属飞溅量大大减小，焊接过程较稳定，母材熔深大。潜弧射滴过渡的焊缝深而窄，且余高大，成形系数不够理想，易产生裂纹。应用于中等厚度和大厚度板材的水平位置焊接

（2）CO₂气体保护焊的冶金特点

① 焊接过程合金元素的氧化与脱氧　CO₂焊时，CO₂气体在电弧高温下会发生分解。高温分解时产生的CO，一般说来在焊接条件下不溶于熔化的液态金属中，也不与金属发生作用。但是，CO₂分解时放出的原子态氧，其活泼性强，易与合金元素产生化学反应，因此可能会造成被焊工件的合金元素在焊接过程中烧损。

当氧化作用发生后，由于氧化作用而生成的FeO能大量溶于熔池金属中，会使焊缝金属产生气孔及夹渣等缺陷。其次，锰、硅等元素氧化生成的SiO₂与MnO，虽然可成为熔渣浮到熔池表面，但却减少了焊缝中这些合金元素的含量，使焊缝金属的力学性能降低。

碳同氧化合生成的CO气体会增大金属飞溅，且可能在焊缝金属中生成气孔。另外，碳的大量烧损，也会降低焊缝金属的力学性能。

因而在CO₂气体保护焊时，为了防止大量生成FeO和合金元素的烧损，避免焊缝金属产生气孔和降低力学性能，通常要在焊丝中加入足够数量的脱氧元素。一般常用的脱氧元素有Al、Ti、Si、Mn等。由于脱氧元素和氧的亲和力比Fe强，故在焊接过程中可阻止Fe被大量氧化，从而可以消除或削弱上述有害影响。在Al、Ti、Si、Mn四种元素中，各自单独作用时其脱氧效果并不理想。在用Si、Mn联合脱氧时其效果最好，如目前最常用的H08Mn2SiA焊丝，就是采用Si、Mn联合脱氧的焊丝。

② 焊缝金属中的气孔　对CO₂气体保护焊过程来说，焊缝金属中的气孔可能由于下述三种情况造成。

a. 焊丝中脱氧元素含量不足。当焊丝金属中含脱氧元素不足时，焊接过程中就会有较多的FeO溶于熔池金属中。随后在熔池冷凝时就会发生如下的化学反应：

$$FeO+C \Longleftrightarrow Fe+CO \uparrow$$

当熔池金属冷凝过快时，生成的CO气体来不及完全从熔池中逸出，从而成为CO气孔。通常这类气孔常出现在焊缝根部与表面，且多呈针尖状。

为了防止生成CO气孔，对于焊丝的化学成分应要求含碳量低和有足够数量的脱氧元素，以避免焊接过程中Fe被大量氧化，以及FeO和C在熔池中产生化学反应。

b. 气体保护作用不良。在CO₂气体保护焊过程中，如果因工艺参数选择不当等原因而使保护作用变坏，或者CO₂气体纯度不高，在电弧高温下空气中的氮会溶到熔池金属中。当熔池金属冷凝时，随着温度的降低，氮在液体金属中的溶解度降低，尤其是在结晶过程时，溶解度将急剧下降。这时液态金属中的氮若来不及外逸，常会在焊缝表面出现蜂窝状气孔，或者以弥散形式的微气孔分布于焊缝金属中。这些气孔往往在抛光后检验或水压试验时才能被发现。

要避免产生这种氮气孔，最主要的是应增强气体的保护效果，且选用的CO₂气体纯度要高。另外，选用含有固氮元素（如Ti和Al）的焊丝，也有助于防止产生氮气孔。

c. 焊缝金属溶解了过量的氢。CO₂气体保护焊时，如果焊丝及焊件表面有铁锈、油污与水分，或者CO₂气体中含有水分，则在电弧高温作用下这些物质会分解并产生氢。氢在高温下也易溶于熔池金属中。随后，当熔池冷凝结晶时，氢在金属中的溶解度急剧下降，若析出的氢来不及从熔池中逸出，就引起焊缝金属产生氢气孔。因此，为了防止氢气孔，在焊前应对焊件及焊丝进行清理，去除它们表面上的铁锈、油污、水分等。另外，还可对CO₂气体进行提纯与干燥。

不过，由于CO₂气体具有氧化性，氢和氧会化合，故出现氢气孔的可能性还是较小的，因而 CO_2 气体保护焊是一种公认的低氢焊接方法。

（3） CO_2 焊的飞溅问题

与一般熔化极气体保护电弧焊相比， CO_2 焊还有一个非常重要的特点就是存在飞溅。 CO_2 气体保护焊过程中金属飞溅损失约占焊丝熔化金属的 10%，严重时可达 30% ～ 40% ；在最佳情况下，飞溅损失可控制在 2% ～ 4% 范围内。

飞溅损失增大，会降低焊丝的熔敷系数，从而增加焊丝及电能的消耗，降低焊接生产率和增加焊接成本。

飞溅金属粘在导电嘴端面和喷嘴内壁上，不仅会使送丝不畅而影响电弧稳定性，或者降低保护气的保护作用，恶化焊缝成形质量，还需待焊后进行清理，这就增加了焊接的辅助工时。另外，飞溅出的金属还容易烧坏焊工的工作服，甚至烫伤皮肤，恶化劳动条件。

CO_2 气体保护焊金属飞溅问题之所以突出，是与这种焊接方法的冶金特性及工艺特性有关的。引起金属飞溅的因素很多：

① 冶金反应中生成了 CO 气体。

② 作用在焊丝电极斑点上的压力过大。

③ 不正常的熔滴过渡及焊接参数的选择不当等。

要减少飞溅，需要根据实际情况进行具体分析，采取有针对性的措施。对一般的 CO_2 气体保护焊来说，减小飞溅的措施有：

① 选用合适的焊丝材料或保护气成分。

a. 尽可能选用含碳量低的钢焊丝，以减少焊接过程中生成的 CO 气体。当焊丝中含碳量降低到 ≤ 0.04% 时，可大大减少飞溅。

b. 采用管状焊丝进行焊接。由于管状焊丝的药芯中含有脱氧剂、稳弧剂及造渣剂等，造成气渣联合保护，使焊接过程非常稳定，飞溅可显著减小。

c. 在长弧焊时采用 CO_2 + Ar 的混合气作保护气。当含（体积）Ar > 60% 时，可明显地使过渡熔滴的尺寸变细，甚至得到喷射过渡，改善了熔滴过渡特性，减小金属飞溅。

② 在短路过渡焊接时，合理选择焊接电源特性并匹配合适的可调电感，以采用相应直径的焊丝，均可调得合适的短路电流增长速度，以减小飞溅。

③ 一般应选用直流反极性进行焊接。

④ 当采用不同的熔滴过渡形式时，均要合理选定焊接参数，以获得最小的飞溅。

5.1.2 焊接设备

（1） CO_2 气体保护焊对设备的要求

CO_2 气体保护焊对设备的主要要求包括综合工艺性能、良好的使用性能和提高焊接过程稳定性的途径。

① 综合工艺性能　焊接过程中要想焊出很好的达到焊接要求的 CO_2 气体保护焊接头，必须要有综合性能强的焊接设备作为基础，综合性能好的焊接设备是保证焊接接头质量的前提条件。这就需要焊接设备在焊接过程中能始终保持焊接引弧的容易性，而且电弧的自动调节能力好，也就是在弧长发生变化时，焊接电流也要随之发生相应的变化，即弧长变长时，焊接电流的变化要尽量得小；焊丝的长度伸长变化时，产生的静态电压误差值要小，并且焊接时焊接参数的调节要方便灵活，准确度高，能够满足多种直径焊

丝焊接的需求。

② 良好的使用性能　CO_2 气体保护焊还要求焊机必须要有良好的使用性能，即在焊接过程当中，焊枪要轻巧灵活，操作方便自如；送丝机构的质量要轻便小巧，方便焊接过程中的整体移动；提供保护气体的系统要顺畅，气体保护状况稳定良好；另外还要求焊机在发生故障维修时要方便简单，故障发生率越低越好。除此以外，焊机的安全防护措施也是很关键的因素，要确保焊机有良好的安全性能的保障。

③ 提高焊接过程稳定性的途径　为了有效提高焊接过程中的稳定性，送丝机构必须在设计上更趋于合理化，在焊接整个过程中要确保焊丝匀速稳定地送丝。焊机的外特性也要进行仔细的选择，尽量达到合理的标准，弧压反馈送丝焊机采用了下降外特性的电源，等速度送丝焊机选用平或缓降外特性电源。

（2）CO_2 气体保护焊设备

CO_2 气体保护焊设备的主要组成部分由焊接电源、供气系统、送丝系统、焊枪和控制系统五部分构成，CO_2 气体保护焊设备的连接如图 5-2 所示。

① 焊接电源

a. 焊接电源的种类。CO_2 气体保护焊焊接电源可分为一元调节电源和多元调节电源两类。

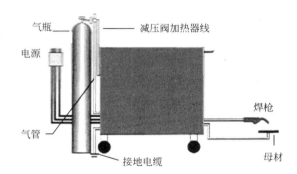

图 5-2　CO_2 气体保护焊设备示意图

• 一元调节电源。这种电源只需要一个旋钮调节焊接电流，控制系统自动使电弧电压保持在最佳状态，如果操作者对所焊焊缝成形不满意，也可适当调节焊接电压，以保持最佳匹配，这种调节方式的焊机使用时特别方便。

• 多元调节电源。这种电源的焊接电流和电弧电压分别用两个旋钮调节，用这种控制方式调节焊接参数较麻烦。

b. 对焊接电源的基本要求。CO_2 焊焊接起始时，焊丝由送丝机构送出，接触工件，使焊丝与工件短路，产生大电流，使得焊丝顶端熔化。此时，焊丝与工件间形成电弧，随着焊丝的不断送出，电弧变短，焊丝再次接触工件，如此周而复始形成焊接过程。

在焊接过程中，电弧不断地燃弧、短路、重新引弧、燃弧，如此周而复始，从而使得弧焊电源经常在负载、短路、空载三态间转换，因此，要获得良好的引弧、燃弧和熔滴过渡的状态，必须对电源提出如下要求：

• 焊接电压可调，以适应不同焊接需求。

• 最大电流限制，即有截流功能，避免因短路、干扰而引起大电流损坏机器，而电流正常后，又能正常工作。

• 适合的电流上升、下降速度，以保证电源负载状态变化，而不影响电源稳定和焊接质量。

• 满足送丝电动机的供电需求。

• 平稳可调的送丝速度，以满足不同焊接需求，保证焊接质量。

• 满足其他焊接要求，如手开关控制，焊接电流、电压显示，焊丝选择，完善的指示与保护系统等。

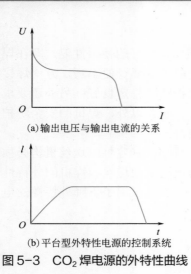

(a) 输出电压与输出电流的关系

(b) 平台型外特性电源的控制系统

图 5-3 CO₂ 焊电源的外特性曲线

c. CO_2 焊电源的外特性曲线，由于 CO_2 焊电源的负载状态不断地在负载、短路、空载三态间转换，其输出电压与输出电流的关系如图 5-3（a）所示。为了得到适宜的焊接电源外特性曲线和良好的焊接效果，采用恒速送丝配合如图 5-3（b）所示的平台型外特性电源的控制系统，有以下优点：

• 弧长变化时引起较大的电流变化，因而电弧自调节作用强，而且短路电流大，引弧容易。

• 电弧电压和焊接电流可单独加以调节。通过改变占空比调节电弧电压，改变送丝速度来调节焊接电流，两者间相互影响小。

• 电弧电压基本不受焊丝伸出长度变化的影响。

• 有利于防止焊丝回烧和粘丝。因为电弧回烧时，随着电弧拉长，焊接电流很快减小，使得电弧在未回烧到导电嘴前已熄灭；焊丝粘丝时，平台型外特性电源有足够大的短路电流使粘接处爆开，从而可避免粘丝。

d. CO_2 焊电源型号的编制与主要技术参数。CO_2 焊电源型号的表示方法一般是由汉语拼音和数字所组成：

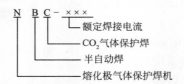

N B C - ×××
額定焊接电流
CO₂ 气体保护焊
半自动焊
熔化极气体保护焊机

国产 CO_2 气体保护焊焊机型号和主要技术参数见表 5-2。

表 5-2　国产 CO_2 气体保护焊焊机型号与主要技术参数

焊机型号	电源电压 /V	工作电压 /V	额定焊接电流 /A	额定负载持续率 /%	焊丝直径 /mm	送丝方式	送丝速度 /（m/h）
NBC-160	380	12 ～ 22	160	60	0.5 ～ 1.0	拉丝	40 ～ 200
NBC-200	380	12 ～ 22	200	60	0.5 ～ 1.0	拉丝	90 ～ 540
NBC-250	380	17 ～ 26	250	60	0.8 ～ 1.2	推丝	60 ～ 250
NBC-315	380	30	315	60	0.8 ～ 1.2	推丝	120 ～ 720
NBC-400	380	18 ～ 34	400	60	0.8 ～ 1.6	推丝	80 ～ 500
NBC-500	380	13 ～ 45	500	80	1.2 ～ 1.6	推丝	120 ～ 720
NBC1-200	380	14 ～ 30	200	100	0.8 ～ 1.2	推丝	100 ～ 1000
NBC1-250	380	27	250	60	1.0 ～ 1.2	推丝	120 ～ 720
NBC1-300	380	17 ～ 29	300	70	1.0 ～ 1.4	推丝	160 ～ 480
NBC1-400	220	15 ～ 42	400	60	1.2 ～ 1.6	推丝	80 ～ 480
NBC1-500-1	380	15 ～ 40	500	60	1.2 ～ 2.0	推丝	160 ～ 480
NBC2-500	380	20 ～ 40	500	60	1.0 ～ 1.6 (1.6 ～ 2.4)	推丝	120 ～ 1080
NBC3-250	380	14 ～ 30	250	100	0.8 ～ 1.6	推丝	100 ～ 1000

续表

焊机型号	电源电压 /V	工作电压 /V	额定焊接电流 /A	额定负载持续率 /%	焊丝直径 /mm	送丝方式	送丝速度 / (m/h)
NZC-500-1	380	20 ～ 40	500	60	1 ～ 2	推丝	96 ～ 960
NZC-1000	380	30 ～ 50	1000	100	3	推丝	60 ～ 228

e. 焊接电源的负载持续率。任何电气设备在使用时都会发热，使温度升高，如果温度太高，绝缘损坏，就会使电气设备烧毁。为了防止设备烧毁，必须了解焊机的额定焊接电流和负载持续率及它们之间的关系。

• 负载持续率。负载持续率可以按下式进行计算：

$$负载持续率 = \frac{燃弧时间}{焊接时间} \times 100\%$$

焊接时间是燃弧时间与辅助时间之和。当电流通过导体时，因导体都有电阻会发热，发热量与电流的平方成正比，电流越大，发热量越大，温度越高。当电弧燃烧（负载）时，发热量大，焊接电源温度升高；电弧熄灭（空载）时，发热量小，焊接电源温度降低。电弧燃烧时间越长，辅助时间越短，即负载持续率越高，焊接电源温度升高得越多，焊机越容易烧坏。

• 额定负载持续率。在焊机出厂标准中规定了负载持续率的大小。我国规定额定负载持续率为 60% 即在 5min 内，连续或累计燃弧 3min，辅助时间为 2min 时的负载持续率。

• 额定焊接电流。在额定负载持续率下，允许使用的最大焊接电流称作额定焊接电流。

• 允许使用的量大焊接电流。当负载持续率低于 60% 时，允许使用的最大焊接电流比额定焊接电流大，负载持续率越低，可以使用的焊接电流越大。

当负载持续率高于 60% 时，允许使用的最大焊接电流比额定焊接电流小。已知额定负载持续率、额定焊接电流和负载持续率时，可按下式计算允许使用的最大焊接电流：

$$允许使用的最大焊接电流 = \frac{额定负载持续率}{实际负载持续率} \times 额定焊接电流$$

实际负载持续率为 100% 时，允外使用的焊接电流为额定焊接电流的 77%。

② 供气系统　供气系统的作用是使钢瓶内 CO_2 气体变成符合质量要求、具有一定流量的 CO_2 气体，并均匀地从焊枪喷嘴中喷出，以有效地保护焊接区域。供气系统由 CO_2 气瓶、预热器、高压干燥器、减压阀、低压干燥器、流量计与气阀等部件组成，如图 5-4 所示。

预热器的作用是防止瓶阀和减压阀冻坏或气路堵塞。气瓶内的液态 CO_2 挥发时要吸收大量的热，使气体温度下降到 0℃ 以下，很容易把瓶阀和减压阀冻坏并造成气路堵塞。预热器的功率为 75 ～ 100W，采用低压安全电源供电。

干燥器的作用是进一步吸收 CO_2 气体中的水分。接在减压阀前面的称为高压干燥器（往往和预热器作为一体）；接在减压阀后面的称为低压干燥器。干燥器内装有硅胶或脱水硫酸铜、无水氯化钙等干燥剂。

减压阀的作用是将气瓶内的 CO_2 气压降低至使用压力。由于 CO_2 焊使用的 CO_2 气体压力较低，通常可将氧气减压阀内的弹簧片换成软的材料。

流量计的作用是测量和调节 CO_2 气体的流量，常用转子流量计。也可把减压器和流量计做成一体。图 5-5 是减压器与流量计的组装使用。

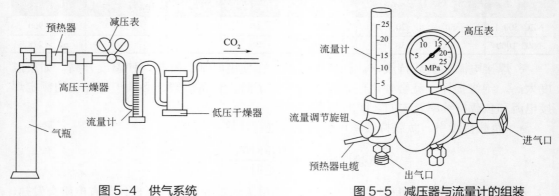

图 5-4　供气系统　　　　　　　　图 5-5　减压器与流量计的组装

气阀的功能是控制保护气通、断的元件，分机械式和电磁式。

③ 控制系统　控制系统的功用是在 CO_2 气体保护焊过程中对焊接电源、供气、送丝等系统实现按程序的控制。自动焊时，还要控制焊接小车行走或焊件的运转等。

对供气系统的控制分三步进行：第一步提前送气 $1 \sim 2s$，然后引弧；第二步焊接，控制均匀送气；第三步收弧，滞后 $2 \sim 3s$ 断气，以便在金属熔池凝固过程中维持保护。CO_2 半自动焊的控制程序用方框图表示如图 5-6 所示。

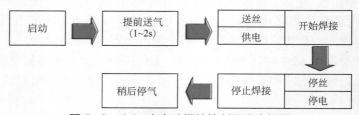

图 5-6　CO_2 半自动焊的控制程序方框图

对供电系统的控制，是指对焊接电源的控制。这种控制与送丝密切相关。供电可在送丝之前接通或在送丝同时接通，但在停电时要求送丝先停而后再断电，以避免焊丝末端与熔池粘连。在采用较大电流的自动焊时，应保证焊丝及小车停止后 $0.2 \sim 1s$ 内延时切断焊接电源，使电弧继续燃烧，以填满弧坑。

④ 送丝系统　CO_2 气体保护焊半自动设备的送丝机构是送丝的动力机构，它包括机架、送丝电动机、焊丝矫直轮、压紧轮和送丝轮等，还有装卡焊丝盘、电缆及焊枪的辅助机构，要求送丝机构能匀速平稳地输送焊丝。

送丝系统除前面所述可分为推丝式、拉丝式、推拉丝式外，还有一种行星式送丝机构。

三轮行星式送丝机构如图 5-7 所示，它是利用轴向固定的旋转螺母能轴向推送螺杆的原理设计而成的。三个互为 $120°$ 的滚轮交叉地装置在一块底座上，组成一个驱动盘。这个驱动盘相当于螺母，是行星式送丝机构的关键部分，通过三个滚轮中间的焊丝相当于螺杆。驱动盘由小型电动机带动，要求电动机的主轴是空心的。在电动机的一端或两端装上驱动盘后，就组成一个行星式送丝机构单元。

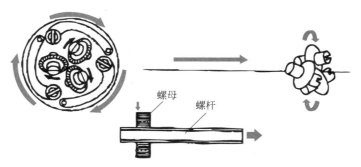

图 5-7　三轮行星式送丝机构工作示意图

送丝机构工作时，焊丝从一端的驱动盘进入，通过电动机中空轴后，从另一端的驱动盘送出。驱动盘上的三个滚轮与焊丝之间有一个预先调定的螺旋角，当电动机的主轴带动驱动盘旋转时，三个滚轮向焊丝施加一个轴向推力，将焊丝往前推送。在送丝过程中，三个滚轮一方面围绕焊丝公转，一方面绕着自己的轴自转。通过调节电动机的转速可调节焊丝送进速度。

⑤ 焊枪

a. 按送丝方式分类。根据送丝方式的不同，焊枪可分为拉丝式焊枪和推丝式焊枪两类。

拉丝式焊枪如图 5-8 所示，这种枪的主要特点是送丝均匀稳定，其活动范围大。但因送丝机构和焊丝都装在焊枪上，故焊枪结构复杂、笨重，只能使用直径 0.5 ～ 0.8mm 的细焊丝焊接。推丝式焊枪结构简单、操作灵活，但焊丝经过软管时受较大的摩擦阻力，适用于直径 1.0mm 以上的焊丝焊接。

b. 按焊枪形状分类。根据焊枪形状的不同，分为鹅颈式和手枪式两种。

鹅颈式焊枪如图 5-9 所示。这种焊枪形似鹅颈，使用灵活方便，对某些难以达到的拐角处和某些受限区域焊接的可焊到性好。应用较广，适用于小直径焊丝的焊接。

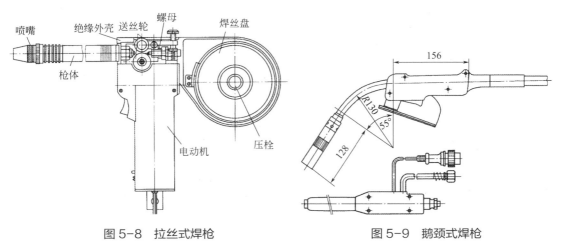

图 5-8　拉丝式焊枪　　　　　　　图 5-9　鹅颈式焊枪

典型的鹅颈式焊枪头部的结构如图 5-10 所示，其主要部件的作用和要求如下。

喷嘴——其内孔的直径将直接影响保护效果，要求从喷嘴中喷出的气体为截头圆锥体，均匀地覆盖在熔池表面，保护气体的形状如图 5-11 所示。喷嘴内孔的直径为

16～22mm，为节约保护气体，便于观察熔池，喷嘴直径不宜太大。常用纯铜或陶瓷材料制造喷嘴，为降低其内表面的表面粗糙度值和提高其表面的硬度，可在纯铜喷嘴的表面镀一层铬。

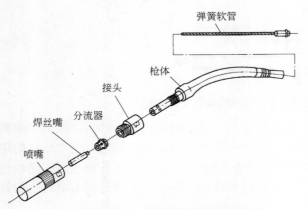

图 5-10　鹅颈式焊枪头部的结构

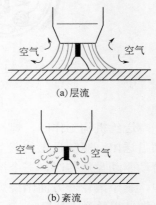

图 5-11　保护气体的形状

提示

　　喷嘴以圆柱形较好，也可做成上大下小的圆锥形，如图 5-12 所示。焊接前，最好在喷嘴的内、外表面喷涂上一层防飞溅喷剂或刷一层硅油，以便于清除黏附在喷嘴上的飞溅物并延长喷嘴使用寿命。

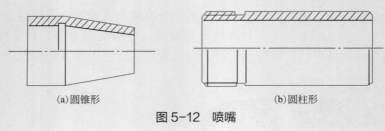

(a)圆锥形　　　　　　　　(b)圆柱形

图 5-12　喷嘴

　　焊丝嘴——又称导电嘴，其外形如图 5-13 所示。它常用纯铜、铬青铜材料制造。为保证导电性能良好，减小送丝阻力和保证对准中心，焊丝嘴的内孔直径必须按焊丝直径选取，孔径太小，送丝阻力大；孔径太大，则送出的焊丝端部摆动太厉害，造成焊缝不直，保护效果也不好。通常焊丝嘴的孔径比焊丝直径大 0.2mm 左右。

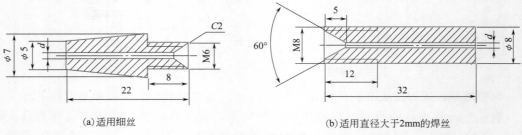

(a)适用细丝　　　　　　　　　　(b)适用直径大于2mm的焊丝

图 5-13　焊丝嘴

分流器——分流器是用绝缘陶瓷制造而成的，上有均匀分布的小孔，从枪体中喷出的保护气体经分流器后，从喷嘴中呈层流状均匀喷出，可改善气体保护效果，分流器的结构如图 5-14 所示。

图 5-14　分流器

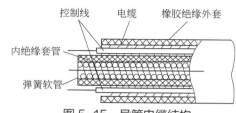

图 5-15　导管电缆结构

导管电缆——如图 5-15 所示，导管电缆的外面为橡胶绝缘管，内有弹簧软管、纯铜导电电缆、保护气管和控制线，常用的标准长度是 3m。根据需要，也可采用 6m 长的导管电缆。正确选择弹簧软管的直径和内径，若焊丝粗，弹簧软管内径小，则送丝阻力就大；若焊丝细，弹簧软管内径大，送丝时焊丝在软管中容易弯曲，影响送丝效果。表 5-3 给出了不同焊丝直径的软管内径尺寸。

表 5-3　不同焊丝直径的软管内径　　　　　　　mm

焊丝直径	软管直径	焊丝直径	软管直径
0.8 ～ 1.0	1.5	1.4 ～ 2.0	3.2
1.0 ～ 1.4	2.5	2.0 ～ 3.5	4.7

手枪式焊枪如图 5-16 所示。这种焊枪形似手枪，适用于焊接除水平面以外的空间焊缝。焊接电流较小时，焊枪采用自然冷却；当焊接电流较大时，采用水冷式焊枪。

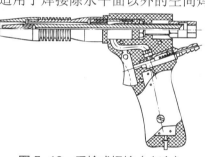

图 5-16　手枪式焊枪（水冷）

（3）CO_2 焊机的安装和使用

① 使用环境条件

a. 海拔高度不超过 1000m。

b. 环境温度 5 ～ 40℃。

c. 相对湿度不超过 90%（25℃）。

d. 使用场所无严重影响产品的气体、蒸气、化学性沉积、真菌及其他爆炸性、腐蚀性介质。

e. 使用场所无剧烈震动和颠簸。

② 供电电源

a. 按安全规程接好地线。

b. 连接 3 相 380V 的电源线时，不需要定相位。

对供电电源的参数要求见表 5-4。

表 5-4　供电电源参数

电压 /V	相数	容量 /kV·A	保险丝容量 /A	电源电缆截面积 /mm²
380	3	≥20	30	10（铜芯）

③ 焊机的安装　焊机在安装时要注意：

第 5 章　CO₂ 气体保护焊

a. 电源电压、开关、熔丝容量必须符合焊机铭牌上的要求。切不可将额定输入电压为 220V 的设备接在 380V 的电源上。

b. 每台设备都用一个专用的开关供电,设备与墙距离应该大于 0.3m,并保证通风良好。

c. 设备导电外壳必须接地线,地线截面必须大于 $12mm^2$。

d. 凡需用水冷却的焊接电源或焊枪,在安装处必须有充足可靠的冷却水,为保证设备的安全,最好在水路中串联一个水压继电器,无水时可自动断电,以免烧毁焊接电源及焊枪。使用循环水箱的焊机,冬天应注意防冻。

e. 根据焊接电流的大小,正确选择电缆软线的截面积。

④ 焊机的使用调整　以典型的 YM-500S 型 CO_2 气体保护焊机为例进行说明。

YM-500S 型焊机的结构组成如图 5-17 所示,主要包括焊接电源、送丝机构、焊枪、遥控盒和 CO_2 气体减压调节器。

a. 控制按钮的选择。该焊机可采用直径 1.2mm 和 1.6mm 的焊丝,纯 CO_2 气或氩气与 CO_2 混合气进行焊接。焊接前需预先调整好这些开关的位置,调整方法如图 5-18 所示。这些开关必须在焊前调整好,焊接过程开始后一般不再进行调整。

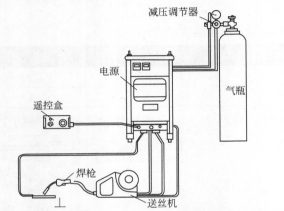

图 5-17　YM-500S 型 CO_2 气体保护焊机结构组成

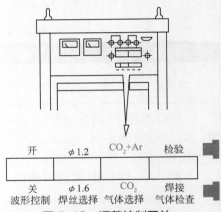

图 5-18　调整控制开关

b. 装焊丝。首先将焊丝盘装在轴上并锁紧,再按如图 5-19 所示中①②③④的顺序安装焊丝。

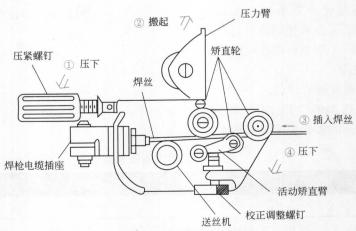

图 5-19　焊丝的安装步骤

c. 安装减压流量调节器并调整流量。

• 开闭气瓶。操作者站在气瓶嘴的侧面，缓慢开、闭气瓶阀门 1 ～ 2 次，检查气瓶是否有气，并吹净瓶口上的脏物。

• 检验。装上减压流量调节器，并顺时针方向拧紧螺母，然后缓慢地打开瓶阀，检查接口处是否漏气。

• 调节气体流量。按下焊机面板上的保护气检查开关（此时电磁气阀打开），慢慢拧开流量调节手柄，流量调至符合焊接要求时为止（流量调整好后，再按一次保护气体检查开关，此开关自动复位，气阀关闭，气路处于准备状态，一旦开始焊接，即按调好的流量供气）。

d. 选择焊机的工作方式。焊机有三种工作方式，可用"自锁、弧坑"控制开关选择，如图 5-20 所示。此开关在焊机的左上方，位于电流表与电压表的下面。当自锁电路接通时，只要按一下焊枪上的控制开关，就可松开，焊接过程自动进行，焊工不必一直按着焊枪上的开关，操作时较轻松。当"自锁"电路不通时，焊接过程中焊工必须一直按着控制开关，只要松开此开关焊接过程立即停止。当弧坑电路接通时（ON 位置），收弧处将按预先选定的焊接参数自动衰减，能较好地填满弧坑。若弧坑电路不通（OFF 位置），收弧时焊接参数不变。

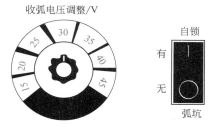

图 5-20　自锁、弧坑控制开关

"工作方式选择开关"扳向上方时，为第一种工作方式。在这种工作方式下，"自锁与弧坑控制电路"都处于接通状态，焊接过程如图 5-21 所示。因为自锁电路处于接通状态，焊接过程开始后，即可松开焊枪上的控制开关，焊接过程自动进行，直到第二次按焊枪上的控制开关为止。当第二次按焊枪上的控制开关时，弧坑控制电路开始工作，焊接电流与电弧电压按预先调整好的参数衰减，电弧电压降低，送丝速度减小，第二次松开控制开关时，填弧坑结束。填弧坑时采用的电流和电压（即送丝速度），可分别用弧坑电流、弧坑电压旋钮进行调节。

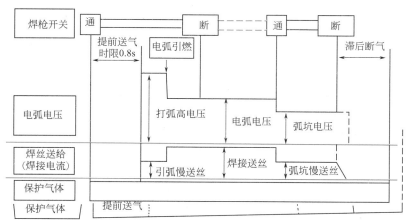

图 5-21　第一种工作方式的焊接过程

操作时应注意：焊枪控制开关第二次接通时间的长短是填弧坑时间。这段时间必须根据弧坑状况选择。若时间太短，弧坑填不满；若时间太长，弧坑处余高太大，还可能会烧坏焊丝嘴。

"工作方式选择开关"扳在中间时为第二种工作方式。在第二种工作方式下，"自锁和弧坑控制线路"都处于断开状态。焊接过程如图5-22所示。

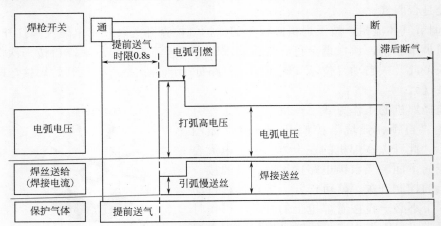

图5-22　第二种工作方式的焊接过程

在这种工作方式下，焊接过程中不能松开焊枪上的控制开关，焊工较累。靠反复引弧、断弧的办法填弧坑。第二种工作方式适于焊接短焊缝和焊接参数需经常调整的情况。

"工作方式选择开关"扳向下方为第三种工作方式。在第三种工作方式下，自锁电路接通，弧坑控制电路断开，焊接过程如图5-23所示。

在第三种工作方式下，焊接过程一转入正常状态，焊工就可以松开焊枪上的控制开关，自锁电路保证焊接过程自动进行。需要停止焊接时，第二次按焊枪上的控制开关，焊接过程立即自动停止，因弧坑控制电路不起作用，焊接电流不能自动衰减，为填满弧坑，需在弧坑处反复引弧、断弧几次，直到填满弧坑为止。

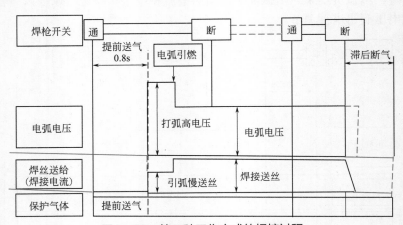

图5-23　第三种工作方式的焊接过程

e. 调整焊接参数。焊机采用一元化控制方式，调整焊接参数简单，通常按下述步骤进行。

• 将遥控盒上的输出焊接电流调整旋钮的指针旋至预先选定的焊接电流刻度处，电压微调旋钮调至零处，如图5-24所示。电流有两圈刻度，内圈用于直径为1.2mm的焊丝，外圈用于直径为 1.6mm 的焊丝。

• 引燃电弧，并观察电流表读数与所选值是否相符，若不符，则再调输出旋钮至电流读数相符为止。

• 根据焊缝成形情况，用电压微调旋钮修正电弧电压值，直到焊缝宽度满意为止。若焊缝较窄或两边熔合不太好，可适当增加电压，将微调旋钮按顺时针转动；若焊缝太宽或咬边，则降低电压，微调旋钮逆时针转动。

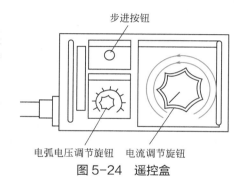

图 5-24　遥控盒

f. 调整收弧焊接参数　若选用弧坑控制工作方式（即第一种工作方式），则可用弧坑电流和弧坑电压调节旋钮，分别调节收弧电流和电压，如图 5-25 所示。

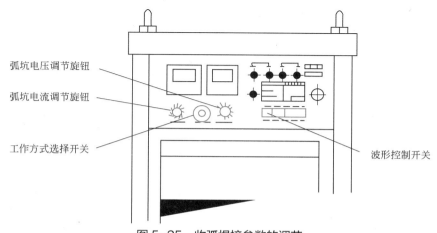

图 5-25　收弧焊接参数的调节

g. 调整波形控制开关　对于 CO_2 气体保护焊，当焊接电流在 100 ～ 180A 范围内时，由于熔滴是短路过渡和熔滴过渡的混合形式，飞溅大，电弧不稳定，焊缝成形不好，当波形控制电路接通后（开关按下时），在上述电流范围内，可改善焊接条件，减小飞溅，改善成形，并可提高焊接速度 20% ～ 30%。

（4）CO_2 焊机的维护

① CO_2 焊机操作规程

a. 操作者必须持电焊操作证上岗。

b. 打开配电箱开关，电源开关置于"开"的位置，供气开关置于"检查"位置。

c. 打开气瓶盖，将流量调节旋钮慢慢向"OPEN"方向旋转，直到流量表上的指示数为需要值。供气开关置于"焊接"位置。

d. 焊丝在安装中，要确认送丝轮的安装是否与焊丝直径吻合，调整加压螺母，视焊丝直径大小加压。

e. 将收弧转换开关置于"有收弧"处，先后两次将焊枪开关按下、松开进行焊接。

f. 焊枪开关至"ON"，焊接电弧产生；焊枪开关至"OFF"，切换为正常焊接条件的焊接电弧；焊枪开关再次至"ON"，切换为收弧焊接条件的焊接电弧；焊枪开关再次至"OFF"，焊接电弧熄灭。

g.焊接完毕后，应及时关闭焊接电源，将 CO_2 气源总阀门关闭。

h.收回焊接线，及时清理现场。

i.定期清理焊机上的灰尘，用空压机或氧气吹除机芯的积尘，一般一周一次。

② 焊机维护　见表5-5。

表5-5　CO_2 焊机的维护

故障现象	产生原因	维修方法
焊接枪开关没有焊接电压，不送丝	① 焊枪开关损坏 ② 焊枪电缆断 ③ 供电电源缺相	① 更换焊枪开关 ② 接通控制电缆 ③ 测量电压，换熔丝
焊接电流失调	① 电流调节电位器坏 ② 控制电路板有故障 ③ 遥控盒控制电缆断 ④ 遥控盒电缆插头接触不良	① 更换电位器 ② 更换电路板 ③ 接通控制电缆断线 ④ 旋紧插头
电弧电压失调	① 电压调节电位器坏 ② 控制电路板触发线路板故障 ③ 遥控盒控制电缆断 ④ 遥控盒电缆插头接触不良	① 更换电位器 ② 更换电路板 ③ 接通控制电缆 ④ 旋紧插头
无保护气体	① 气路胶管断开 ② 气管被压或堵塞 ③ 电磁气阀坏	① 接通气路并扎牢 ② 检查气路并排除 ③ 更换电磁气阀
送丝不畅	① 送丝管堵塞 ② 送丝机构压把调节不适当	① 清洗送丝管 ② 调节压把到合适位置
焊机在自锁状态下工作不自锁	自锁控制板故障	更换自锁控制板
电弧电压正常，送丝正常，但不引弧	① 接地线断路 ② 焊件油污过多	① 接通地线 ② 清除油污
电弧不稳且飞溅大	① 焊接参数选择不当 ② 主电路晶闸管坏 ③ 导电嘴磨损严重 ④ 焊丝伸出过长	① 调整到合适的焊接参数 ② 更换晶闸管 ③ 更换导电嘴 ④ 焊丝伸出长度适当

5.1.3　CO_2 气体保护焊焊接材料

（1）保护气体

① CO_2 气体　CO_2 气体的作用是有效地保护电弧和金属熔池不受空气侵袭。

CO_2 气体有三种状态，即固态、液态和气态。纯净的 CO_2 是无色、无臭，稍微有酸味的无毒气体，CO_2 气体也称为碳酸气。相对分子量为44.009，在0℃和一个大气压的标准状态下，其密度是 $1.977kg/m^3$，是空气的1.5倍。CO_2 气体易溶于水生成碳酸，对水的溶解度随温度的升高和压力的降低而减少。

当温度低于 -11℃时，其密度比水都还要大，当温度高于 -11℃时，其密度比水就小。液态的 CO_2 在 -78℃时转变为气态的 CO_2，不加压力冷却时，CO_2 直接由气态变成固态叫做"干冰"，温度升高时，"干冰"升华直接变成气态的 CO_2 气体。在0℃和0.1MPa大气压下，1kg的 CO_2 液体可蒸发为509L的 CO_2 气体，通常40L的标准容量气瓶可装入 25kg 液态的 CO_2。瓶装的 CO_2 与 Ar 气等其他气体满瓶时的压力不同，CO_2 气瓶满瓶压力为 5 ～ 7MPa，而 Ar、O_2 等其他压缩气体满瓶压力为 12 ～ 15 MPa。25kg 液态的 CO_2 约占气瓶容积的 80%，其余的 20% 左右空间充满了气态的 CO_2 气体。气瓶上的压力表所指的压力数值就是这部分气体的饱和压力，此压力值的大小与周围环境温度的高低有关，当环境的温度升高时，CO_2 气体饱和压力就增高，当环境温度降低时，则饱和气体的压力就降低。CO_2 气体饱和压力与环境温度的关系见表 5-6。

表 5-6　CO_2 气体饱和压力与环境温度的关系

温度 /℃	压力 /MPa	比体积 / （L/kg）		比热容 / [4.18J/ （kg·K）]	
		液体	蒸气	液体	蒸气
− 50	0.67	0.867	55.4	75.01	155.57
− 40	1.00	0.897	38.0	79.59	156.17
− 30	1.42	0.931	27.0	84.19	156.56
− 20	1.96	0.971	19.5	88.93	156.72
− 10	2.58	1.02	14.2	94.09	156.6
0	3.48	1.08	10.4	100	156.13
10	4.40	1.17	7.52	106.5	154.59
20	5.72	1.30	5.29	114	151.1
30	0.72	1.63	3.00	125.9	140.95
40	0.73	2.16	2.16	133.5	133.5

液态的 CO_2 在压力降低时会蒸发膨胀，并吸收周围大量的热而凝固成干冰，此时的密度为 1.56kg/L，固态 CO_2 的密度受压力影响甚微，受温度的影响也不是很大，固态 CO_2 密度与温度的关系见表 5-7。液态 CO_2 的密度受压力变化影响甚微，受温度变化的影响较大，液态 CO_2 的密度与温度的关系见表 5-8。

表 5-7　固态 CO_2 密度与温度的关系

温度 /℃	− 56.6	− 60	− 65	− 70	− 75	− 80	− 85	− 90
密度 / （kg/m³）	1512	1522	1535	1546	1557	1556	1575	1582

表 5-8　液态 CO_2 密度与温度的关系

温度 /℃	密度 / （kg/m³）	温度 /℃	密度 / （kg/m³）	温度 /℃	密度 / （kg/m³）	温度 /℃	密度 / （kg/m³）
31.0	463.9	25.0	705.8	17.5	795.5	10.0	858
30.0	596.4	22.5	741.2	15.0	817	7.5	876
27.5	661.0	20.0	770.7	12.5	838.5	5.0	893.1
2.5	910.0	0.0	924.8	− 2.5	941.0	− 5.0	953.8
− 7.5	968.0	− 10	980.8	− 12.5	993.8	− 15.0	1006.1
− 17.5	1048.5	− 20	1029.9	− 22.5	1041.7	− 25.0	1052.6
− 27.5	1063.6	− 30	1074.2	− 32.5	1084.5	− 35.0	1094.9
− 37.5	1105.0	− 40	1115.0	− 42.5	1125.0	− 45.0	1134.5
− 47.5	1144.4	− 50	1153.5	− 55.0	1172.1	—	—

液态 CO_2 的体积膨胀系数较大，在 $-5 \sim 35℃$ 范围内，满量充装的 CO_2 气瓶，瓶内温度升高 $1℃$，瓶内气体压力相应升高 $314 \sim 834kPa$ 不等，因此，超量充装的 CO_2 气瓶在瓶体温度升高时，容易造成爆炸。液态 CO_2 中可以溶解质量分数为 0.05% 左右的水，其余的水则呈自由状态沉于 CO_2 气瓶的底部，溶于液态 CO_2 中的水，将随着 CO_2 的蒸发而蒸发，混入 CO_2 气体中，降低 CO_2 气体的纯度。CO_2 气瓶内的压力越低，则 CO_2 气体中水蒸气含量越高，当气瓶内的压力低于 $980kPa$ 时，CO_2 气体中所含的水分比饱和压力下增加 3 倍左右，此时的 CO_2 气体已经不适宜继续进行 CO_2 气体保护焊焊接，否则，焊缝中容易出现气孔缺陷。

　　在常温下 CO_2 气体的化学性质是比较稳定的，既不会分解，也不与其他化学元素发生化学反应，但是在高温下 CO_2 气体却很容易分解成 CO 和 O_2，因此，高温下的 CO_2 气体具有还原性。焊接用的 CO_2 气体纯度必须满足 $\varphi(CO_2) > 99.5\%$、$\varphi(O_2) < 0.1\%$、H_2O（CO_2 气体湿度）$< 1 \sim 2g/m^3$。

　　焊缝质量要求越高，作为焊接保护用的 CO_2 气体的纯度要求也越高，其纯度（体积分数）应不低于 99.8%，露点低于 $-40℃$。

　　② 其他气体

　　a. 氩气。氩气为单原子气体，原子量大，热导率小，且电离势低。氩气是无色、无味、无臭的惰性气体，比空气重。密度为 $1.784kg/m^3$（空气的密度为 $1.29kg/m^3$）。瓶装氩气最高充气压力在 $20℃$ 时为 $(15 \pm 0.5)MPa$，返还生产厂充气时瓶内余压不得低于 $0.2MPa$。混合气体保护焊时需用氩气，主要用于焊接含合金元素较多的低合金钢。为了确保焊缝的质量，焊接低碳钢时也采用含氩的混合气体保护焊。焊接用氩气应符合焊接要求和质量的规定，其中纯氩的品质要求要符合表 5-9 的规定。

表 5-9　纯氩的品质要求

项目	指标	项目	指标
氩纯度（体积分数）/10^{-2} ≥	99.99	氮含量（体积分数）/10^{-6} ≤	50
氢含量（体积分数）/10^{-6} ≤	5	总含碳量（以甲烷计）（质量分数）/10^{-6} ≤	10
氧含量（体积分数）/10^{-6} ≤	10	水分含量（质量分数）/10^{-6} ≤	15

　　b. 氧气。氧在空气中的体积分数约占 21%，在常温下它是一种无色、无味、无臭的气体，分子式为 O_2。在 $0℃$ 和 $0.1MPa$ 气压的标准状态下密度为 $1.43kg/m^3$，比空气重（空气密度为 $1.29kg/m^3$）。在 $-182.96℃$ 时变成浅蓝色液体（液态氧），在 $-219℃$ 时变成淡蓝色固体（固态氧）。氧气本身不能燃烧，但是它是一种活泼的助燃气体。氧的化学性质极为活泼，能同很多元素化合生成氧化物，焊接过程中使合金元素氧化，是焊接过程中的有害元素。工业用气体氧分为两级：一级氧纯度（体积分数）不低于 99.2%；二级氧纯度（体积分数）不低于 98.5%。

　　c. 混合气体。在 CO_2 气体保护下进行半自动、自动焊接时，存在焊缝外观不良、飞溅大等问题。为了改善焊缝外观，减少飞溅等，可采用混合气体焊接。常用的混合气体有 $Ar + CO_2$ 和 $Ar + CO_2 + O_2$。

　　• $Ar + CO_2$ 混合气。用于低碳钢、低合金钢的焊接，它具有氩弧焊的优点，且由于保护气体具有氧化性，克服了单纯 Ar 保护时产生的阴极漂移现象以及焊接成形不良的问题。CO_2 的比例一般在 $20\% \sim 30\%$（体积分数），适合于喷射、短路及脉冲过渡形式，但短路过渡进行垂直焊和仰焊时，往往要提高 CO_2 比例到50%（体积分数），以利于控制熔池。使用混合气体比纯 CO_2 的成本高，但获得的焊缝的冲击韧度高、工艺效果好、飞溅小，所以普遍用于低碳钢、低合金钢重要工件的焊接。

• $Ar + CO_2 + O_2$ 混合气。该混合气对改善焊缝断面形状更有好处，混合气体比例为 80% Ar + 15%CO_2 + 5%O_2 时（体积分数），焊接低碳钢、低合金钢得到最佳结果，焊缝成形、接头质量、金属熔滴过渡和电弧稳定性方面均效果较好。使用

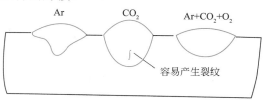

图 5-26　使用三种不同气体获得的焊缝断面

三种不同的气体获得的焊缝断面形状如图 5-26 所示，$Ar + CO_2 + O_2$ 混合气较用其他气体获得的焊接形状都要理想。

（2）焊丝

CO_2 的电弧气体具有强烈的氧化作用，使合金元素烧损，且易产生气孔及飞溅。为避免这一问题的产生并保证焊缝具有一定的力学性能，要求焊丝中含有足够的合金元素来脱氧。

但若采用碳脱氧，这一问题得不到根本解决，因而必须限制焊丝中的含碳量（小于 0.1% 以下）。若仅用硅作脱氧剂，脱氧产物为高熔点的氧化硅（SiO_2），不容易从熔池中浮出，容易引起夹渣；若仅用锰作脱氧剂，脱氧产物为氧化锰（MnO），不容易从熔池中浮出，也容易引起夹渣；若采用硅和锰联合脱氧，并保持适当的比例，脱氧的产物就为硅酸锰盐，它的密度小，容易从熔池中浮出，不会产生夹渣，因此 CO_2 气体保护焊用的焊丝，必须控制含碳量并含有较高的硅和锰。

① 焊丝的作用　焊丝在焊接过程中的作用是与焊件之间产生电弧并熔化，用以补充焊缝金属。为保证焊缝质量，对焊丝的要求很高，需对焊丝金属中各合金元素的含量作一定的限制，如降低含碳量，增加合金元素含量和减少硫、磷等有害杂质，以保证焊后各方面的性能不低于母材金属。使用时，要求焊丝表面清洁，不应有氧化皮、铁锈及油污等。

② 焊丝的分类

a. 实心焊丝　实心焊丝是热轧线材经拉拔加工而制成的。为了防止焊丝生锈，除不锈钢焊丝和非铁金属焊丝外都要进行表面处理。目前主要是镀铜处理，包括电镀、浸铜及化学镀等方法。常用的镀铜工艺方法有两种。

• 化学镀工艺。粗拉放线→粗拉预处理→粗拉→退火→细拉放线→细拉预处理→细拉→化学镀→精绕→包装。

• 电镀工艺。粗拉放线→粗拉预处理→粗拉→退火→镀铜放线→镀铜预处理→细拉→有氰电镀或无氰电镀→精绕→包装。

常用的两种 CO_2 气体保护焊用焊丝的牌号及化学成分见表 5-10。

表 5-10　CO_2 气体保护焊用焊丝的牌号及化学成分

焊丝牌号	化学成分（质量分数）/%					其他元素（质量分数）/%	
	C	Mn	Si	Cr	Ni	S	P
H08Mn2SiA	≤ 0.11	1.8 ～ 2.1	0.65 ～ 0.95	≤ 0.20	≤ 0.30	0.30	0.03
H08Mn2Si		1.7 ～ 2.1				0.04	0.04

焊丝熔敷金属的力学性能符合表 5-11 的规定。

表 5-11　焊丝熔敷金属的力学性能

焊丝牌号	屈服强度 R_{eL}/MPa	拉伸强度 R_m/MPa	伸长率 A/%	常温冲击吸收功 A_k/J
H08Mn2SiA	≥ 272	≥ 480	≥ 20	≥ 47
H08Mn2Si				≥ 39.2

b. 药芯焊丝　药芯焊丝是继焊条、实心焊丝之后广泛应用的又一类焊接材料，它是由金属外皮和芯部药粉两部分构成的。使用药芯焊丝作为填充金属的各种电弧焊方法统称为药芯焊丝电弧焊。

常用药芯焊丝的牌号和性能见表 5-12。

表 5-12　药芯焊丝的牌号和性能

焊丝牌号			YJ502	YJ507	YJ507CuCr	YJ607	YJ707
焊缝金属的化学成分（质量分数）/%	C		≤ 0.10	≤ 0.10	≤ 0.12	≤ 0.12	≤ 0.15
	Mn		≤ 0.12	≤ 0.12	0.5 ～ 1.2	1.25 ～ 1.75	≤ 1.5
	Si		≤ 0.5	≤ 0.5	≤ 0.6	≤ 0.6	≤ 0.6
	Cr		—	—	0.25 ～ 0.6	—	—
	Cu		—	—	0.2 ～ 05	—	—
	Mo		—	—	—	0.25 ～ 0.45	≤ 0.3
	Ni		—	—	—	—	≤ 1.0
	S		≤ 0.03				
	P						
焊缝力学性能	R_m/MPa		≥ 490	≥ 490	≥ 490	≥ 490	≥ 490
	R_{eL}/MPa				≥ 343	≥ 530	≥ 590
	A/%		≥ 22	≥ 22	≥ 20	≥ 15	≥ 15
	A_k/J		≥ 28（−20℃）	≥ 28（−20℃）	≥ 47（0℃）	≥ 27（−40℃）	≥ 27（−30℃）
推荐焊接参数	焊接电流 I/A	ϕ1.6mm	180 ～ 350	150 ～ 400	110 ～ 350	180 ～ 320	200 ～ 320
		ϕ2.0mm	200 ～ 400	200 ～ 450	220 ～ 370	250 ～ 400	250 ～ 400
	电弧电压 U/V	ϕ1.6mm	23 ～ 30	25 ～ 35	22.5 ～ 32	28 ～ 32	25 ～ 32
		ϕ2.0mm	25 ～ 32	25 ～ 32	27 ～ 32	28 ～ 35	28 ～ 35
	CO_2 流量 /（L/min）		15 ～ 25	15 ～ 20	15 ～ 32	15 ～ 20	15 ～ 20

药芯焊丝的分类方法如下：

• 按药芯焊丝横截面形状分类。根据药芯焊丝的截面形状可分为简单断面的 O 形和复杂断面的折叠形两类，折叠形又分为梅花形、T 形、E 形和双层等，如图 5-27 所示。

(a) "O" 形　　(b)梅花形　　(c)T形　　(d)E形　　(e)双层

图 5-27　焊丝的截面形状

O 形截面的药芯焊丝分为有缝和无缝药芯焊丝。有缝 O 形截面药芯焊丝又有对接 O 形和搭接 O 形之分，如图 5-28 所示。药芯焊丝直径在 2.0mm 以下的细丝多采用简单 O 形截面，且以有缝 O 形为主。此类焊丝截面形状简单，易于加工，生产成本低，因而具有价格优势。无缝药芯焊丝制造工艺复杂，设备投入大，生产成本高；但无缝药芯焊丝成品丝可进行镀铜处理，焊丝保管过程中的防潮性能以及焊接过程中的导电性均优于有缝药芯焊丝。细直径的药芯焊丝主要用于结构件的焊接。

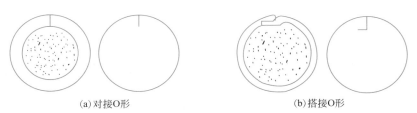

(a) 对接 O 形   (b) 搭接 O 形

图 5-28   有缝 O 形截面的药芯焊丝

复杂截面形状主要应用于直径在 2.0mm 以上的粗丝。采用复杂截面形状的药芯焊丝，因金属外皮进入到焊丝心部，一方面对于改善熔滴过渡、减少飞溅、提高电弧稳定性有利；另一方面焊丝的挺度较 O 形截面药芯焊丝好，在送丝轮压力作用下焊丝截面形状的变化较 O 形截面小，对于提高焊接过程中送丝稳定性有利。

复杂截面形状在提高药芯焊丝焊接过程稳定性方面的优势以粗直径的药芯焊丝尤为突出。随着药芯焊丝直径减小，焊接过程中电流密度的增加，药芯焊丝截面形状对焊接过程稳定性的影响将减小。焊丝越细，截面形状在影响焊接过程稳定性诸多因素中所占比重越小。粗直径药芯焊丝全位置焊接适应性较差，多用于平焊、平角焊，直径 $\phi 3.0$mm 以上的粗丝主要应用于堆焊。

- 按保护气体的种类分类。气体保护焊用药芯焊丝根据保护气体的种类可细分为 CO_2 气体保护焊、熔化极惰性气体保护焊、混合气体保护焊以及钨极氩弧焊用药芯焊丝。其中 CO_2 气体保护焊药芯焊丝主要用于结构件的焊接，其用量大大超过其他种类气体保护焊用药芯焊丝。

③ 焊丝的质量要求 CO_2 气体保护焊用焊丝的制造质量，应从焊丝内在质量和外部质量两方面满足焊接的要求。

a. CO_2 气体保护焊过程中，C 容易被氧化生成 CO 气体，是造成焊缝出现 CO 气孔和产生焊接飞溅的重要原因，所以，焊丝中 C 的含量不宜太高。

b. 焊丝中 Si、Mn 等脱氧元素含量要适当，焊丝中的 Si、Mn 含量应有一个适当的配合比例，通常 Mn 和 Si 的配合比在 2.0 ～ 4.5 之间为宜。为了增强抗 N_2 气孔的能力，焊丝中还要加入适当的 Ti、Al 等合金元素，这样不仅能进一步提高焊缝脱氧的能力，而且还有利于提高焊缝抗 N_2 气孔的能力，此外，合金元素 Ti 还可以起到细化焊缝金属晶粒的作用。

c. 为确保不同的母材焊接接头的强度要求，焊接不同母材所用的焊丝中合金元素含量要适当。

d. 焊丝表面的镀铜层必须均匀牢固，且要清洁，无油、污、锈、垢等，焊丝表面要求光滑平整，不应有毛刺、划痕和氧化皮。

e. 焊丝直径的允许偏差必须符合表 5-13 的要求。若焊丝直径太大，不仅会增加送焊丝的阻力，而且会增大焊丝嘴的磨损；若焊丝直径太小，不仅会使焊接电流不稳定，而且会增大焊丝端部的摆动，影响焊缝的美观。

表 5-13　实心焊丝的直径偏差　　　　　　　　　　　　　　　mm

焊丝直径	允许偏差	焊丝直径	允许偏差	焊丝直径	允许偏差
0.5, 0.6	+ 0.01 − 0.03	0.8, 1.0, 1.2, 1.4, 1.6, 2.0, 2.5	+ 0.01 − 0.04	3.0, 3.2	+ 0.01 − 0.07

f. 焊丝挺度和拉抻强度。焊丝的挺度和拉伸强度必须保证能均匀、连续地送进焊丝。实心焊丝的拉伸强度应符合表 5-14 规定。

表 5-14　实心焊丝的拉伸强度

焊丝直径 /mm	焊丝拉伸强度 /MPa	焊丝直径 /mm	焊丝拉伸强度 /MPa	焊丝直径 /mm	焊丝拉伸强度 /MPa
0.8, 1.0, 1.2	≥ 930	1.4, 1.6, 2.0	≥ 860	2.5, 3.0, 3.2	≥ 550

g. 松弛直径和翘距。从焊丝盘（卷）上截取足够长度的焊丝，不受拘束地放在平面上，所形成的圆和圆弧的直径称为焊丝的松弛直径。焊丝翘起的最高点和平面之间的距离称为翘距。可用焊丝的松弛直径和翘距定性地判断焊丝的弹性和刚度，松弛直径和翘距大的焊丝刚度好，送丝比较稳定；松弛直径和翘距小的焊丝刚度差，送丝时容易卡丝。实心焊丝的松弛直径和翘距的关系必须符合表 5-15 的规定。

表 5-15　焊丝的松弛直径、翘距　　　　　　　　　　　　　　mm

焊丝直径	焊丝盘（卷）外径	松弛直径	翘距
0.5 ～ 3.2	100	≥ 100	$\leq \dfrac{松弛直径}{5}$
	200	≥ 250	
	300	≥ 350	$\leq \dfrac{松弛直径}{10}$
	≥ 350	≥ 400	

h. 缠绕要求。焊丝应缠绕规整，成盘包装，以便在焊接的时候使用。同时，焊丝在缠绕过程中，不允许焊丝有硬折弯或打结的情况出现，否则会影响焊接过程中焊丝的等速送进，降低焊缝质量。

④ 焊丝的型号与牌号

a. 焊丝的型号。根据国家相关规定，焊丝的型号是按照化学成分和采用熔化极气体保护电弧焊时熔敷金属的力学性能分类的，其型号表示的方法为：焊丝牌号用字母表示；再用两位数字表示熔敷金属拉伸强度的最低值，接着用字母或数字表示焊丝的化学成分的分类代号，最后用化学元素和数字表示焊丝中含有的主要合金元素成分（无特殊要求可省略）。焊丝型号的举例如下。

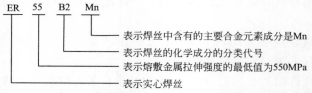

ER 55 B2 Mn
- 表示焊丝中含有的主要合金元素成分是Mn
- 表示焊丝的化学成分的分类代号
- 表示熔敷金属拉伸强度的最低值为550MPa
- 表示实心焊丝

b. 焊丝的牌号。焊丝的牌号可由生产厂家制定，也可以由行业组织统一命名。每种焊丝只有一个牌号，但多种牌号的焊丝可以同时对应于一种型号。每一牌号的焊丝必须按国家标准要求，在产品包装上或产品样本上注明该产品是"符合国标""相当国标"或不加标注（即与国标不符），以便用户结合焊接产品的技术要求，对照标准予以选用。

除气体保护焊用碳钢及低合金钢焊丝外，根据相关的规定，实心焊丝的牌号都是以字母"H"开头的，后面以元素符号及数字表示该元素的近似含量。焊丝牌号具体的编制方法如下。

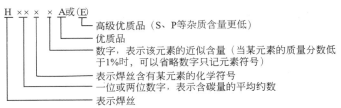

实心焊丝适用于低碳钢和低合金结构钢的焊接。CO₂气体保护焊用的实心焊丝有两种，其牌号与化学成分见表 5-16。

表 5-16　CO₂气体保护焊用焊丝的牌号与化学成分

焊丝牌号	合金元素含量 /%						用途
	C（碳）	Si（硅）	Mn（锰）	Cr（铬）	S（硫）	P（磷）	
H08MnSi	≤ 0.1	0.7 ～ 1.0	1.0 ～ 1.3	≤ 0.2	< 0.03	< 0.01	低碳钢
H08MnSiA		0.6 ～ 0.85	1.4 ～ 1.7			< 0.035	低合金钢
H08Mn2Si		0.7 ～ 0.95	1.8 ～ 2.1				低合金高强钢

药芯焊丝是吸收了焊条和实心焊丝的优点开发出来的一种新型焊接材料。它是用薄金属带卷成圆形或异型的金属圆管，并在其中填满药粉，然后经过拉制而成的一种焊丝。各药芯焊丝的型号如下：

· 碳钢药芯焊丝的型号。碳钢药芯焊丝的标准规定，碳钢药芯焊丝型号是根据其熔敷金属力学性能、焊接位置及焊丝类别特点进行划分的。其型号是根据药芯类型、是否采用外部保护气体、焊接电流种类以及对单道焊和多道焊的适用性能进行分类的。焊丝型号由焊丝类型代码和焊缝金属的力学性能标注两部分组成。碳钢药芯焊丝型号的编制方法如下。

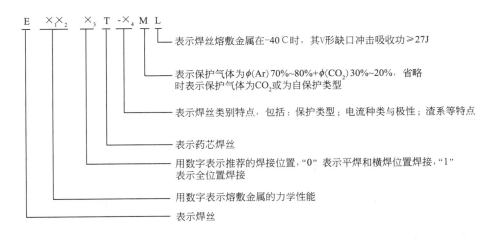

- 低合金钢药芯焊丝的型号。低合金钢药芯焊丝的标准规定，低合金钢药芯焊丝的型号是根据其熔敷金属力学性质、焊接位置、焊丝类别特点及熔敷金属化学成分来进行划分的。低合金钢药芯焊丝的型号编制方法如下。

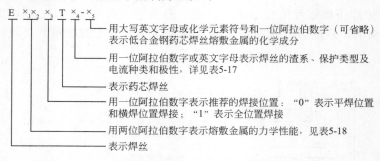

表 5-17　低合金钢药芯焊丝类别特点的符号说明

型号	焊丝渣系特点	保护类型	电流类型
E×$_1$×$_2$×$_3$T1 − ×$_5$	渣系以金刚石为主体，熔滴成喷射或细滴过渡	气保护	直流、焊丝接正极
E×$_1$×$_2$×$_3$T4 − ×$_5$	渣系具有强脱硫作用，熔滴成粗滴过渡	自保护	直流、焊丝接正极
E×$_1$×$_2$×$_3$T5 − ×$_5$	氧化钙 - 氧化氟碱性渣系熔滴成粗滴过渡	气保护	直流、焊丝接正极
E×$_1$×$_2$×$_3$T8 − ×$_5$	渣系具有强脱硫作用	自保护	直流、焊丝接负极
E×$_1$×$_2$×$_3$T× − G	渣系、电弧特性、焊缝成形及极性不作规定		

表 5-18　低合金钢药芯焊丝熔敷金属力学性能

型号	拉伸强度 σ_b/MPa	屈服强度 $\sigma_{0.2}$/MPa	伸长率 δ_5/%
E43×$_3$T×$_4$ − ×$_5$	410 ~ 550	340	22
E50×$_3$T×$_4$ − ×$_5$	490 ~ 620	400	20
E55×$_3$T×$_4$ − ×$_5$	550 ~ 690	470	19
E60×$_3$T×$_4$ − ×$_5$	620 ~ 760	540	17
E70×$_3$T×$_4$ − ×$_5$	690 ~ 830	610	16
E75×$_3$T×$_4$ − ×$_5$	760 ~ 900	680	15
E85×$_3$T×$_4$ − ×$_5$	830 ~ 970	750	14
E×$_1$×$_2$×$_3$T×$_4$ − G	由供需双方协商		

- 不锈钢药芯焊丝的型号。不锈钢药芯焊丝的标准规定，不锈钢药芯焊丝的型号是根据其熔敷金属的化学成分、焊接位置、保护气体及焊接电流种类来划分的。不锈钢药芯焊丝型号的编制方法如下。

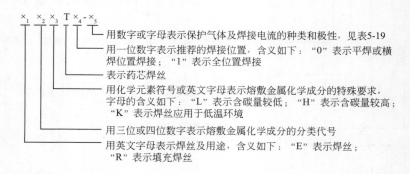

表 5-19　不锈钢药芯焊丝保护气体、电流类型及焊接方法

型号	保护气体（体积分数）/%	电流类型	焊接方法
E×$_1$×$_2$×$_3$T×$_4$-1	CO_2	直流反接	FCAW
E×$_1$×$_2$×$_3$T×$_4$-3	无（自保护）	直流反接	FCAW
E×$_1$×$_2$×$_3$T×$_4$-4	Ar75～80＋$CO_2$25～20	直流反接	FCAW
R×$_1$×$_2$×$_3$T1-5	Ar100	直流正接	GTAW
E×$_1$×$_2$×$_3$T×$_4$-G	不规定	不规定	FCAW
R×$_1$×$_2$×$_3$T1-G	不规定	不规定	GTAW

注：FCAW 为药芯焊丝电弧焊，GTAW 为钨极惰性气体保护焊。

药芯焊丝牌号是由生产的厂家自行编制的，随着药芯焊丝不断应用的广泛，为了方便用户的选用，药芯焊丝在牌号上作了统一的规定。但各生产厂家为了区分与其他厂家的不同，通常在国家制定的统一牌号前面冠以企业名称代号。国家制定的统一牌号编制方法如下。

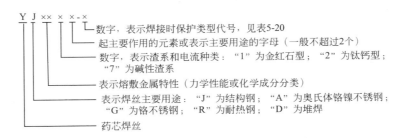

表 5-20　保护类型代号

牌号	保护类型	牌号	保护类型
YJ×××-1	气保护	YJ×××-3	气保护与自保护两用
YJ×××-2	自保护	YJ×××-4	其他保护形式

⑤ 焊丝选用与储存保管　CO_2 气体保护焊丝的选用，须根据焊件母材的化学成分、焊接方法、焊接接头的力学性能、焊接结构的约束度、焊件焊后能否进行热处理，以及焊缝金属的耐高温、耐低温、耐腐蚀等使用条件进行综合考虑，然后经过焊接工艺的评定，符合焊接结构的技术要求后予以确定。

a.焊丝的选用

• 实心焊丝的选用。采用 CO_2 气体保护焊焊接热轧钢、正火钢以及焊态下使用的低碳调质钢时：首先考虑的是焊缝金属力学性能与焊缝母材相接近或相等，其次考虑焊缝金属的化学成分与焊缝母材化学成分是否相同。

焊接约束度大的焊接结构时，为防止产生焊接裂纹，可采用低匹配原则，即选用焊缝金属的强度稍低于焊件母材的强度。按等强度要求选用焊丝时，应充分考虑焊件的板厚、接头形式、坡口形状、焊缝的分布及焊接热输入等因素对焊缝金属力学性能的影响。

焊接中碳调质钢时，在严格控制焊缝金属中 S、P 等杂质含量的同时，还应该确保焊缝金属主要合金成分与母材合金成分相近，以保证焊后调质时，能获得焊缝金属的力学

性能与母材一致。焊接两种强度等级不同的母材时，应该根据强度等级低的母材选择焊丝，焊缝的塑性不应低于较低塑性的母材，焊接参数的制定应适合焊接性较差的母材。

b. 药芯焊丝的选用。碱性药芯焊丝焊接的焊缝金属的塑性、韧性和抗裂性好，碱性熔渣相对流动性较好，便于焊接熔池、熔渣之间的气体逸出，减小焊缝生成气孔的倾向。

碱性熔渣中的氟化物（CaF_2 等）可阻止氧溶解到焊接熔池中，使焊缝中扩散氢含量很低，所以，碱性药芯焊丝对表面涂有防锈剂的钢板具有较强的抗气孔和抗凹坑能力，对涂有氧化铁型和硫化物型涂料底漆的钢板也有较好的焊接效果，但其不足之处是：

- 烘道成凸形、飞溅较大。
- 焊接过程中，焊丝熔滴呈粗颗粒过渡。
- 焊接熔渣的流动性太大，不容易实现全位置的焊接。
- 焊接过程中，很容易造成未熔合等缺陷。

现在碱性药芯焊丝正在逐步被钛型药芯焊丝取代。钛型药芯焊丝又称为金红石型焊丝，这种焊丝属于酸性渣系，熔渣流动性好，凝固温度范围很小，适用于全位置焊接。焊接过程中的电弧稳定，焊丝熔滴成喷射过渡，大大提高了药芯焊丝的力学性能，特别是焊缝金属的低温韧性。

（3）焊丝的储存保管

① 焊丝的储存与保管

a. 在仓库中储存未打开包装的焊丝，库房的保管条件为：室温 10 ～ 15℃（最高为 40℃）以上，最大相对湿度为 60%。

b. 存放焊丝的库房应该保持空气的流通，没有有害气体或腐蚀性介质。

c. 焊丝应放在货架上或垫板上，存放焊丝的货架或垫板距离墙或地面的距离应不小于 250mm，防止焊丝受潮。

d. 进库的焊丝，每批都应有生产厂家的质量保证书和产品质量检验合格证书。焊丝的内包装上应有标签或其他方法标明焊丝的型号、国家标准号、生产批号、检验员号、焊丝的规格、净质量、制造厂名称及地址、生产日期等。

e. 焊丝在库房内应按类别、规格分别堆放，防止混用、误用。

f. 尽量减少焊丝在仓库内的存放期限，按"先进先出"的原则发放焊丝。

g. 发现包装破损或焊丝有锈迹时，要及时通报有关部门，经研究、确认之后再决定是否用于产品上的焊接。

② 焊丝在使用中的保管

a. 打开包装的焊丝，要防止油、污、锈、垢的污染，保持焊丝表面的洁净、干燥，并且在 2 天内用完。

b. 焊丝当天没用完，需要在送丝机内过夜时，要用防雨雪的塑料布等将送丝机（或焊丝盘）罩住，以减少与空气中潮湿气体接触。

c. 焊丝盘内剩余的焊丝若在 2 天以上的时间不用时，应该从焊机的送丝机内取出，放回原包装内，并将包装的封口密封，然后再放入有良好保管条件的焊丝仓库内。

d. 对于受潮较严重的焊丝，焊前应烘干，烘干温度为 120 ～ 150℃，保温时间为 1 ～ 2h。

5.2 CO₂气体保护焊基本操作技术

5.2.1 焊接主要工艺参数的选择

CO₂气体保护焊的主要焊接工艺参数有焊丝直径、焊接电流、电弧电压、焊接速度、焊丝伸出长度、CO₂的气体流量及电源极性等。

（1）焊丝直径

焊丝直径应根据焊件厚度、焊缝空间位置及生产率的要求来选择。通常，当焊接薄板或中厚板在立、横、仰焊时，多采用直径1.6mm以下的焊丝；在平焊位置焊接中厚板时，可以采用直径1.2mm以上的焊丝。焊丝直径的选用可参考表5-21。焊丝直径对熔深的影响如图5-29所示。

表5-21 焊丝直径的选用

焊丝直径 /mm	熔滴过渡形式	焊件厚度 /mm	焊缝位置
0.5 ～ 0.8	短路过渡	1.0 ～ 2.5	全位置
	颗粒过渡	2.5 ～ 4.0	平焊
1.0 ～ 1.4	短路过渡	2.0 ～ 8.0	全位置
	颗粒过渡	2.0 ～ 12.0	平焊
1.6	短路过渡	3.0 ～ 12.0	全位置
≥ 1.6	颗粒过渡	> 6.0	平焊

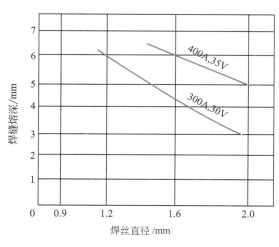

图 5-29 焊丝直径对熔深的影响

（2）焊接电流

焊接电流的大小应根据焊件厚度、焊丝直径、焊接位置及熔滴过渡形式来确定。焊接电流增大，焊缝厚度、焊缝宽度及余高都相应增加。通常，直径为0.8 ～ 1.6mm的焊丝，在短路过渡时，焊接电流在50 ～ 230A内选择；细颗粒过渡时，焊接电流在250 ～ 500A内选择。焊丝直径与焊接电流的关系可参考表5-22。

表 5-22　焊丝直径与焊接电流的关系

焊丝直径 /mm	焊接电流 /A		焊丝直径 /mm	焊接电流 /A	
	颗粒过渡	短路过渡		颗粒过渡	短路过渡
0.8	150 ～ 250	60 ～ 160	1.6	350 ～ 500	100 ～ 180
1.2	200 ～ 300	100 ～ 175	2.4	500 ～ 750	150 ～ 200

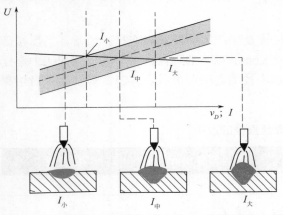

图 5-30　焊接电流对焊缝成形的影响

当电源外特性不变时，改变送丝速度，此时电弧电压几乎不变，焊接电流发生变化，送丝速度越快，焊接电流越大。在相同的送丝速度下，随着焊丝直径的增加，焊接电流也增加。焊接电流的变化对熔池深度有决定性影响，随着焊接电流的增大，熔深显著地增加，熔宽略有增加，如图 5-30 所示。焊接电流对熔敷速度及熔深的影响如图 5-31、图 5-32 所示。

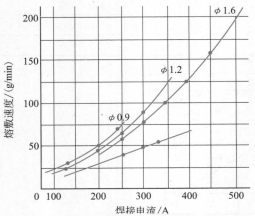

图 5-31　焊接电流对熔敷速度的影响

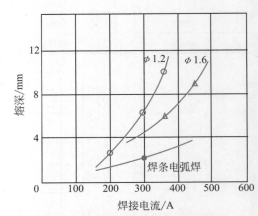

图 5-32　焊接电流对熔深的影响

由图中可见，随着焊接电流的增加，熔敷速度和熔深都会增加。但焊接电流过大时，容易引起烧穿、焊漏和产生裂纹等缺陷，且焊件的变形大，焊接过程中飞溅很大；而焊接电流过小时，容易产生未焊透，未熔合和夹渣等缺陷以及焊缝成形不良。通常在保证焊透、成形良好的条件下，尽可能地采用大的焊接电流，以提高生产效率。

（3）电弧电压

电弧电压随着焊接电流的增加而增大，并与弧长有着相应的关系。若弧长过长，则难以使电弧潜入焊件表面；弧长过短，容易引起短路。当电弧电压过高时，则容易产生气孔、飞溅和咬边；过低时，焊丝则会插入熔池不熔化。常用的电弧电压是：短路过渡时，电弧电压在 16 ～ 22V 范围内选择；喷射过渡时，电弧电压可在 25 ～ 38V 范围内选择。

电弧电压是在导电嘴与焊件间测得的电压，而焊接电压则是电焊机上电压表显示的电压，它是电弧电压与焊机和焊件间连接电缆线上的电压降之和。显然焊接电压比电弧电压高，但对于同一台焊机来说，当电缆长度和截面不变时，它们之间的差值是很容易计算出来的，特别是当电缆较短，截面较粗时，由于电缆上的压降很小，可用焊接电压代替电弧电压；若电缆很长，截面又小，则电缆上的电压降不能忽略，在这种情况下，若用焊机电压表上读出的焊接电压替代电弧电压将产生很大的误差。严格地说焊机电压表上读出的电压是焊接电压，不是电弧电压。如果想知道电弧电压，可按下式进行计算：

电弧电压＝焊接电压－修正电压

修正电压可从表 5-23 中查得。

表 5-23　修正电压与电缆长度的关系

电流 /A	100	200	300	400	500
电缆长度 /m	电缆电压降 /V				
10	约 1	约 1.5	约 1.0	约 1.5	约 2.0
15	约 1	约 2.5	约 2.0	约 2.5	约 3
20	约 1.5	约 3.0	2.5	约 3.0	约 4
25	约 2	约 4.0	约 3.0	约 4.0	约 5

注：此表是通过计算得出来的，计算条件如下：焊接电流≤200A 时，采用截面积 $38mm^2$ 的导线；焊接电流≥300A 时，采用截面积为 $60mm^2$ 的导线。当焊枪的线长度超过 25m 时，应根据实际长度修正焊接电压。

（4）焊接速度

在焊丝直径、焊接电流和电弧电压一定的条件下，随着焊接速度的增加，焊缝宽度与焊缝厚度减小。焊速过快，不仅气体保护效果变差，还可能出现气孔和产生咬边及未熔合等缺陷；焊速过慢，则焊接效率低，焊接变形增大，一般情况下，半自动焊时的焊接速度为 15～40m/h。焊接速度对焊缝成形的影响如图 5-33 所示。

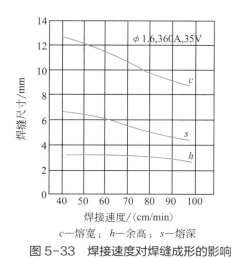

c—熔宽；h—余高；s—熔深
图 5-33　焊接速度对焊缝成形的影响

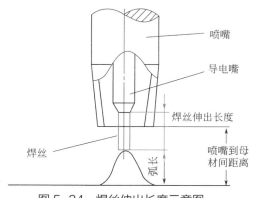

图 5-34　焊丝伸出长度示意图

（5）焊丝伸出长度

焊丝的伸出长度是指导电嘴端头到焊丝端头的距离，它取决于焊丝的直径，如图5-34所示。伸出太长，焊丝会整段熔断，飞溅严重，气体保护效果差；伸出过短，不但会造成飞溅物堵塞喷嘴，影响保护效果，也会影响焊工的视线。一般情况下伸出长度约等于焊丝直径的10倍，短路过渡时，伸出长度应为6～13mm，其他熔滴过渡形式为13～25mm。

（6）CO_2的气体流量

CO_2的气体流量应根据焊接电流、焊接速度、焊丝伸出长度及喷嘴直径等来选择，过大或过小的气体流量都会影响气体的保护效果。通常在细直径焊丝焊接时，CO_2气体流量为8～15L/min；粗直径焊丝焊接时，其流量约在15～25L/min。

（7）电源极性

为了减少飞溅，保证焊接电流的稳定性、熔滴过渡平稳、焊缝成型较好，CO_2气体保护焊应选用直流反接。

总之，确定焊接工艺参数的程序是根据板厚、接头形式、焊接操作位置等确定焊丝直径和焊接电流，同时考虑熔滴过渡形式，然后确定其他参数。最后通过试焊验证，满足焊接过程稳定，飞溅少，焊缝外形美观，没有烧穿、咬边、气孔和裂纹，保证熔深，充分焊透等要求，则为合适的焊接参数。工艺参数对焊缝形状的影响如图5-35所示。

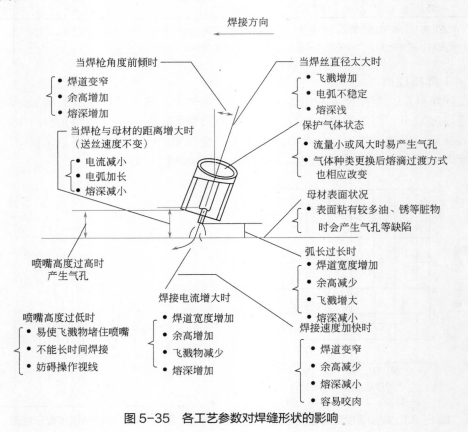

图5-35　各工艺参数对焊缝形状的影响

（8）接头的坡口尺寸和装配间隙

由于CO_2焊时有颗粒状过渡和短路过渡两种形式，因此对坡口的要求也不一样。颗粒状过渡时，电弧穿透大，熔深大，易烧穿，因而坡口角度应开得小些，钝边应适当大些。装配间隙要求严格，对接间隙不能超过1mm。对地直径1.6mm的焊丝钝边可为4～6mm，坡口角度可在45°左右。

短路过渡时，熔深浅，因而钝边应减小，也可不留钝边，间隙则可大些。要求高时，装配间隙应不大于1.5mm，根部上、下错边允许±1mm。

CO_2半自动焊时的坡口精度虽不像自动焊要求那样严格，但精度较差时，也容易产生烧穿或未熔合，因此必须注意精度。若坡口精度很差时，应进行修整或重新加工。

5.2.2 基本操作技术

二氧化碳气体保护焊的基本操作包括引弧、焊枪的摆动、接头、收弧、定位焊、左焊与右焊等。

（1）工作位置的组织

CO_2半自动焊的焊枪和软管电缆质量不轻，CO_2半自动焊焊工的劳动强度大于焊条电弧焊焊工，再加上CO_2半自动焊是连续工作的，所以必须合理组织劳动位置，减小体力消耗，才能使工作顺利进行。

① 焊接基本操作姿势　合理的焊接姿势是减轻劳动强度的有效方法，CO_2半自动焊工不需要像手工焊条电弧焊工那样手臂悬空握住焊枪进行工作。图5-36所示为CO_2半自动焊几种焊接位置的基本姿势。图5-36（a）所示为焊工站着平焊，将手臂靠在身体一侧；图5-36（b）所示为工件在回转台上焊工坐着焊接，可将肘搁在膝盖上；图5-36（c）所示为焊工蹲着平焊，将手臂靠在脚的侧面；图5-36（d）所示为焊工站着立焊，这时不要把软管电缆背在身上，因为软管电缆过度弯曲会影响焊丝的给送。可将软管电缆悬在适当的地方，减小焊工的吊举量，减轻劳动强度。

(a)站着平焊　　(b)坐着平焊　　(c)蹲着平焊　　(d)站着立焊

图5-36　CO₂焊基本操作姿势

② 脚步的移动　CO_2半自动焊是连续工作的，几米长的焊缝通常要一气呵成，这就需要焊工以平稳的脚步来移动工位，如图5-37所示是焊接时脚步的移动姿势，脚步移动时要把握焊枪不晃动。

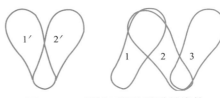

图5-37　焊接时脚步移动的姿势

（2）引弧

二氧化碳气体保护焊是采用碰撞法引弧的，具体操作步骤如下。

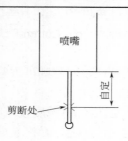

①剪丝

先按遥控盒上的点动送丝开关，点动送出一段焊丝，按焊接时采用的喷嘴高度剪掉多余的部分（最好将焊丝前端剪成斜面）

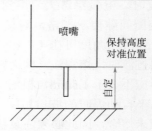

②对准引弧位置

将焊枪放在引弧处，使喷嘴与工件间保持适当的高度。但应注意焊丝端部不能与工件接触

③送丝

按焊枪上的控制开关，焊机按选定的程序自动提前送气，延时接通电源，保持高电压，慢速送丝

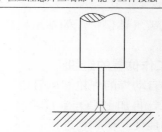

④引燃

当焊丝碰到焊件后，自动引燃电弧

 提示

　　如果焊丝碰到焊件与焊件短路未能引燃电弧，焊枪会有自动顶起的倾向，这时要稍用力压住焊枪，防止因焊枪抬起太高电弧拉长而自动熄灭。重要产品进行焊接时，为消除在引弧时产生飞溅、烧穿、气孔及未焊透等缺陷，可采用引弧板，如图 5-38 所示。不采用引弧板而直接在焊件端部引弧时，可在焊缝始端前 15 ~ 20mm 处引弧后，立即快速返回始焊点，然后开始焊接，如图 5-39 所示。

图 5-38　使用引弧板

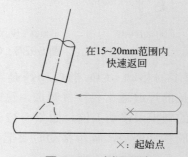

在15~20mm范围内快速返回

×：起始点

图 5-39　倒退弧法

（3）焊枪的摆动方式与焊件的相对位置

① 焊枪的摆动方式 二氧化碳气体保护焊进行焊接时，焊枪要保持摆幅和摆动频率一致的横向摆动。为控制坡口两侧的熔合情况和焊缝的宽窄，二氧化碳气体保护焊焊枪也要作横向摆动。焊枪摆动的形式与适用范围见表 5-24。

表 5-24 焊枪摆动的形式与适用范围

摆动方式	图示	适用范围
直线移动	←	间隙小时的薄板或厚板的打底焊道
锯齿形	∧∧∧∧	间隙大时的中、厚板打底层焊道
	∧∧∧∧	中、厚板第二层以上的填充焊道
斜圆圈形	llll	堆焊或 T 形接头多层焊第一层焊道
8 字形	∞∞∞	坡口大时的填充焊道
往返摆动	⑦ ⑤⑥ ③④ ①②	薄板根部有间隙或工件间垫板间隙大时采用

为减小焊接变形，一般情况下都不采用大的横向摆动来获得宽焊道，应采用多层多道焊来焊接厚板。焊接薄板或厚板打底焊道，坡口面间距较小时，可采用摆幅窄的锯齿形摆动，如图 5-40（a）所示；当坡口面间距较大时，则采用摆幅较宽的月牙形摆动，如图 5-40（b）所示。

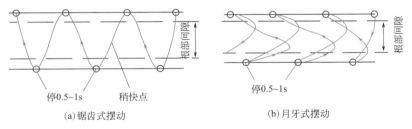

（a）锯齿式摆动　　　　　（b）月牙式摆动

图 5-40 CO₂ 焊的摆动方式

② 焊枪与焊件的相对位置 CO₂ 气体保护焊过程中，控制好焊枪与焊件的相对位置，不仅可以控制焊缝成形，且还可以调节熔深，对保证焊接质量有特别重要的意义。所谓控制好焊枪与焊件的相对位置，包括以下三方面内容：即控制好喷嘴高度、焊枪的倾斜角度、电弧的对中位置和摆幅。它们的作用如下：

a. 控制好喷嘴高度。在保护气流量不变的情况下，喷嘴高度越大，保护效果就越差。喷嘴高度越大，观察熔池越方便，需要保护的范围越大，焊丝伸出长度越大、焊接电流对焊丝的预热作用越大，焊丝熔化越快，焊丝端部摆动越大，保护气流的扰动越大，因此要求保护气的流量越大；喷嘴高度越小，需要的保护气流量小，焊丝伸出长度短。

b. 控制焊枪的倾斜角度。焊枪的倾斜角度不仅可以改变电弧功率和熔滴过渡的推力在水平和垂直方向的分配比例，还可以控制熔深和焊缝形状。

提示

由于气体保护焊的电流密度比焊条电弧焊大得多（一般情况下大20倍以上），电弧的能量密度大。因此，操作时还需注意：

①由于前倾焊时，电弧永远指向待焊区，预热作用强，焊缝宽而浅，成形较好。因此 CO_2 气体保护焊及熔化极气体保护焊都采用左向焊，自右向左焊接。平焊、平角焊、横焊都采用左向焊。立焊则采用自下向上焊接。仰焊时为了充分利用电弧的轴向推力促进熔滴过渡，采用右向焊。

②前倾焊时 $\alpha > 90°$ （即左焊法时），α 角越大，熔深越浅；后倾焊（即右焊法时）$\alpha < 90°$，α 角越小，熔深越浅。

c. 控制好电弧的对中位置和摆幅。电弧的对中位置实际上是摆动中心。它和接头形式、焊道的层数和位置有关。

（4）接头

在采用二氧化碳气体保护焊进行焊接时，为保证接头质量，需按下面的操作步骤进行：

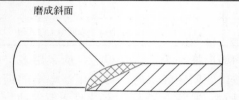

①斜面打磨
将要焊接接头处用角向磨光机打磨成斜面

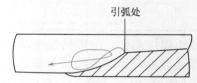

②引弧焊接
在斜面顶部进行引弧，引燃电弧以后，将电弧移至斜面底部，转一圈后返回引弧处再继续向左焊接

 提示

接头的焊接操作主要是预热接头面，要保证熔合良好，待电弧移至接头区前端时，稍向下压焊枪，待出现熔孔后再进行正常焊接。如未能出现熔孔就开始往前焊，接头背面就不会焊透。

（5）收弧

焊接结束时必须收弧，如果收弧不当，容易产生弧坑，并出现弧坑裂纹（火口裂纹）、气孔等缺陷。操作时可以采取以下措施：

① 如果 CO_2 气保焊机有"弧坑"控制电路，则焊枪在收弧处停止前进，同时接通此电路，焊接电流与电弧电压自动衰减，待熔池填满后断电。

② 如果 CO_2 气保焊机没有"弧坑"控制电路或没有使用"弧坑"控制电路时，在收弧处焊枪停止前进，并在熔池未凝固时，反复断弧、引弧几次，直到弧坑填满为止。操作时动作要迅速，如果等到熔池已凝固才引弧，会增加引弧难度，而且还可能产生未熔合等缺陷。

无论采取何种方法收弧，操作时需要特别注意，收弧时焊枪除停止前进外，还不能抬高喷嘴。即便弧坑已经填满，电弧也已熄灭，也要让焊枪在弧坑处停留几秒钟，待熔池完全凝固后才能移开焊枪。如果收弧时抬高焊枪，则容易因保护不良而产生缺陷。灭弧后，控制线路延迟送气一段时间后，可保证熔池凝固时能得到可靠的保护。

（6）定位焊

采用 CO_2 气体保护焊焊接时电弧的热量较焊条电弧焊大，要求定位焊缝有足够的强度，既要熔合好，其余高又不能太高，还不能有缺陷。通常定位焊缝都不磨掉，仍保留在焊缝中，焊接过程中很难全部重熔。这就要求焊工按焊接正式焊缝的工艺要求来焊接定位焊缝，保证定位焊缝的质量。定位焊缝的尺寸见表5-25。

表5-25　定位焊缝的尺寸

板厚	每段定位焊缝长度 /mm	定位焊缝间距 /mm	图示
薄板	5 ~ 10	100 ~ 50	100~150 定位焊缝 5~10 5~10
中厚板	20 ~ 60	200 ~ 500	焊缝 200~500 20~60 引弧板 引弧板

（7）左焊与右焊法

CO_2 气体保护焊焊接时，根据焊枪的移动方向可以分为左焊法和右焊法，如图5-41所示。

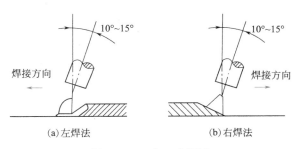

（a）左焊法　　（b）右焊法

图5-41　左、右焊法

在采用左焊法进行焊接时，喷嘴不会挡住视线，能够很清楚地看见焊缝，不容易焊偏，而且熔池受到的电弧吹力小，能得到较大熔度，焊缝成形较美观。因此，这种焊接方法被普遍采用。采用右焊法时，熔池的可见度及气体保护效果较好，但因焊丝直指熔池，电弧将熔池中的液态金属向后吹，容易造成余高和焊波过大，影响焊缝成形，而且焊接时喷嘴挡住了待焊的焊缝，不便于观察焊缝的间隙，容易焊偏。

（8）CO_2 单面焊双面成形操作技术

采用 CO_2 气体保护焊时，重要的焊缝都要求焊透，有些不能在背面施焊时，就必须采用单面焊双面成形施焊。

① 焊件坡口及装配间隙

在采用 CO_2 气体保护焊单面焊双面成形方法时，焊接 2mm 以下的薄板，采用 I 形坡口，装配间隙在 0.5mm 左右；焊接中厚板时，开单 V 形坡口，钝边 ≤ 0.5mm，装配间隙为 3 ～ 4mm。焊接时采用小钝边是关键，既容易熔化，保证焊道背面熔合好，又控制了熔池的大小。即使小钝边两侧熔化 1mm，熔化体积不大，也容易成形。

② 单面焊双面成形技术操作要领及步骤

a. 操作要领

• 小电流，低电压，采用短路过渡形式的焊接工艺参数。

短路过渡时，电弧一明一灭，熔池得到的热量较小，不容易烧穿，而且在电磁力的作用下，强迫熔滴过渡到熔池中，可在空间任何位置施焊，都能保证背面焊道成形美观、均匀。

• CO_2 气体保护焊单面焊双面成形都采用连弧焊操作法。

打底焊时，通常采用锯齿形摆动方式，摆幅由坡口面间距离和间隙大小来决定。但要注意的是焊枪的摆动速度是变化的，电弧摆到坡口面上时停留约 0.5s，刚开始摆动时速度较慢，通过装配间隙时速度较快，摆到坡口的另一面时，速度渐慢，最后停止摆动，停留约 0.5s 后回摆，如此反复操作。

• 熔孔的大小决定背面焊道的宽窄和高低，控制熔孔直径是保证焊道背面成形的关键。通常熔孔长径每边比间隙宽 0.5 ～ 1.0mm（熔孔是椭圆形，长径决定焊道宽度）。

b. 操作步骤

• 先在试板上调节好焊接参数。焊接电流可大可小，电弧电压与选定的电流匹配，只要在短路过渡范围内即可。

• 对焊件进行预热。生产时，无论在右边哪条定位焊缝上引弧都可。

• 当定位焊缝表面开始熔化时，会出现细小的熔珠，此时要将电弧移到定位焊缝的左端，并向下压低电弧，待听到"扑哧"声时，说明熔孔已经形成，待熔孔大小合适时，应立即开始摆动焊枪，转入正常焊接。

• 熔孔出现后，立即转入焊接。但应注意以下几点。

一要控制好熔孔的大小。通常熔孔边沿应超过坡口下棱边 0.5 ～ 1.0mm，主要用焊枪的摆幅来控制。焊枪以不同的速度摆动，电弧横过间隙时，速度要快，一带而过，在坡口两侧稍停留。

二要控制好电弧的位置。为保证熔合好，又能形成熔孔，电弧的 2/3 应压在熔池上，前面的 1/3 在熔孔上，保证焊接过程中熔孔直径不会缩小。

三要仔细观察熔池。在正常焊接过程中，熔池为黄白色、椭圆形，熔池前沿比母材表面稍低，且会出现一条弧形轮廓线（即"圆形切纹"），好像咬边一样。当"圆形切纹"深度为 0.1 ～ 0.2mm 时，焊接过程正常，熔池比较平稳地向前移动，背面焊道均匀；当熔池前沿下凹，深度达到 0.3mm 左右时，就有可能烧穿，应立即加快焊接速度；焊接过程中，如果发现熔孔变小，切纹深度变浅，此时需放慢焊接速度。焊接过程中熔池变化情况如图 5-42 所示。

四要调整焊接速度及焊枪状态（包括焊枪的角度和喷嘴的高低）。通常焊接过程并不是在理想的条件进行的，特别是在焊接生产过程中会出现很多意想不到的情况。如整条焊缝的装配质量不好，局部错边量大，间隙、钝边和坡口角不匀等。焊接过程中不可能随时调整电流，因此焊工要学会根据实际情况调整焊接速度和焊枪的位置。当焊接区局部间隙大，钝边小时，应抬高电弧，加快焊接速度，或减小行走角；当间隙较小，钝边太大或错边量较大时，应压低电弧，或减慢焊接速度，或加大行走角（减小引导角），使焊接电流加大，电弧吹力增加，熔深加大。

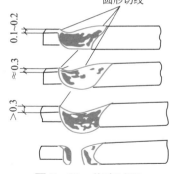

圆形切纹

图 5-42　烧穿过程

这些因素可单独调节也可同时调节，可达到改变焊接电流和熔深的目的，能保证焊接生产的效率和质量。

5.3　CO_2 气体保护焊各种位置焊接操作要领

5.3.1　平焊操作

（1）对接平焊

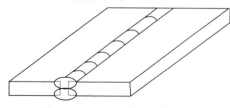

图 5-43　不开坡口对接平焊

① 不开坡口对接平焊　当板厚小于 6mm 时，一般采用不开坡口的单层单道双面对接平焊，焊缝的坡口形式为 I 形，如图 5-43 所示。施焊前，要正确调节焊接电流与电弧电压，使其达到最佳的匹配值，以获得完美的焊缝成形。

施焊时，采用左向焊法或右向焊法均可。焊丝伸出长度为焊丝直径的 10 倍，气体流量 10 ～ 15L/min。电弧的运弧方式为直线形或锯齿形横向摆动，焊枪与焊件表面角度成 90°。右向焊时，焊枪与焊缝的前倾夹角为 75° ～ 85°；左向焊时，焊枪与焊缝的后倾夹角为 75° ～ 85°，如图 5-44 所示。

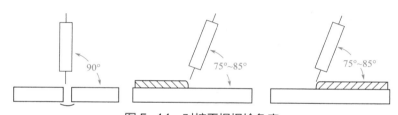

图 5-44　对接平焊焊枪角度

当焊接正面焊缝时，焊接熔深应达到焊件厚度的 2/3。焊接背面焊缝时，应将正面焊接时所渗漏的熔渣等杂物清理干净，使焊接熔深达到焊件厚度的 2/3，保证正背面焊缝交界处有 1/3 的重叠，以保证焊件焊透。焊完后的正背面焊缝余高为 0～3mm，焊缝宽度为 8～10mm，焊缝熔深、余高及宽度如图 5-45 所示。

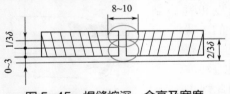

图 5-45　焊缝熔深、余高及宽度

② 开坡口的对接平焊　当板厚大于 6mm 时，电弧的热量很难熔透焊缝根部，为了保证焊件焊透，必须开坡口。开坡口的对接平焊，一般采用多层单道双面焊、多层多道双面焊和多层单道单面焊双面成形、多层多道单面焊双面成形等方法，多层单道双面焊和多层单道单面焊双面成形两种方法应用比较广泛，多层单道对接平焊示意图如图 5-46 所示。焊接层数可根据焊件厚度来决定，焊件越厚，焊层越多。

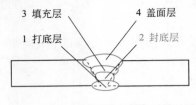

(a)多层单道双面焊

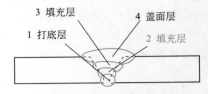

(b)多层单道单面焊双面成形

图 5-46　多层单道对接平焊

a. 多层单道双面焊。多层单道双面焊包括打底层焊、封底层焊、填充层焊和盖面层焊。其中每一层焊缝都为单道焊缝，如图 5-46（a）所示。定位焊缝在焊件两端头进行，装配间隙始焊处为 2mm，终焊处为 2.5mm，气体流量为 10～15L/min。

打底层焊时，焊接电流、焊接速度及运弧方法等可视坡口间隙大小情况而定。可采用直线或锯齿形横向摆动运弧法，注意坡口两侧熔合并防止烧穿。

封底层焊时，将焊件背面熔渣等污物清理干净后进行焊接，操作要领与不开坡口对接平焊相同。

填充层焊时，焊接电流适当加大，电弧横向摆动的幅度视坡口宽度的增大而加大。焊完后的填充层焊缝应比母材表面低 1～2mm，这样在盖面层焊接时能看清坡口，保证盖面层焊缝边缘平直，焊缝与母材圆滑过渡。

盖面层焊时，电弧横向摆动的幅度随坡口宽度的增大而继续加大，电弧摆动到坡口两侧时应稍作停顿，使坡口两侧温度均衡，焊缝熔合良好，边缘平直。焊完后的盖面层焊缝应宽窄整齐，高低平整，波纹均匀一致。

b. 多层单道单面焊双面成形。多层单道单面焊双面成形包括打底层焊、填充层焊和盖面层焊。其中打底层焊是单面焊接，正背双面成形，而背面焊缝为正式表面焊缝，因此操作难度较大，如图 5-46（b）所示。

打底层焊时，定位焊缝在焊件两端头进行，装配间隙始焊处为 3mm，终焊处为 3.5mm。采用焊接电流为 100A，电弧电压为 19V，焊接时，注意调整焊枪角度，要把焊丝送入坡口根部，以电弧能将坡口两侧钝边完全熔化为好。要认真观察熔池的温度、熔池的形状和熔孔的大小。熔孔过大，背面焊缝余高过高，甚至形成焊瘤或烧穿。熔孔过小，坡口两侧根部易造成未焊透缺陷。

（2）角接平焊

角接平焊是指 T 形接头平焊和搭接接头平焊。角接平焊焊缝处于焊缝倾角为 0°、180°，焊缝转角为 45°、135° 的焊接位置。角接平焊常采用的坡口形式主要有 I 形、K 形和单边 V 形等。

① 不开坡口的角接平焊　当板厚小于 6mm 时，一般采用不开坡口的两侧单层单道角接平焊，焊缝的坡口形式为 I 形，如图 5-47 所示。施焊前，要正确调节适合焊接电流与电弧电压匹配的最佳值，以获得完美的焊缝成形。

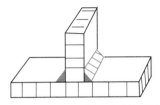

图 5-47　不开坡口角接平焊

施焊时的操作要领与对接平焊基本相同。由于角接平焊在操作时容易产生未焊透、咬边、焊脚下垂等缺陷。所以在操作时必须选择合适的焊接参数，及时调整焊枪角度。

当焊接同等板厚单层单道角接平焊时，焊枪与两板之间角度为 45°，焊枪的后倾夹角为 75°～85°，如图 5-48 所示。当焊接不同板厚时还必须根据两板的厚度来调节焊枪的角度。一般焊枪角度应偏向厚板 5° 左右。

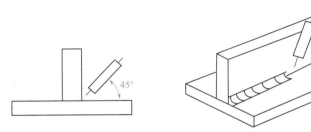

图 5-48　角接平焊焊枪角度示意图

② 开坡口的角接平焊　当板厚大于 6mm 时，电弧的热量很难熔透焊缝根部，为了保证焊透，必须开坡口。开坡口的角接平焊应用广泛的是单层双面焊，如图 5-49 所示。施焊时，由于熔滴下垂焊缝熔合不良，焊枪角度应稍偏向坡口面 3°～5°，控制好熔池温度和熔池形状及尺寸大小，随时根据熔池情况调整焊接速度。焊完正面焊缝后，应将熔渣等污物清理干净后再进行背面焊缝的焊接。背面焊缝的焊接操作要领与正面焊缝相同。

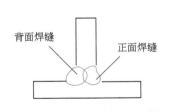

图 5-49　开坡口单层双面焊

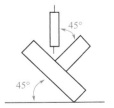

图 5-50　船形焊

③ 船形焊　在焊接 T 形角接焊缝时，把焊件的平角焊缝置于水平焊缝位置进行的焊接称为船形焊。船形焊时，T 形角接焊件的翼板与水平面夹角成 45°，焊枪与腹板的角度则为 45°，如图 5-50 所示。焊接时的操作要领与平焊相同。船形焊既能避免平角焊时易产生的咬边、焊瘤、未熔合等缺陷，又可以采用较大电流和大直径焊丝焊接，不但能

得到较大熔深，而且能大大提高焊接生产率，获得良好的经济效益。因此，焊接 T 形角接焊缝时，当焊件具备翻转条件时，则应尽可能把焊件置于船形位置焊接。

5.3.2 横焊操作

（1）不开坡口的焊件对接横焊

当焊接较薄焊件时，可采用不开坡口的对接双面横焊方法，坡口形式采用 I 形坡口。它通常适用于不重要结构的焊接。施焊前，要正确调节适合焊接电流与电弧电压匹配的最佳值，以获得完美的焊缝成形。施焊时，焊枪与焊缝角度成 80°～90°，焊枪的后倾夹角如图 5-51 所示。电弧可采用直线形或小锯齿形上下摆动方法进行焊接，这样使熔池中的熔化金属有机会凝固，以防止烧穿。焊件较厚时，电弧采用斜划圈方法进行焊接，可有效地防止焊缝上坡口咬边，焊缝下坡口熔化金属下淌等现象，以获得成形良好的焊缝。

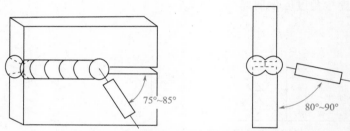

图 5-51　不开坡口焊件对接横焊焊枪角度

当焊接正面焊缝时，焊接熔深应达到焊件厚度的 2/3。焊接背面焊缝时，应将正面焊接时所渗漏的熔渣等杂物清理干净，焊接熔深达到焊件厚度的 2/3，保证正背面焊缝交界处有 1/3 的重叠，以保证焊件焊透。焊完后的正背面焊缝余高为 0～3mm，焊缝宽度为 8～10mm。

（2）开坡口的焊件对接横焊

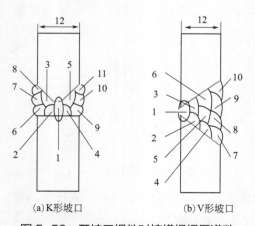

(a) K 形坡口　　(b) V 形坡口

图 5-52　开坡口焊件对接横焊焊层道数

开坡口的焊件对接横焊时，为了保证焊件焊透，当焊件厚度为 6～8mm 时，可采用多层双面焊操作。焊件厚度大于 8mm 时，可采用多层多道焊的单面焊双面成形技术。开坡口的焊件对接横焊常用的坡口形式有 V 形和 K 形坡口两种，一般采用多层多道双面焊和多层多道单面焊双面成形方法。

焊接层数道数的多少，可根据焊件厚度来决定。焊件厚度越厚，焊接层数和道数越多。开坡口焊件对接横焊焊层道数如图 5-52 所示，各层各道焊缝焊接时焊枪角度如图 5-53 所示。

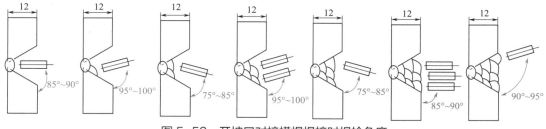

图 5-53　开坡口对接横焊焊接时焊枪角度

① 多层多道双面焊　多层多道双面焊包括打底层焊、填充层焊和盖面层焊，如图 5-52（a）所示。定位焊缝在焊件两端头进行，气体流量 10 ～ 15L/min。

打底层焊时，采用单道焊法。焊接电流、电弧电压及运弧方法等可根据坡口间隙大小情况而定。可采用月牙形或锯齿形上下摆动运弧法，注意坡口两侧熔合情况并防止烧穿。

填充层焊时，焊接电流适当加大，电弧横向摆动的幅度视坡口宽度的增大而加大。焊完后的填充层焊缝应比母材表面低 1 ～ 2mm，这样能使盖面层焊接时能看清坡口，保证盖面层焊缝边缘平直，焊缝与母材圆滑过渡。

盖面层焊时，电弧上下摆动的幅度随坡口宽度的增大而继续加大，电弧摆动到坡口两侧时应稍作停顿，使坡口两侧温度均衡，焊缝熔合良好，边缘平直。焊完后的盖面层焊缝应宽窄整齐，高低平整，波纹均匀一致。

② 多层多道单面焊双面成形　多层多道单面焊双面成形包括打底层焊、填充层焊和盖面层焊，如图 5-52（b）所示。其中打底层焊是单面焊接，正背双面成形，而背面焊缝为正式表面焊缝，因此操作难度较大。

打底层焊时，定位焊缝在焊件两端头进行，装配间隙始焊处为 3mm，终焊处为 3.5mm。采用焊接电流为 100A，电弧电压为 19V，焊接时，注意调整焊枪角度，要把焊丝送入坡口根部，以电弧能将坡口两侧钝边完全熔化为好。要认真观察熔池的温度、熔池的形状和熔孔的大小。熔孔过大，背面焊缝余高过高，甚至形成焊瘤或烧穿。熔孔过小，坡口两侧根部易造成未焊透缺陷。

填充层焊和盖面层焊与多层单道双面焊相同。

5.3.3　立焊操作

（1）对接立焊

① 不开坡口的对接立焊　不开坡口的对接立焊常适用于薄板的焊接。施焊前，要正确调节适合焊接电流与电弧电压匹配的最佳值，以获得完美的焊缝成形。焊接时，采用坡口形式为 I 形坡口，热源自下向上进行焊接。由于立焊时易造成咬边、焊瘤、烧穿等缺陷。因此，采用的焊接参数应比平焊时小 10% ～ 15%，以减小熔滴的体积，减轻重力的影响，有利于熔滴的过渡。焊接时，焊枪与焊缝角度成 90°，焊枪下倾夹角 75° ～ 85°，如图 5-54 所示。

图 5-54　不开坡口对接立焊焊枪角度

② 开坡口的对接立焊　当板厚大于 6mm 时，电弧的热量很难熔透焊缝根部，为了保证焊件焊透，必须开坡口。坡口的形式主要根据焊件的厚度来选择。开坡口的焊件对接立焊时，一般采用多层单道双面焊和多层单道单面焊双面成形方法，焊接层数的多少，可根据焊件厚度来决定。焊件板厚越厚，焊层越多。

a. 多层单道双面焊。多层单道双面焊包括打底层焊、封底层焊、填充层焊和盖面层焊。其中每一层焊缝都为单道焊缝，如图 5-55（a）所示，热源自下向上进行焊接。

(a) X形坡口　　　　　　　　　(b) V形坡口

图 5-55　开坡口对接立焊焊层

打底层焊时，焊接电流、电弧电压、焊接速度及运弧方法等可视坡口间隙大小情况而定。可采用月牙形或锯齿形横向摆动运弧法，注意坡口两侧熔合情况并防止烧穿。

封底层焊时，将焊件背面熔渣等污物清理干净后进行焊接，操作要领与不开坡口对接平焊相同。

填充层焊时，焊接电流适当加大，电弧横向摆动的幅度视坡口宽度的增大而加大，电弧摆动到坡口两侧时稍作停顿，避免出现沟槽现象。焊完最后一层填充层焊缝应比母材表面低 1～2mm，这样能使盖面层焊接时看清坡口，保证盖面层焊缝边缘平直，焊缝与母材圆滑过渡。

盖面层焊时，电弧横向摆动的幅度随坡口宽度的增大而继续加大，电弧摆动到坡口两侧时应稍作停顿，使坡口两侧温度均衡，焊缝熔合良好，边缘平直。焊完后的盖面层焊缝应宽窄整齐，高低平整，波纹均匀一致。

b. 多层单道单面焊双面成形。多层单道单面焊双面成形包括打底层焊、填充层焊和盖面层焊。热源自下向上进行焊接，其中打底层焊是单面焊接，正背双面成形，操作难度较大，如图 5-55（b）所示。

打底层焊时，定位焊缝在焊件两端头进行，装配间隙始焊处为 3mm，终焊处为 3.5mm。采用焊接电流为 100A，电弧电压为 19V，焊接时，注意调整焊枪角度，要把焊丝送入坡口根部，以电弧能将坡口两侧钝边完全熔化为好。要认真观察熔池的温度、熔池的形状和熔孔的大小。熔孔过大，背面焊缝余高过高，甚至形成焊瘤或烧穿。熔孔过小，坡口两侧根部易造成未焊透缺陷。电弧摆动到坡口两侧时稍作停顿，避免出现沟槽现象。

填充层焊和盖面层焊与多层单道双面焊相同。

（2）角接立焊

① 不开坡口的角接立焊　当板厚小于 6mm 时，一般采用不开坡口的正背面单层单道角接立焊，热源自下向上进行焊接，焊缝的坡口形式为 I 形，如图 5-56 所示。当焊接同等板厚单层单道角接立焊时，焊枪与两板之间角度为 45°，焊枪后倾夹角为 75°～85°，如图 5-57 所示。当焊接不同板厚时还必须根据两板的厚度来调节焊枪的角度。一般焊枪角度应偏向厚板约 5°。

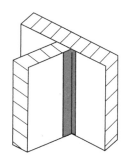

图 5-56　不开坡口角接立焊

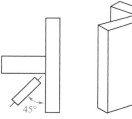

图 5-57　不开坡口角接立焊焊枪角度

② 开坡口的角接立焊　当板厚大于 6mm 时，电弧的热量很难熔透焊缝根部，为了保证焊透，必须开坡口。开坡口的角接立焊应用广泛的是单层双面焊，如图 5-58 所示，施焊时，由于熔滴下垂焊缝熔合不良，焊枪角度应稍偏向坡口面 3°～5°，控制好熔池温度和熔池形状及尺寸大小，随时根据熔池情况调整焊接速度。焊完正面焊缝后，应将背面焊缝熔渣等污物清理干净后再进行背面焊缝的焊接。背面焊缝焊接的操作要领与下面焊相同。

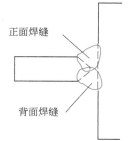

图 5-58　开坡口角接双面立焊

5.3.4　仰焊操作

（1）对接仰焊

对接仰焊位置焊接时，焊缝倾角为 0°、180°，焊缝转角为 250°、315° 的焊接位置，对接仰焊常用的坡口形式主要有 I 形和 V 形等。

① 不开坡口的对接仰焊　不开坡口的对接仰焊常用于薄板焊接。采用的坡口形式为 I 形坡口。由于仰焊时易造成咬边、焊瘤、烧穿等缺陷。因此立焊时采用的焊接参数应比平焊时稍小一点。施焊前，要正确调节适合焊接电流与电弧电压匹配的最佳值，以获得完美的焊缝成形。施焊时，焊枪与焊缝角度呈 90°，焊枪后倾夹角为 75°～85°，均匀运弧，如图 5-59 所示。

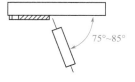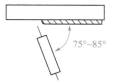

图 5-59　仰焊时焊枪角度

② 开坡口的对接仰焊　当板厚大于 6mm 时，电弧的热量很难熔透焊缝根部，为了保证焊件焊透，必须开坡口。坡口的形式主要根据焊件的厚度来选择，一般常用的对接仰焊坡口形式主要是 V 形。

开坡口的焊件对接仰焊时，常采用多层单道单面焊双面成形方法。焊接层数多少，可根据焊件厚度来决定。焊件越厚，层数越多。

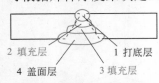

2 填充层　　1 打底层
4 盖面层　　3 填充层

图 5-60　开坡口对接
仰焊焊层

多层单道单面焊双面成形包括打底层焊、填充层焊和盖面层焊。其中每一层焊缝都为单道焊缝，如图 5-60 所示。每一层焊接时的焊枪角度与不开坡口对接仰焊焊枪角度相同。

打底层焊时，定位焊缝在焊件两端头进行，装配间隙始焊处为 3mm，终焊处为 3.5mm。采用焊接电流为 100A，电弧电压为 19V，焊接时，可采用月牙形或锯齿形横向摆动运弧法，电弧摆动到坡口两侧时稍作停顿，以防焊波中间凸起及液态金属下淌。注意调整焊枪角度，要把焊丝送入坡口根部，以电弧能将坡口两侧钝边完全熔化为好。熔孔过大，会使背面焊缝余高过高，甚至形成焊瘤或烧穿。熔孔过小，坡口两侧根部易造成未焊透缺陷。

填充层焊时，焊接电流适当加大，电弧横向摆动的幅度视坡口宽度的增大而加大，电弧摆动到坡口两侧时稍作停顿，避免出现沟槽现象。焊完最后的填充层焊缝应比母材表面低 1～2mm，这样盖面层焊接时能看清坡口，保证盖面层焊缝边缘平直，焊缝与母材圆滑过渡。

盖面层焊时，电弧横向摆动的幅度随坡口宽度的增大而继续加大，电弧摆动到坡口两侧时应稍作停顿，以使坡口两侧温度均衡，焊缝熔合良好，边缘平直圆滑。焊完后的盖面层焊缝应宽窄整齐，高低平整，波纹均匀一致。

（2）角接仰焊

① 不开坡口的角接仰焊　板厚小于 6mm 时，一般采用不开坡口的正背面单层单道角接仰焊，焊缝的坡口形式为 I 形，如图 5-61 所示。施焊时的操作要领与对接立焊基本相同。由于角接焊在操作时容易产生焊缝根部未焊透、焊缝两侧咬边，操作时须选择合适的焊接参数，电弧采用斜划圈、斜锯齿形或斜月牙形进行运弧，并及时调整焊枪角度。当焊接同等板厚单层单道角接仰焊时，焊枪与两板之间的角度为 45°，右向焊时，焊枪的前倾夹角为 75°～85°，如图 5-62 所示。当焊接不同板厚时还必须根据两板的厚度来调节焊枪的角度。一般焊枪的角度应偏向厚板约 5°。

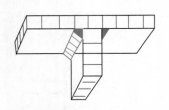

图 5-61　不开坡口角接仰焊

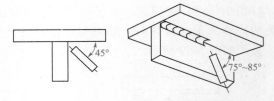

图 5-62　不开坡口角接仰焊焊枪角度

② 开坡口的角接仰焊　当板厚大于 6mm 时，电弧的热量很难熔透焊缝根部，为了保证焊透，必须开坡口。一般常用的焊缝坡口形式有 K 形和单边 V 形等。开坡口的角接

仰焊，应用比较广泛的是单层双面焊，如图5-63所示，施焊时，由于熔滴下垂，焊缝熔合不良，焊枪角度应稍偏向坡口面3°～5°，控制好熔池温度和熔池形状及尺寸大小，随时根据熔池情况调整焊接速度。焊完正面焊缝焊背面焊缝时，应将背面焊缝熔渣等污物清理干净后再进行焊接。背面焊缝的操作要领与正面焊缝相同。

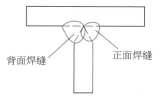

图5-63　开坡口角接仰焊双面焊焊层

5.3.5　管板焊接

（1）水平固定管焊

① 水平固定管的焊接特点　由于焊缝是水平环形的，所以在焊接过程中需经过仰焊、立焊、平焊等全位置环焊缝的焊接，如图5-64所示，焊枪与焊缝的空间位置角度变化很大，为方便叙述施焊顺序，将环焊缝横断面看作钟表盘，划分成3、6、9、12点等时钟位置。而把环焊缝又分为两个半周，即时钟6 → 3 → 12位置为前半周，6 → 9 → 12位置为后半周，如图5-65所示。即焊接时，要把水平管子分成前半周和后半周两个半周来焊接。焊枪的角度要随着焊缝空间位置的变化而变换。所以，操作难度较大，容易造成6点仰焊位置内焊缝形成凹坑或未焊透，外焊缝形或焊瘤或超高，12点平焊位置内焊缝形成焊瘤或烧穿，外焊缝形成焊缝过低或弧坑过深等缺陷。因此，要正确掌握水平固定管施焊的操作要领。

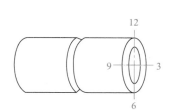

图5-64　水平固定管

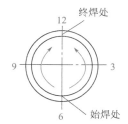

图5-65　两半周焊接法

② 多层单道单面焊双面成形　在水平固定管焊接中，主要采用开坡口的多层单道单面焊双面成形方法。水平固定管焊接层数多少，可根据焊件壁厚来决定。焊件壁厚越厚，焊接层数越多。

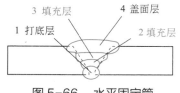

图5-66　水平固定管焊接层数

水平固定管开坡口的多层单道单面焊双面成形包括打底层焊、填充层焊和盖面层焊。其中每一层焊缝都为单道焊缝，如图5-66所示。施焊前，要正确调节适合焊接电流与电弧电压匹配的最佳值，以获得完美的焊缝成形。

打底层焊时，定位焊缝为两处，如图5-67所示，装配时管子轴线必须对正，以免焊后中心线偏斜。装配间隙为始焊处3mm，终焊处3.5mm。采用焊接电流为100A，电弧电压为19V，焊接时，分两个半周焊接，可采用月牙形或锯齿形横向摆动运弧法，电弧摆动到坡口两侧时稍作停顿，以防焊层中间凸起及液态金属下淌产生焊瘤等缺陷。也应随时调整焊枪角度，如图5-68所示。要把焊丝送入坡口根部，以电弧能将坡口两侧钝边完全熔化为好。焊完后的背面焊缝余高为 0 ～ 3mm。

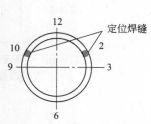

图 5-67　定位焊缝位置

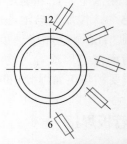

图 5-68　水平固定管焊枪角度的调整

　　填充层焊时，焊接电流适当加大，电弧横向摆动的幅度视坡口宽度的增大而加大，电弧摆动到坡口两侧时稍作停顿，以防焊层中间凸起及液态金属下淌产生焊瘤等缺陷。焊完最后的填充层焊缝应比母材表面低 1 ～ 2mm，保证盖面层焊缝边缘平直。

　　盖面层焊时，电弧横向摆动的幅度随坡口宽度的增大而继续加大，电弧摆动到坡口两侧时应稍作停顿，使坡口两侧温度均衡，焊缝熔合良好，边缘平直。焊完后的盖面层焊缝余高为 0 ～ 3mm，焊缝应宽窄整齐，高低平整，波纹均匀一致，焊缝与母材圆滑过渡。

　　（2）垂直管焊

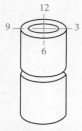

图 5-69　垂直固定管

　　① 垂直固定管的焊接特点　垂直固定管焊缝为垂直于水平位置的环焊缝，类似于板对接横焊，区别在于管的横焊缝是有弧度的，焊枪要随焊缝弧度位置变化而变换角度进行焊接，如图 5-69 所示。

　　垂直固定管焊接相对于水平固定管焊接较容易些。但是由于垂直固定管焊接时，焊件上下坡口受热不均衡，上坡口温度过高易产生咬边，下坡口温度过低易产生未熔合或焊瘤等缺陷。

　　② 多层多道单面焊双面成形　在垂直固定管焊接生产中，主要采用开坡口的多层单道单面焊双面成形方法。垂直固定管焊接层道数应根据焊件壁厚来决定。焊件壁厚越厚，焊接层数、道数越多。

　　垂直固定管多层多道单面焊双面成形包括打底层焊、填充层焊和盖面层焊。其中第一层焊缝为单道焊缝，其余焊缝为多层多道焊缝，如图 5-70 所示。

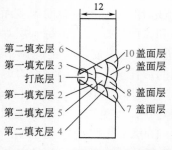

图 5-70　垂直固定管焊层道数

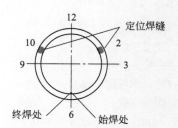

图 5-71　垂直固定管定位焊位置

　　打底层焊时，定位焊缝为两处，如图 5-71 所示，装配时管子轴线必须对正，以免焊后中心线偏斜。装配间隙始焊处为 3mm，终焊处为 3.5mm。采用焊接电流为 100A，电弧电压为 19V，焊接时，可采用小月牙形或小锯齿形上下摆动运弧法，电弧摆动到坡口两侧时稍作停顿，注意随时调整焊枪角度，如图 5-72 所示。要把焊丝送入坡口根部，以电弧能将坡口两侧钝边完全熔化为好。焊完后的背面焊缝余高为 0 ～ 3mm。

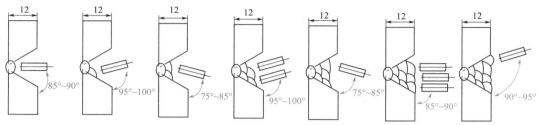

图 5-72　垂直固定管焊接时焊枪角度

填充层焊时，第一填充层为两道焊缝，第二填充层为三道焊缝。可采用直线形或小锯齿形上下摆动运弧法。焊接电流适当加大，注意随时调整焊枪角度。焊接时，后一道焊缝压前一道焊缝的 1/2，严格控制熔池温度，使焊层与焊道之间熔合良好。保证每层每道焊缝的厚度和平整度。焊完最后一层填充层焊缝时应比母材表面低 1 ～ 2mm，以保证盖面层焊缝边缘平直，焊缝与母材圆滑过渡。

盖面层焊为一层四道焊缝，焊接时，后一道焊缝压前一道焊缝的 1/2，焊接时要随时调整焊枪角度，并保持匀速焊接，要保证每层每道焊缝的厚度和平整度。当焊至最后一道焊缝时，焊接电流应适当减小，焊速适当加快，使上坡口温度均衡，焊缝熔合良好，边缘平直。焊完后的盖面层焊缝余高为 0 ～ 3mm。焊缝应宽窄整齐，高低平整，焊缝与母材圆滑过渡。

（3）管板垂直平焊

① 管板垂直平焊的焊接特点　管板垂直平焊焊接的是一条管垂直于板水平位置的角焊缝。与板板角平焊所不同的是管板垂直平焊焊缝是有弧度的，焊枪随焊缝弧度位置变化而变换角度进行焊接。焊接时，由于管壁较薄没有坡口，而板较厚则有坡口，坡口角度为 40°，管与板受热不均衡，易产生咬边、未熔合或焊瘤等缺陷。因此，要正确掌握管板垂直平焊施焊的操作要领。

② 多层单道单面焊双面成形　管板垂直平焊多层单道单面焊双面成形焊缝包括打底层焊、填充层焊和盖面层焊，如图 5-73 所示。

打底层焊时，定位焊缝两处，分别在顺时针 2 点和 10 点位置点固，自 6 点位置始焊。装配时，装配间隙为 3mm。管与板应垂直对正。为获得完美的焊缝成形，应调节适合焊接电流与电弧电压匹配的最佳值，采用锯齿形横向摆动运弧法，电弧摆动到坡口两侧时稍作停顿，

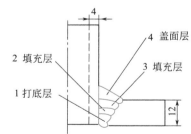

图 5-73　管板垂直平焊焊层

焊枪与管、板之间角度如图 5-74 所示。焊枪后倾夹角为 75° ～ 85°，如图 5-75 所示。要把焊丝送入坡口根部，以电弧能将坡口两侧钝边完全熔化为好。焊完后的背面焊缝余高为 0 ～ 3mm。

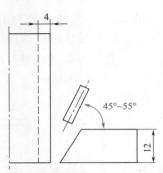

图 5-74　管板垂直平焊焊枪与管板角度

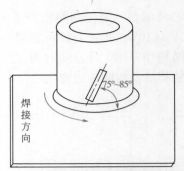

图 5-75　管板垂直平焊焊枪后倾夹角

填充层焊时，适当加大焊接电流，电弧横向摆动的幅度视坡口宽度的增大而加大。焊完最后的填充层焊缝应比母材表面低 1～2mm，要保证盖面层焊缝边缘平直，焊缝与母材圆滑过渡。

盖面层焊时，电弧横向摆动的幅度随坡口宽度的增大而继续加大，并保持焊枪角度正确性，防止管壁一侧产生咬边缺陷。电弧摆动到坡口两侧时应稍作停顿，使坡口两侧温度均衡，焊缝熔合良好，边缘平直。焊完后的盖面层焊脚高度为管壁厚＋系数（0～3mm）。焊缝应宽窄整齐，高低平整，波纹均匀一致。

（4）管板水平焊

① 管板水平焊的焊接特点　管板水平焊焊接的是一条管板处于水平位置的全位置角焊缝，需经仰焊、立焊、平焊等焊接位置。焊接时，要把管、板焊接也分成前半周和后半周两个半周来焊接。前半周由 6 点始经 3 点至 12 点终，后半周自 6 点始经 9 点至 12 点终。焊枪的角度要随着焊缝空间位置的变化而变换。焊接过程中，由于管壁较薄没有坡口，而板较厚则有坡口，坡口角度为 40°，管与板受热不均衡，易产生咬边，未熔合或焊瘤等缺陷。

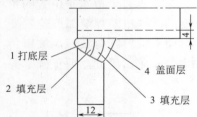

1 打底层
2 填充层
4 盖面层
3 填充层

图 5-76　管板水平焊焊层

② 多层单道单面焊双面成形　管板水平焊多层单道单面焊双面成形焊缝包括打底层焊、填充层焊和盖面层焊，如图 5-76 所示。

打底层焊时，定位焊缝两处，分别在顺时针 2 点和 10 点位置点固，自 6 点位置始焊。装配时，装配间隙为 3mm。管与板应垂直对正。为获得完美的焊缝成形，施焊前要正确调节适合焊接电流与电弧电压匹配的最佳值。施焊时采用锯齿形横向摆动运弧法，电弧摆动到坡口两侧时稍作停顿，注意调整焊枪与管板角度，如图 5-77 所示。焊枪后倾夹角如图 5-78 所示。要把焊丝送入坡口根部，以电弧能将坡口两侧钝边完全熔化为好。焊完后的背面焊缝余高为 0～3mm。

填充层焊时，适当加大焊接电流，电弧横向摆动的幅度视坡口宽度的增大而加大。焊完最后的填充层焊缝应比母材表面低 1～2mm，以保证盖面层焊缝边缘平直，焊缝与母材圆滑过渡。

盖面层焊时，电弧横向摆动的幅度随坡口宽度的增大而继续加大，保持焊枪角度正确性，防止管壁一侧产生咬边缺陷。电弧摆动到坡口两侧时应稍作停顿，使坡口两侧温度均衡，焊缝熔合良好，边缘平直。焊完后的盖面层焊脚高度为管壁厚＋系数

（0～3mm）。焊缝应宽窄整齐，高低平整，波纹均匀一致。

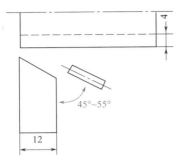

图 5-77　管板水平焊焊枪与管板角度

图 5-78　管板水平焊焊枪后倾夹角

（5）管板垂直仰焊

① 管板垂直仰焊的焊接特点　管板垂直仰焊焊接的是一条管与板处于水平位置的仰角焊缝。与板板仰角焊所不同的是管板垂直仰焊焊缝是有弧度的，焊枪在焊接过程中是随焊缝弧度位置变化而变换角度进行焊接的。焊接时，由于管壁较薄没有坡口，而板较厚则有坡口，坡口角度为 40°，管与板受热不均衡，易产生咬边，未熔合或焊瘤等缺陷。

② 多层单道单面焊双面成形　管板垂直仰焊多层单道单面焊双面成形包括打底层焊、填充层焊和盖面层焊，如图 5-79 所示。

打底层焊时，定位焊缝两处，分别在顺时针 2 点和 10 点位置点固，自 6 点位置始焊，沿圆周焊至 6 点位置终焊。装配时，装配间隙为 3mm。管与板应垂直对正。施焊前，要正确调节适合焊接电流与电弧电压匹配

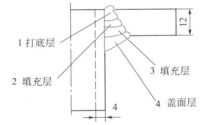

1 打底层
2 填充层
3 填充层
4 盖面层

图 5-79　管板垂直仰焊焊层

的最佳值，以获得完美的焊缝成形。施焊时，可采用锯齿形横向摆动运弧法，电弧摆动到坡口两侧时稍作停顿，注意调整焊枪与管、板之间角度，如图 5-80 所示。焊枪后倾夹角如图 5-81 所示。要把焊丝送入坡口根部，以电弧能将坡口两侧钝边完全熔化为好。焊完后的背面焊缝余高为 0～3mm。

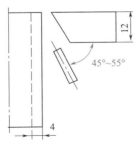

图 5-80　管板垂直仰焊焊枪角度

图 5-81　管板垂直仰焊焊枪后倾夹角

填充层焊时，适当加大焊接电流，电弧横向摆动的幅度视坡口宽度的增大而加大。焊完最后的填充层焊缝应比母材表面低 1～2mm，以保证盖面层焊缝边缘平直，焊缝与母材圆滑过渡。

盖面层焊时，电弧横向摆动的幅度随坡口宽度的增大而继续加大，保持焊枪角度正确性，防止管壁一侧产生咬边缺陷。电弧摆动到坡口两侧时应稍作停顿，使坡口两侧温度均衡，焊缝熔合良好，边缘平直。焊完后的盖面层焊脚高度为管壁厚＋系数（0～3mm）。焊缝应宽窄整齐，高低平整，波纹均匀一致。

5.4　CO$_2$气体保护焊操作应用实例

5.4.1　平板对接横焊

（1）焊接图样

平板对接横焊图样如图5-82所示。

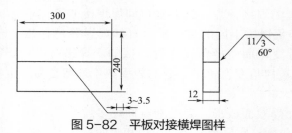

图5-82　平板对接横焊图样

（2）操作方法与步骤

平板对接横焊操作方法与步骤如下。

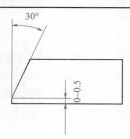

① 焊前准备

采用刨边机制作接头坡口（V形），并清理坡口及正反两侧20mm范围内的油污、铁锈、水分等污物，至露出金属光泽，去除毛刺

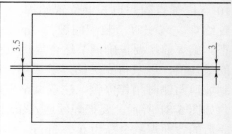

② 装配

将两块板水平放置，两端头对齐，装配间隙始焊处3mm，终焊处3.5mm，反变形量3°～5°

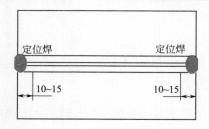

③ 定位焊

选择H08Mn2SiA焊丝（焊丝直径为1mm）进行点焊，并在坡口内两端进行定位焊接，焊点长度为10～15mm

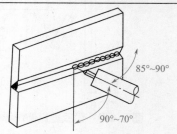

④ 打底焊

在焊件定位焊缝上引弧，以小幅度锯齿形摆动，自右向左焊接

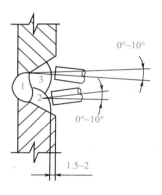

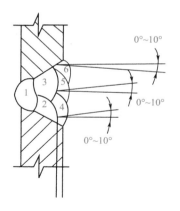

⑤填充焊

除净飞溅及焊道表面焊渣，调试好填充焊参数，焊枪成 0°～ 10°仰角，进行填充焊道 2 与 3 的焊接。整个填充层厚度应低于母材 1.5～2mm，且不得熔化坡口棱边

⑥盖面焊

除净飞溅及焊道表面焊渣，调试好盖面焊参数，焊枪成 0°～10°仰角，进行盖面焊

 提示

若打底焊接过程中电弧中断，则应先将接头处焊道打磨成斜坡，再在打磨了的焊道最高处引弧，并以小幅度锯齿形摆动，当接头区前端形成熔孔后，继续焊完打底焊。

5.4.2 大直径管对接水平转动焊

（1）焊接图样

大直径管对接水平转动焊接图样如图 5-83 所示。

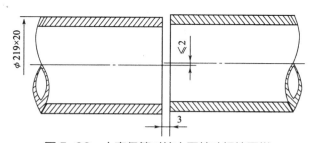

图 5-83 大直径管对接水平转动焊接图样

（2）操作方法与步骤

大直径管对接水平转动焊操作方法与步骤如下。

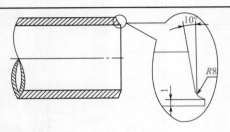

①焊前准备

管子开 U 形坡口，并清除坡口面及其端部内外表面 20mm 范围内的油污、铁锈、水分与其他污物，至露出金属光泽

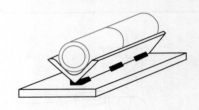

②装配

将管子放在胎具上进行对接装配，保证装配间隙为 3mm

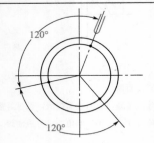

③定位焊

选择 H08Mn2SiA 焊丝，直径为 1mm，采用三点定位（各相距 120°）在坡口内进行定位焊，焊点长度 10 ～ 15mm

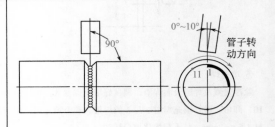

④打底焊

转动管子，将一个定位焊点位于 1 点位置，调节好焊接参数，在处于 1 点处的定位焊缝上引弧，并从右至左焊至 11 点处断弧。立即用左手将管子按顺时针方向转一角度，将灭弧处转到 1 点处，再进行焊接（如此反复，至焊完整圈焊缝）

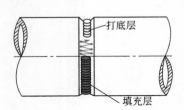

⑤填充焊

焊枪横向摆动幅度应稍大，并在坡口两侧适当停留，按打底焊方法焊接填充焊道（最后一层填充焊道高度应低于母材 2 ～ 3mm，并不得熔化坡口棱边）

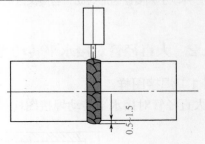

⑥盖面焊

调节好焊接参数，焊枪横向摆动幅度比填充焊时大，并在两侧稍停留，使熔池超过坡口棱边 0.5 ～ 1.5mm，保证两侧熔合良好

 提示

管子转动最好采用机械转动装置，边转边焊，或一人转动管子，一人进行焊接，也可采用右手持焊枪，左手转动的方法。

第6章 手工钨极氩弧焊

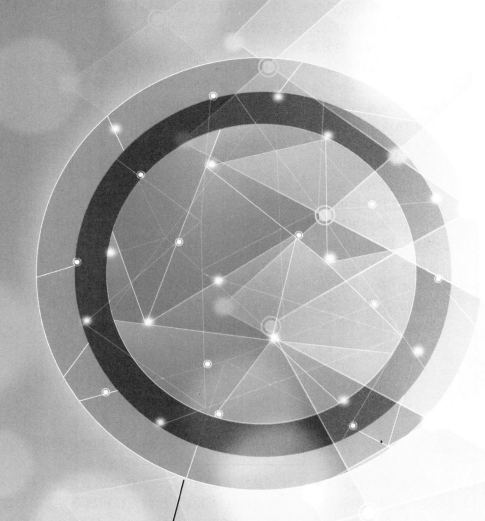

机械加工基础技能双色图解

好焊工是怎样炼成的

手工钨极氩弧焊是采用钨极作为电极材料，利用喷嘴喷射出来的氩气，在电极与工件之间产生电弧使周围形成封闭的保护气流，使钨极焊丝和熔池不被氧化的一种手工气体保护焊，如图6-1所示。

图6-1 手工钨极氩弧焊

6.1 焊接材料与设备装置

6.1.1 氩弧焊焊丝

手工钨极氩弧焊时，焊丝是填充金属，与熔化的母材混合形成焊缝；熔化极氩弧焊时，还起传导电流、引弧和维持电弧燃烧的作用。

（1）焊丝的分类

手工氩弧焊时，焊丝可根据用途、制造方法和焊接方法等分类。

① 按用途 分为碳素钢（如 H08A、H08MnA 等）、低合金钢（如 H08Mn2Si、H08MnA 等）、不锈钢（如 H0Cr21Ni10、H00Cr18Ni12Mo2 等）和有色金属 Cu（HS220）、Ti（TA1）、Al（HS301）等。

② 按制造方法 分为实心焊丝（如 H08CrMoA）和药芯焊丝（含气保护 YJ422-1 和自保护 YZ-J507-2）等。

③ 按焊接方法 分为手工焊、半自动焊和自动焊等。

（2）焊丝的牌号与型号

① 碳钢和低合金钢焊丝的牌号与型号 碳钢和低合金钢焊丝常只用于管道的打底层焊接，因为熔化极电弧焊提供了更高的效率和焊接材料的多样性。

a. 焊丝牌号

• 实心焊丝的牌号。实心焊丝的牌号表示方法是用"H"表示焊丝，其后的两位数字表示含碳量；合金元素及其含量与钢材的表示方法大致相同；尾部用"A"表示低S、P的优质钢，用"E"表示极低S、P的特优钢。如：

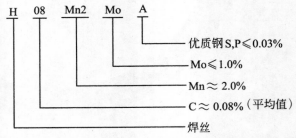

对于氩弧焊实心焊丝，其技术要求比对焊条的要求要多。一般有常规项目、特殊要求、镀铜层的质量、焊丝挺度和抗拉强度、松弛直径和翘距等方面的要求。

特殊要求为了保证焊接过程能够连续稳定完成，对影响送丝的有关因素也有规定。它要求焊丝表面必须光滑平整，不应该有毛刺、划痕、锈蚀和氧化皮，也不应有其他对焊接性能和焊接设备操作有不良影响的杂质，同时对焊丝直径的偏差也有要求。焊丝直径的允许偏差必须符合表6-1的要求。若焊丝直径太大，不仅会增加送丝的阻力，而且会增大焊丝嘴的磨损；若焊丝直径太小，不仅会使焊接电流不稳定，而且会增大焊丝端部的摆动，影响焊缝的美观。

表 6-1　实心焊丝的直径偏差　　　　　　　　　　　　　　　mm

焊丝直径	允许偏差	焊丝直径	允许偏差	焊丝直径	允许偏差
0.5，0.6	+ 0.01 − 0.03	0.8，1.0，1.2，1.4，1.6，2.0，2.5	+ 0.01 − 0.04	3.0，3.2	+ 0.01 − 0.07

另外，焊丝表面的镀铜层必须均匀牢固。焊丝镀铜层太薄或不牢固，对焊接质量有很大的影响。如果镀铜层不牢固，送焊丝时，焊丝表面和送丝（弹簧钢丝）软管摩擦，镀铜层会被刮下来并堆积在送丝软管里面，不仅增加了送焊丝的阻力，而且使焊接过程中电弧不稳定，影响焊缝的成形，严重时，被刮下来的镀铜粉末落入熔池还会改变焊缝的化学成分。此外，若镀铜层太薄或不牢固，在存放过程中焊丝表面容易生锈，也会影响焊接质量。

为保证能均匀、连续地送进焊丝，实心焊丝的拉伸强度应符合表 6-2 规定。

表 6-2　实心焊丝的拉伸强度

焊丝直径 /mm	0.8，1.0，1.2	1.4，1.6，2.0	2.5，3.0，3.2
焊丝拉伸强度 /MPa	≥ 930	≥ 860	≥ 550

- 药芯焊丝的牌号是用字母"Y"表示药芯焊丝，随后的三位数与焊条牌号表示方法相同，短划后为焊接时的保护方法（1——气体保护；2——自保护；3——气保护、自-气保护联合；4——其他保护）。如：

b. 焊丝的型号

- 碳钢实心焊丝型号。用"ER"表示实心焊丝，其后的第一、二位数表示熔敷金属拉伸强度下限，短划后的字母和数字表示化学成分及含量，如果还有其他附加化学成分时，可直接用元素符号表示，并要以短划与前面分开。

碳钢实心焊丝的型号示例如下：

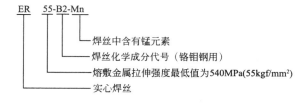

- 碳钢药芯焊丝型号。用"EF"表示药芯焊丝，其后第一位数表示焊接位置（0——平焊和横焊；1——全位置焊）；第二位数表示药芯类型（1、2——氧化钛型；3——氧化钙-氮化钙型）或保护类型（1～3——气保护；4、5——自保护）、电源种类（5为直流正接，其余为直流反接）等代号。短线后面两位数为熔敷金属 σ_b 下限，第三位数和第四位数为焊缝冲击吸收功 $A_{kv} \geqslant 27J$ 和 $A_{kv} \geqslant 47J$ 所对应的试验温度（0表示不规定冲击值；1～5的温度分别为 $20℃$、$0℃$、$-20℃$、$-30℃$、$-40℃$）。如：

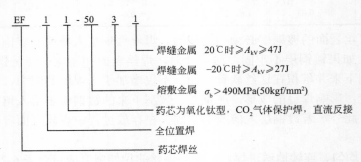

- 低合金钢药芯焊丝。其中"E"表示焊丝，随后两位数为熔敷金属 σ_b 下限。其后为焊接位置（0——平焊和横焊；1——全位置焊），其后表示渣系特点，短线后为焊丝化学成分分类代号，如：

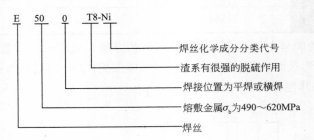

② 不锈钢焊丝的牌号与型号

a. 不锈钢材实心焊丝。奥氏体不锈钢中的 δ-铁素体是含镍合金冷却时形成的。铁素体能改善延展性，预防裂纹和提高强度。但在高温下服役，铁素体能转变成脆性相，所以要求焊丝不含铁素体。

焊缝金属中的铁素体含量取决于化学成分，铁素体含量3%～5%是最理想的。在电弧焊工艺中，GTAW 是使焊丝焊缝中铁素体变化最小的焊接工艺。

焊接不锈钢必须避免碳化物的沉淀，它能导致晶间应力腐蚀裂纹。焊接时，母材处于 $430 \sim 870℃$ 时，最容易形成碳化铬，所以这时的快速冷却是必要的措施。

选用超低碳（$C \leqslant 0.03\%$）或者具有稳定元素钛和铌的母材和焊丝，是防止碳化铬形成的有效方法。它们更容易和铬结合，基本原理是低碳稳定型。使用稳定型焊丝的焊缝比超低碳焊丝有更好的高温强度。为延长不锈钢焊缝的使用寿命，选择超低碳的母材和焊丝是必要的。

不锈钢主要用于耐蚀性，焊丝分类的依据是化学成分，见表6-3。

表 6-3 不锈钢焊丝的化学成分（质量分数） %

牌号	C	P	S	Cr	Ni	其他
H1Cr19Ni9	0.14		≤ 0.03	8.0 ～ 10.0	8.0 ～ 10.0	—
H0Cr21Ni0	0.08			19.5 ～ 22.0	9.0 ～ 11.0	
H00Cr21Ni10	0.03		≤ 0.02			
H1Cr24Ni13	0.12		≤ 0.03	23.0 ～ 25.0	12.0 ～ 14.0	
H0Cr26Ni21	0.08			25.0 ～ 28.0	20.0 ～ 22.0	
H1Cr26Ni21	0.15					
H00Cr25Ni22Mn4Mo2N	0.03		≤ 0.02	24.0 ～ 26.0	21.0 ～ 25.0	Mo2.0 ～ 3.0 N0.1 ～ 0.15
H1Cr24Ni13Mo2	0.12		≤ 0.03	23.0 ～ 25.0	12.0 ～ 14.0	Mo2.0 ～ 3.0
H0Cr19Ni12Mo2	0.08	≤ 0.03		18.0 ～ 20.0	11.0 ～ 14.0	
H00Cr19Ni12Mo2	0.03		≤ 0.02			Mo2.0 ～ 3.0
H00Cr19Ni12Mo2Cu2	0.03			18.0 ～ 20.0	11.0 ～ 14.0	Mo2.0 ～ 3.0 N1.0 ～ 2.5
H00Cr20Ni25Mo4Cu	0.03			19.0 ～ 21.0	24.0 ～ 26.0	Mo4.0 ～ 5.0 N1.0 ～ 2.0
H1Cr21Ni10Mn6	0.10			20.0 ～ 22.0	9.0 ～ 11.0	Mn5.0 ～ 7.0
H0Cr19Ni14Mo3	0.08			18.5 ～ 20.5	13.0 ～ 15.0	Mo3.0 ～ 4.0
H0Cr20Ni10Ti					9.0 ～ 10.5	Ti9×C% ～ 1.0
H0Cr20Ni10Nb				19.0 ～ 21.5	9.0 ～ 11.0	Nb10×C% ～ 1.0
H0Cr14	0.06		≤ 0.03	13.0 ～ 15.0		Mn ≤ 0.60
H1Cr17	0.10			15.5 ～ 17.0	≤ 0.60	
H1Cr13	0.12			11.5 ～ 13.5		
H2Cr13	0.13 ～ 0.21			12.0 ～ 14.0		
H0Cr17Ni14Cu4Nb	0.05			15.5 ～ 17.5	4.0 ～ 5.0	Mo ≤ 0.75 Cu3.0 ～ 4.0 Mn0.25 ～ 0.75

注：1. 表中单值均为最大值。

2. 表中含 Mn 量除注明外，均为 1.0% ～ 2.5%。

b. 不锈钢药芯焊丝。不锈钢药芯焊丝的型号是根据其熔敷金属的化学成分、焊接位置、保护气体及焊接电流种类来划分的。如：

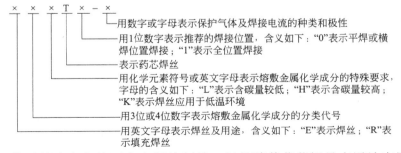

药芯焊丝牌号是由生产的厂家自行编制的，但是随着药芯焊丝广泛地应用，为方便用户的选用，药芯焊丝的牌号有统一的规定。为区分不同厂家的焊丝，通常在统一牌号前面冠以企业名称代号。焊丝统一牌号编制方法如下：

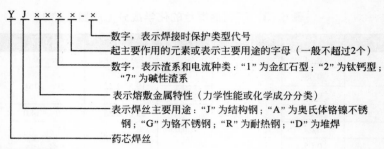

数字，表示焊接时保护类型代号

起主要作用的元素或表示主要用途的字母（一般不超过2个）

数字，表示渣系和电流种类："1" 为金红石型；"2" 为钛钙型；
"7" 为碱性渣系

表示熔敷金属特性（力学性能或化学成分分类）

表示焊丝主要用途："J" 为结构钢；"A" 为奥氏体铬镍不锈
钢；"G" 为铬不锈钢；"R" 为耐热钢；"D" 为堆焊

药芯焊丝

（3）有色金属焊丝

① 铝及铝合金焊丝。铝及铝合金的焊接常用母材成分相近的焊丝。在纯铝焊丝中加入 Fe、Si 元素，以防形成热裂纹；对有腐蚀要求的焊缝，应选取纯度高一级的纯铝焊丝；为弥补铝镁合金焊接时镁的烧损，焊丝中含镁量要比母材高出 1% ~ 2%。加入 0.05% ~ 0.20% 的钛，能细化晶粒，使硬铝焊缝具有一定的抗裂性，但接头强度较低。

常用的铝及铝合金焊丝的主要化学成分见表 6-4。

表 6-4　常用的铝及铝合金焊丝的主要化学成分　　　　　　　　　　　　%

类别	型号	Al	Fe	Si	Mg	Mn	Cu	Ti	Zn
纯铝	SAl-1	99.0	—	约 1.0	—	0.05	0.05	0.05	0.10
	SAl-2	99.4	0.23	0.20	0.03	0.03	0.04	0.03	0.04
	SAl-3	99.5	0.20	0.30	—	—	—	—	—
铝镁	SAlMg-1	余量	0.40	0.25	2.4 ~ 3.0	0.5 ~ 1.0	0.10	0.05 ~ 0.2	
	SAlMg-2		0.45	0.45	3.1 ~ 3.9	0.01	0.05	0.05 ~ 0.15	0.20
	SAlMg-3		0.40	0.40	4.3 ~ 5.2	0.5 ~ 1.0	0.10	0.15	0.25
	SAlMg-5				4.7 ~ 5.7	0.2 ~ 0.6		0.05 ~ 0.2	—
铝铜	SAlCu		0.30	0.20	0.02	0.2 ~ 0.4	5.8 ~ 6.8	0.1 ~ 0.2	0.10
铝锰	SAlMn		0.70	0.60	—	1.0 ~ 1.6			
铝硅	SAlSi-1		0.80	4.5 ~ 6.0	0.05	0.05	0.30	0.20	0.10
	SAlSi-2			11.0 ~ 13.0	0.10	0.15			0.20

② 钛及钛合金焊丝。钛及钛合金焊丝的主要化学成分和力学性能见表 6-5。

表 6-5　钛及钛合金焊丝的主要化学成分和力学性能

牌号	主要成分 /%				杂质元素 /%					σ_b /MPa	δ_s /%
	Ti	Al	V	Sn	Fe	O	C	N	H		
TA0、TA0ELI	基本元素	—			≤ 0.10	≤ 0.10	≤ 0.03		≤ 0.012	280	20
TA1、TA1ELI		—								370	18
TA2、TA2ELI		—			≤ 0.05			≤ 0.05		440	15
TA3、TA3ELI		—								540	
TA4		2.0 ~ 3.0			≤ 0.30	≤ 0.15				—	—
TA7		4.0 ~ 6.0		2.0 ~ 3.0	≤ 0.45					—	—
TA9		—			≤ 0.20	≤ 0.18				—	—
TA10		—				≤ 0.20				—	—
TC3		4.0 ~ 6.0	3.5 ~ 4.5	—	≤ 0.25	≤ 0.15				—	—
TC4		5.5 ~ 6.7		—		≤ 0.18				890	10

注：1.（TA0 ~ TA3）ELI 的杂质含量较少；其 H 值均为 0.008%。
2. TA4 的 N ≤ 0.04%。
3. TA9 含有 Pb 为 0.12%、N 为 0.03%。
4. TA0 含有 Mo 为 0.20% ~ 0.40%、Ni 为 0.60% ~ 0.90%、N < 0.03%。

③ 镍及镍合金焊丝。镍及镍合金焊丝的主要化学成分见表 6-6。

表 6-6　镍及镍合金焊丝的主要化学成分　　　　　　　　　　　%

焊丝型号	C	Mn	Si	Fe	Cr	Cu	Ni	Mo
ERNi-1	≤0.15	≤1.0	≤0.75	≤1.0		0.25	≥93	
ERNiCu-7		≤4.0	≤1.25	≤2.5		余量	62～69	
ERNiCr-3	≤0.10	2.5～3.5	≤0.50	≤3.0	18～22	≤0.05	≥67	
ERNiCrFe-5	≤0.08	≤0.10	≤0.35	6～10	14～17	≤0.05	≥70	
ERNiCrFe-6		2.0～2.7		≤8.0			≥67	
ERNiCrFe-1	≤0.05	≤1.0	≤0.50	≤22	19.5～2.35	1.5～3.0	38～46	2.5～3.5
ERNiCrFe-2	≤0.08	≤0.35	≤0.35	余量	17～21	≤0.30	50～55	2.8～3.3
ERNiMo-1				4～7	≤1.0	≤0.50	余量	26～30
ERNiMo-2	0.04～0.08	≤1.0		≤5.0	6～8			15～18
ERNiMo-3	≤0.12			4～7	4～6			23～26
ERNiMo-7	≤0.02		≤1.0	≤2.0	1.0			26～30
ERNiCrMo-1	≤0.05	≤1.0～2.0		18～22	21～23.5	1.5～2.58		5.5～7.6
ERNiCrMo-2	0.05～0.15	≤1.0		17～20	20.5～23			8～10
ERNiCrMo-3	≤0.10	≤0.5	≤0.05	≤5.0	22～23	≤0.50	≥58.0	
ERNiCrMo-4	≤0.02		≤0.08	4	14.5～16.5		余量	15～17
ERNiCrMo-7	≤0.015	≤1.0		≤3.0	14～18			14～18
ERNiCrMo-8	≤0.03			余量	23～26	0.70～1.2	47～52	5～7
ERNiCrMo-9	≤0.0215	≤1.0		18～21	21～23.5	1.5～2.5	余量	6～8

④ 铜及铜合金焊丝。纯铜焊丝用于脱氧铜和电解铜的焊接，其导电和传热性能较接近。铜及铜合金焊丝的主要化学成分见表 6-7。

表 6-7　铜及铜合金焊丝的主要化学成分　　　　　　　　　　　%

牌号	代号	Cu	Zn	Sn	Si	Mn	Ni	Fe	Al
HSCu	201	>98.0	①	≤1.0	≤0.5	≤0.5	①	①	≤0.01
HSCuZn-1	221	57.0～61.0	余量	0.5～1.5	—				
HSCuZn-2	222	56.0～60.0		0.8～1.1	0.04～0.15	0.01～0.50		0.25～1.20	—
HSCuZn-3	223	56.0～62.0		0.5～1.5	0.1～0.5	≤1.0	≤1.5	≤0.5	≤.01
HSCuZn-4	224	61.0～63.0		0.3～0.7			—		
HSCuZnNi	231	46.0～50.0		≤0.25			9.0～11		≤0.02
HSCuNi	234	余量	①	①	≤0.15	≤1.0	29～23	0.4～0.75	
HSCuSi	211		≤0.15	≤1.1	2.8～4.0	≤1.5	①	≤0.5	①
HSCuSn	212		①	6.0～9.0	①			①	≤0.01
HSCuAl	213		≤0.10	—	≤0.1	≤2.0			7.0～9.0
HSCuAlNi	241					0.5～3.0	0.5～3.0	≤2.0	

① 计算杂质元素总和时此元素可不分析（杂质元素总和≤0.5%）。

HSCuZn-3 含有 Sn0.5% ～ 1.5%，焊丝中 Sn、Si 能提高液体金属的流动性，且 Si 还可有效控制 Zn 的蒸发。

铝青铜焊丝含有 7.0% ～ 9.0% 的 Al，铝是强烈的脱氧元素，在铜合金元素中含有适量的铝，可细化焊缝金属组织，提高接头塑性、耐蚀性。含有 3% 铝的铜铝合金焊缝，组织较细，塑性高，但强度略有降低。铜合金焊缝中含铝量达到 7.0% ～ 9.0% 时，焊缝金属塑性提高，即使是承受高应力的焊接结构，仍能具有良好的抗裂性能。但焊缝中铝的含量大于 10% 时，会形成氮化物及 Al_2O_3 薄膜，导致接头脆化。

⑤ 镁焊丝。镁焊丝化学成分及其应用见表 6-8。

表 6-8　镁焊丝化学成分及其应用　　　　　　　　　　　　　　　%

牌号	Al	Mn[①]	Zn	Zr	Be	应用
ERAZ61A[②]	5.8 ～ 7.2	0.15	0.4 ～ 1.5	—	—	合金 AZ31B 焊接
ERAZ101A[②]	9.5 ～ 10.5	0.13	0.75 ～ 1.25	—	—	AZ31B 和 HK31A、HM21A 的焊接
ERAZ92A[②]	8.3 ～ 9.7	0.15	1.7 ～ 2.3	—	—	—
EBeZ33A	—	—	2.0 ～ 3.1	0.45 ～ 1.0	3.5 ～ 4.0	HM21A、HK31A 的焊接

① 最小值。

② 化学成分含量（Cu ≤ 0.05%；Fe ≤ 0.005%；Ni ≤ 0.005%；Si ≤ 0.05%；Be ≤ 0.0008%）。

（4）焊丝的使用与保管

① 各类焊丝适用的焊接方法　见表 6-9。

表 6-9　各类焊丝适用的焊接方法

焊丝型号 ＼ 焊接方法	CO_2 气体保护焊	活性混合气体保护焊	熔化极氩气保护焊	钨极氩弧焊	埋弧焊
气体保护电弧焊用低碳低合金焊丝	可用	可用	可用	可用	可用
碳钢药芯焊丝	可用	可用	可用	可用	可用
不锈钢药芯焊丝	可用	可用	可用	可用	可用
镍及镍合金焊丝	不可用	不可用	可用	可用	可用
铜及铜合金焊丝	不可用	不可用	可用	可用	可用
铝及铝合金焊丝	不可用	不可用	可用	可用	不可用

② 使用焊丝时应注意以下事项

a. 氩弧焊应使用质量符合相应国家标准的焊丝。

b. 氩弧焊所用的焊丝一般应与母材的化学成分相近，不过从耐蚀性、强度及表面形状考虑，焊丝的成分也可与母材不同。

异种母材（奥氏体与非奥氏体）焊接时所选用的焊丝，应考虑焊接接头的抗裂性和碳扩散等因素。如异种母材的组织接近，仅强度级别有差异，则选用的焊丝合金含量应介于两者之间，当有一侧为奥氏体不锈钢时，可选用含镍量较高的不锈钢焊丝。表 6-10 是异种钢材焊接时的推荐焊丝。

表 6-10　异种钢材焊接时的推荐焊丝

	A	B	C	D	E	F	G	H	I	J	K	L、M、N、O、P、Q、R	T
A	①												
B	①	②											
C	①	②	③										
D	①	②	③	③									
E	②	②	③	③	③								
F	②	③	③	③	③	④							
G	②	③	③	③	③	④	④						
H	③	③	③	③	③	④	④	④					
I	③	③	③	③	③	④	④	④	④				
J	③	③	③	③	③	④	④	④	④	⑤			
K	③	④	④	④	④	④	④	④	④	⑤	⑤		
L	④	④	④	④	④	④	④	④	⑤	⑤	⑤	⑧	
M	④	④	④	④	④	④	④	④	⑤	⑤	⑤	⑥	
N	④	④	④	④	④	④	④	④	⑤	⑤	⑤	⑥	
O	⑤	⑤	⑤	⑤	⑤	⑤	⑤	⑤	⑤	⑤	⑤	⑥	
P	⑤	⑤	⑤	⑤	⑤	⑤	⑤	⑤	⑤	⑤	⑤	⑥	
Q	⑤	⑤	⑤	⑤	⑤	⑤	⑤	⑤	⑤	⑤	⑤	⑥	
R	⑤	⑤	⑤	⑤	⑤	⑤	⑤	⑤	⑤	⑤	⑤	⑥	
T	⑥	⑥	⑥	⑥	⑥	⑥	⑥	⑥	⑥	⑥	⑥	⑥	⑦

钢材公称成分代号：

A——C　　　　　　H——1.25Cr-0.5Mo-V　　　O——5Cr-0.5Mo

B——C-Mo　　　　I——1.5Cr-1Mo-V　　　　P——7Cr-0.5Mo

C——0.5Cr-0.5Mo　J——2Cr-1Mo-V　　　　　Q——9Cr-1Mo

D——1Cr-0.5Mo　　K——2.25Cr-1Mo　　　　R——12Cr-1Mo-V

E——1.54Cr-0.5Mo　L——2Cr-0.5Mo-V-W　　T——Cr、Mo 耐热不锈钢

F——1Cr-0.5Mo-V　M——3Cr-1Mo

G——1.5Cr-0.5Mo-V　N——3Cr-1Mo-V-Ti

① TIG-250。

② TIG-R10。

③ TIG-R30。

④ TIG-R31。

⑤ TIG-R40。

⑥ HCr25Ni13。

⑦ H1Cr18Ni9Nb。

⑧暂不推荐。

　　c.焊丝应有制造厂的质量合格证书。对无合格证书或对其质量有怀疑时，应按批（或盘）进行检验，特别是非标准生产出来的专用焊丝，须经焊接工艺性能评定合格后方可投入使用。

　　d.氩弧焊丝在使用前应采用机械方法或化学方法清除其表面的油脂、锈蚀等杂质，并使之露出金属光泽。

　　③ 焊丝的保管

a. 焊丝应按类别、规格存放在清洁、干燥的仓库内，并有专人保管。

b. 焊工领用焊丝时，应凭所焊产品的领用单，以免牌号和规格用错。

c. 焊工领用焊丝后应及时使用，如放置时间较长，应重新清洗干净才能使用。

6.1.2 钨极

钨极是氩弧焊的一个电极，通常情况下是接电源的负极。钨极材料质量的优劣直接影响焊接质量的高低。

（1）钨极的作用及其要求

① 钨极的作用　钨是一种难熔的金属材料，能耐高温，其熔点为 3653～3873K，沸点为 6173K，导电性好，强度高。氩弧焊时，钨极作为电极，起传导电流、引燃电弧和维持电弧正常燃烧的作用。

② 对钨极的要求　钨极除应耐高温、导电性好、强度高外，还应具有很强的发射电子能力（引弧容易，电弧稳定）、电流承载能力大、寿命长、抗污染性好。

钨极必须经过清洗抛光或磨光。清洗抛光指的是在拉拔或锻造加工之后，用化学清洗方法除去表面杂质。钨极化学成分的要求见表 6-11。

表 6-11　钨极的种类及化学成分要求

钨极牌号		化学成分（质量分数）/%				特点
		钨	氧化钍	氧化铈	其他元素	
纯钨极	W1	＞99.92	—	—	＜0.08	熔点和沸点都很高，空载电压要求较高，承载电流能力较小
	W2	＞99.85	—	—	＜0.05	
钍钨极	WTh-7	余量	0.1～0.9	—	＜0.15	比纯钨极降低了空载电压，改善了引弧、稳弧性能，增大了电流承载能力，有微量放射性
	WTh-10		1～1.49			
	WTh-15		1.5～2			
	WTh-30		3～3.5			
铈钨极	WCe-5	余量	—	0.5	＜0.5	比钍钨极更容易引弧，电极损耗更小，放射性量也低得多，目前应用广泛
	W Ce-13			1.3		
	WCe-20			2		

（2）钨极的种类、牌号及规格

钨极按其化学成分分类：有纯钨极（牌号是 W1、W2）、钍钨极（牌号是 WTh-7、WTh-10、WTh-15）、铈钨极（牌号是 WCe-20）、锆钨极（牌号为 WZr-15）和镧钨极五种。长度范围为 76～610mm，可用的直径范围一般为 0.5～6.3mm。

① 钨极的牌号　目前，钨极的牌号没有统一的规定，根据其化学元素符号及化学成分的平均含量来确定牌号是比较流行的一种。如：

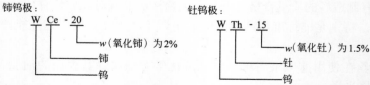

② 钨极的规格　制造商按长度范围供给为 76～610mm 的钨极。常用钨极的直径为：

0.5mm、1.0mm、1.6mm、2.0mm、2.5mm、3.2mm、4.0mm、5.0mm、6.3mm、8.0mm 和 10mm 多种。

（3）钨极的载流量

钨极的载流量又称钨极的许用电流。钨极载流量的大小，主要由直径、电流种类和极性决定。

如果焊接电流超过钨极的许用值时，会使钨极强烈发热、熔化和蒸发，从而引起电弧不稳定，影响焊接质量，导致焊缝产生气孔、夹钨等缺陷，同时焊缝的外形粗糙不整齐。

表 6-12 列出了根据电极直径推荐的许用电流范围。在焊接过程中，焊接电流不得超过钨极规定的许用电流上限。

表6-12 根据电极直径推荐的许用电流范围

电极直径 /mm	直流电流 /A				交流电流 /A	
	正接（电极－）		反接（电极＋）			
	纯钨	加入氧化物的钨	纯钨	加入氧化物的钨	纯钨	加入氧化物的钨
0.5	2～20	2～20	—	—	2～15	2～15
1.0	10～75	10～75	—	—	15～55	15～70
1.6	40～430	60～150	10～20	10～20	45～90	60～125
2.0	75～180	100～200	15～25	15～25	65～125	85～160
2.5	130～230	170～250	17～30	17～30	80～140	120～210
3.2	160～310	225～330	20～35	20～35	150～190	150～250
4	275～450	350～480	35～50	35～50	180～260	240～350
5	400～625	500～675	50～70	50～70	240～350	330～460
6.3	550～675	650～950	65～100	65～100	300～450	430～575
8.0	—	—	—	—	—	650～830

（4）钨极端头的几何形状

钨极端部形状对焊接电弧燃烧稳定性及焊缝成形影响很大。

使用交流电时，钨极端部应磨成半球形；在使用直流电时，钨极端部呈锥形或截头锥形，易于高频引燃电弧，并且电弧比较稳定。钨极端部的锥度也影响焊缝的熔深，减小锥角可减小焊道的宽度，增加焊缝的熔深。常用的钨极端部几何形状如图 6-2 所示。

削磨钨极应采用专用的硬磨料精磨砂轮，应保持钨极磨削后几何形状的均一性。磨削钨极时，应采用密封式或抽风式砂轮机，磨削时应戴好口罩和防护镜。

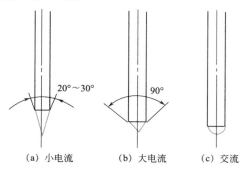

(a) 小电流　　(b) 大电流　　(c) 交流

图6-2 常用钨极端部几何形状

6.1.3 保护气体

（1）氩气

氩气（Ar）是一种无色、无味的单原子气体，相对原子质量为 39.948。一般由空气液化后，用分馏法制取氩。

氩气是一种惰性气体，在常温下与其他物质均不起化学反应，在高温下也不溶于液态金属中。故在焊接有色金属时更能显示其优越性。氩气是一种单原子气体。在高温下，氩气直接离解为正离子和电子。因此能量损耗低，电弧燃烧稳定。

氩气的密度大，可形成稳定的气流层，故有良好的保护性能。同时分解后的正离子体积和质量较大，对阴极的冲击力很强，具有强烈的阴极破碎作用。氩气对电弧的热收缩效应较小，加上氩弧的电位梯度和电流密度不大，维持氩弧燃烧的电压较低，一般 10V 即可。故焊接时拉长电弧，其电压改变不大，电弧不易熄灭。这点对手工氩弧焊非常有利。

（2）氦气

氦是无色、无臭的单原子惰性气体，很难液化，沸点为 −268.6℃，临界温度为 −267.95℃，液化后温度降至 −270.976℃。在干燥的空气中含有体积分数为 0.0005% 的氦，工业上可在含氦的体积分数为 7% 的天然气中提取氦，或从液态空气中用分馏法提取氦。

氦气的热导率较高，与氩气相比，氦弧要求更高的电弧电压和热输入。由于氦弧的能量较高，故对于焊接热传导率高的材料和高速机械化焊接十分有利。焊接厚板时，应采用氦做保护气，使用 Ar + He 混合气时，可提高焊接速度。

（3）混合气体

① Ar-H_2 混合气体　氩 - 氢混合气体的应用范围只限于不锈钢、镍 - 铜合金和镍基合金，因为氢对许多其他材料会产生有害的影响。

氩 - 氢混合气体配比是一个复杂的问题，当焊接不锈钢，根部间隙在 0.25 ～ 0.5mm 时可以添加体积分数（浓度）达 35% 的氢。在焊接 1.6mm 不锈钢对接接头时，这种混合气最好采用体积分数为 15% 的氢。为获得比较清洁的焊缝，在手工钨极氩 - 氢混合气体保护焊时，有时以体积分数为 5% 的为好。

氢的添加量不宜过多，多了会产生气孔，最多时氢的体积分数可超过 35%。

② Ar-O_2 混合气体　Ar 中加入 O_2 的活性气体可用于碳钢、不锈钢等高合金和高强度钢的焊接。其最大的优点是克服了纯 Ar 保护焊接不锈钢时存在的液体金属黏度大、表面张力而易产生气孔，焊缝金属润湿性差而引起咬边，阴极斑点漂移而产生电弧不稳等问题。焊接不锈钢等高合金钢及强度级别较高的高强度钢时，O_2 的含量（体积）应控制在 1% ～ 5%。用于焊接碳钢和低合金结构钢时，Ar 中加入 O_2 的含量可达 20%。

③ Ar-CO_2 混合气体　这种气体被用来焊接低碳钢和低合金钢。常用的混合比例（体积）为 Ar80% + CO_2 20%。它既具有 Ar 弧电弧稳定、飞溅小、容易获得轴向喷射过渡的优点，又具有氧化性。克服了氩气焊接时表面张力大、液体金属黏稠、阴极斑点易漂移等问题，同时对焊缝蘑菇形熔深有所改善。混合气体中随 CO_2 含量的增大，氧化性也增大，为获得较高韧性的焊缝金属，应配用含脱氧元素成分较高的焊丝。

④ Ar-CO_2-O_2 混合气体　用 Ar80% + CO_2 15% + $O_2$5% 混合气体（体积比）焊接低碳钢、低合金钢时，无论焊缝成形、接头质量以及金属熔滴过渡和电弧稳定方面都比前两种混合气体要好。

图 6-3 所示为用三种不同气体焊接时的焊缝断面形状示意图，可见用 Ar + CO_2 + O_2 混合气体时焊缝剖面形状最理想。

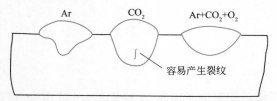

图 6-3　用三种不同气体焊接时焊缝剖面形状

（4）保护气体的选择

对于任何特定用途，没有强制性的标准或细则规定气体的选择原则。一般说来，氩气产生的电弧比较平稳，较容易控制且穿透不那么强。

此外，氩气的成本较低，从经济观点来看氩气更为可取，因此对于大多数用途来说，通常优先采用氩气。在焊接导热性高的厚板材料（如铝和铜）时，要求采用有较高热穿透性的氦气。

在熔化极钨极气体保护焊中，常见的焊接用保护气体及其适用的范围见表 6-13。

表 6-13　焊接用保护气体及适用范围

被焊材料	保护气体	混合比（体积）	化学性质	焊接方法	说明
铝及铝合金	Ar		惰	熔化极与钨极	钨极用交流，熔化极用直流反接，有阴极破碎作用，焊缝表面光洁
	Ar + He	熔化极：20%～90%He 钨极：多种混合比直至 He75% + Ar25%	惰		电弧温度高。适用焊接厚铝板，可增加熔深，减少气孔。熔化极时，随着 He 的比例增大，有一定的飞溅
钛、锆及其合金	Ar		惰		
	Ar + He	Ar/He（75/25）	惰		可增加热量输入。适用于射流电弧、脉冲电弧及短路电弧
铜及铜合金	Ar		惰		熔化极时产生稳定的射流电弧；但板厚大于 5～6mm 时则需要预热
	Ar + He	Ar/He（50/50 或 30/70）	惰		输入热量比纯 Ar 大，可减少预热温度
	N₂			熔化极	增大了输入热量，可降低或取消预热温度，但有飞溅与烟雾
	Ar + N₂	Ar/N₂（80/20）			输入热量比纯 Ar 大，但有一定的飞溅
不锈钢及高强度钢	Ar		惰	钨极	焊接薄板
	Ar + O₂	加 O₂1%～2%	氧化性	熔化极	用于射流电弧及脉冲电弧
	Ar + CO₂ + O₂	加 O₂2%，CO₂5%	氧化性	熔化极	用于射流电弧、脉冲电弧及短路电弧
碳钢及低合金钢	Ar + O₂	加 O₂1%～5% 或 20%	氧化性	熔化极	用于射流电弧，对焊缝要求较高的场合
	Ar + CO₂	Ar/CO₂（70%～80%/30%～20%）	氧化性	熔化极	有良好的熔深，可用于射流、脉冲及短路电弧
	Ar + O₂ + CO₂	Ar/O₂/CO₂（80%/15%/5%）	氧化性	熔化极	有较佳的熔深，可用于射流、脉冲及短路电弧
	O₂		氧化性	熔化极	适用于短路电弧，有一定的飞溅
	CO₂ + O₂	加 O₂20%～25%	氧化性	熔化极	用于射流及短路电弧
镍基合金	Ar		惰	熔化极与钨极	对于射流、脉冲及短路电弧均适用，是焊接镍基合金的主要气体
	Ar + He	加 He15%～20%	惰	熔化极与钨极	增加热量输入
	Ar + H₂	H₂ < 6%	还原性	钨极	加 H₂ 利于抑制 CO 气孔

6.1.4　焊接设备

手工钨极氩弧焊设备由焊接电源、控制系统、焊枪、供气系统及冷却系统等部分组成，如图 6-4 所示。

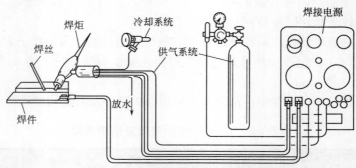

图 6-4　手工钨极氩弧焊设备示意图

（1）焊接电源

手工钨极氩弧焊应选用具有陡降特性的电源。一般焊条电弧焊的电源（如弧焊变压器、弧焊整流器等）都可作为手工钨极氩弧焊的电源。氩弧焊电源的空载电压调节范围见表 6-14；氩弧焊电源的电流调节范围见表 6-15。

表 6-14　氩弧焊电源空载电压调节范围

电源及电流种类		空载电压 /V		电源及电流种类		空载电压 /V	
		最小	最大			最小	最大
手工	交流	70	90	自动	交流	70	100
	直流	65	80		直流	65	100

表 6-15　氩弧焊电源焊接电流的调节范围

电流等级	额定焊接电流 /A											
	40		100		160		250		400		630	
电源种类	直流	交流	直流	交流	直流	交流	直流	交流	直流	交流	直流	交流
焊接电流调节范围	2～40	—	5～100	15～100	16～160	30～160	25～250	40～250	40～400	50～400	63～630	70～630

由于直流电没有极性变化，电弧燃烧很稳定。直流电源的连接可分为直流正接、直流反接两种，如图 6-5 所示。采用直流正接时，电弧燃烧稳定性更好。

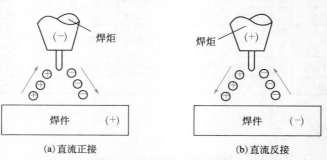

（a）直流正接　　　　　　　　（b）直流反接

图 6-5　直流电源的连接

（2）控制系统

氩弧焊的控制系统主要用来控制和调节气、水、电的各个工艺参数以及启动和停止焊接过程。不同的操作方式有不同的控制程序，但大体上按照下列程序进行。手工钨极氩弧焊的程序控制如图 6-6 所示。

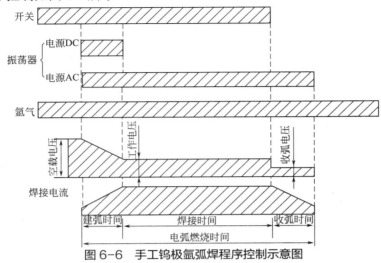

图 6-6 手工钨极氩弧焊程序控制示意图

① 控制箱　控制箱内装有交流接触器、脉冲稳弧器、延时继电器、电磁气阀和消除直流分量的电器等控制元件，在控制箱后面装有接线板。控制箱上部装有电流表、电源与水流指示灯、电源转换开关、气流检查开关等元件。

② 供气系统　供气系统包括氩气瓶、减压器、流量计与电磁气阀等，其组成如图 6-7 所示。

a. 氩气瓶。氩气瓶的构造和氧气瓶相同，外表涂灰色，并用绿漆标以"氩气"字样。氩气瓶的最大压力为 15MPa，容积一般为 40L。

b. 减压器。减压器用以减压和调压，通常采用氧气减压器即可。

c. 气体流量计。气体流量计是标定通过气体流量大小的装置。通常应用的有 LZB 型转子流量计、LF 浮子式流量计与 301-1 型浮标式组合减压流量计等。

LZB 型转子流量计体积小，调节灵活，可装在焊机面板上，其构造如图 6-8 所示。

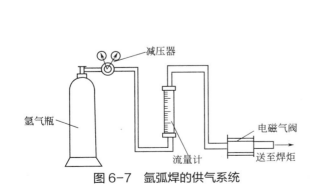

图 6-7 氩弧焊的供气系统

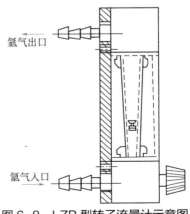

图 6-8 LZB 型转子流量计示意图

LZB 型转子流量计的测量部分是由一个垂直的玻璃管与管内的浮子组成的。锥形管的大端在上，浮子可沿轴线方向上下移动。气体流过时，浮子的位置越高，表明氩气流量越大。

d. 电磁气阀。电磁气阀是开闭气路的装置，由延时继电器控制，可起到提前供气和滞后停气的作用。

③ 冷却系统　通水的目的是用来冷却焊接电缆、焊枪和钨极的，如果电流小于150A 时可不需用水冷却。为了保证焊接设备使用安全，在水路装有水压开关。当水流的压力太低，甚至断水时，水压开关的接点打开并切断电源，从而可避免焊枪的导电部分烧毁。

（3）引弧与稳弧装置

① 引弧装置　各类焊机都具有一定的空载电压，以便引燃电弧。但在氩弧焊中，由于氩气的电离电位较高，不易被电离，给引弧造成很大的困难。提高焊机的空载电压虽能改善引弧条件，但对人身安全不利，一般都在焊接电源上加入引弧装置予以解决。通常在交流电源中接入高频振荡器，在直流电源中接入脉冲引弧器。

② 稳弧装置　交流电源焊接时，交流电弧燃烧的稳定性不如直流电弧。其主要原因是交流电源以 50Hz 的交流电供给电弧电压和焊接电流。每秒有 100 次经过零点，使电极的电子发射能力和气体的电离程度减弱，甚至熄弧。只有在交流电源上接稳弧装置，方可保证电弧稳定燃烧。通常采用脉冲稳弧器。

对脉冲稳弧的要求是：输出脉冲必须和焊接电流同步，也就是电流过零点后，负半波开始时输出有足够功率的脉冲。一般脉冲电压为 200～250V，脉冲电流为 2A 左右。

（4）焊炬

氩弧焊必备工具是焊炬，用来装夹钨极、传导焊接电流和输出保护气体以及启动或停止整机的工作系统。优质的氩弧焊焊炬应能保证气体呈层流状均匀喷出，气流挺度良好，抗干扰能力强，应有足够大的保护电压能满足焊接工艺的要求。

手工钨极氩弧焊焊炬由枪体、钨极夹头、钨极、进气管、陶瓷喷嘴等组成。焊炬有大、中、小三种，按冷却方式可分为气冷式氩弧焊炬和水冷式氩弧焊炬。

电流 150A 以下可不用水冷却，电流 200A 以上必须采用水冷却。焊炬主体采用尼龙压制而成，质量轻、体积小、操作灵活、绝缘和耐热性好、具有一定的机械强度，手工钨极氩弧焊炬分为气冷式和水冷式两种，如图 6-9 所示。

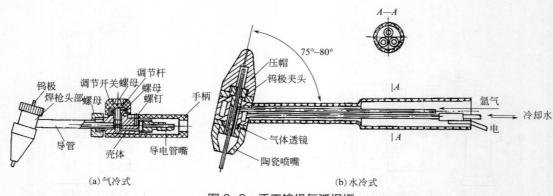

图 6-9　手工钨极氩弧焊炬

喷嘴的形状对气流的运动状态有很大的影响，常见的喷嘴出口形状有圆柱带锥形和圆锥形两种，见表6-16。

表6-16　喷嘴出口形状

种类	圆柱带锥形	圆锥形
图示		
特点说明	气流通过圆柱形部分时，由于气流通道截面不变，速度均匀，容易保持层流，故而保护性最佳，是生产中常用的一种形式	由于出口处截面减小，气流速度加快，容易造成紊流，其保护性较差，但操作方便，便于观察熔池

6.2　手工钨极氩弧焊的基本操作技术

6.2.1　焊接工艺参数与选择方法

合理地选择焊接参数是保证焊接质量、提高生产效率的重要条件。手工钨极氩弧焊的焊接参数主要包括焊接电流、电流极性、钨极直径及端部形状、焊接速度、电弧电压、氩气流量、喷嘴直径和高度、焊枪的角度和钨极伸出长度等。

（1）焊接电流

焊接电流一般根据焊件厚度来选择。首先可根据电弧情况来判断电流是否选择正常。正常电流时，钨极端部呈熔融状的半球形，此时电弧最稳定，焊缝成形良好；焊接电流过小，钨极端部电弧单边，此时电弧漂动；焊接电流过大时，易使钨极端部发热，钨极的熔化部分易脱落到焊接熔池中形成夹钨等缺陷，并且电弧不稳定，焊接质量差，如图6-10所示。

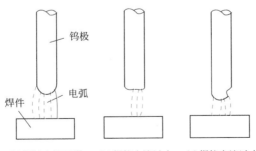

（a）焊接电流正常　（b）焊接电流过小　（c）焊接电流过大
图6-10　焊接电流和相应电弧特征

焊接电流是最重要的参数，随着电流的增大，熔透深度及焊缝宽度有相应的增加，而焊缝高度有所减小。当焊接电流太大时，容易产生烧穿和咬边现象。电流若太小，容易产生未焊透现象。

不锈钢、耐热钢及铝和铝合金的手工钨极氩弧焊的电流选择见表6-17。

表6-17　不锈钢、耐热钢及铝和铝合金的手工钨极氩弧焊焊接电流选择

焊件材料	板材厚度/mm	钨极直径/mm	焊丝直径/mm	焊接电流/A
不锈钢、耐热钢	1	2	1.6	40～70
	1.5			50～85
	2		2	80～130
	3	3		120～140
铝和铝合金	1.5	2	2	70～85
	2	2～3		90～120
	3	3～4		120～130
	4		2.5～3	120～140

（2）电源种类和特点

氩弧焊电流的种类及特点见表6-18。

表6-18　氩弧焊电流种类及特点

	交流（AC）	直流（DC）	
		正接	反接
图示	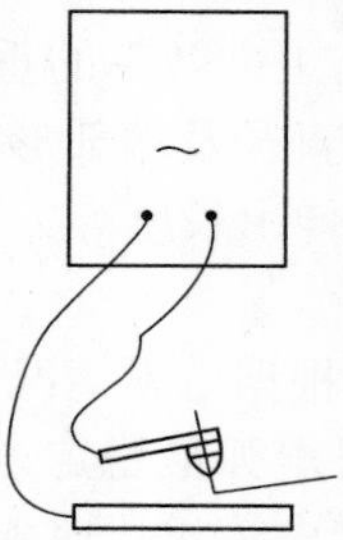	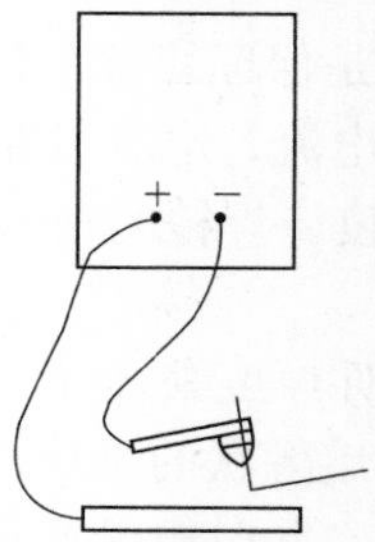	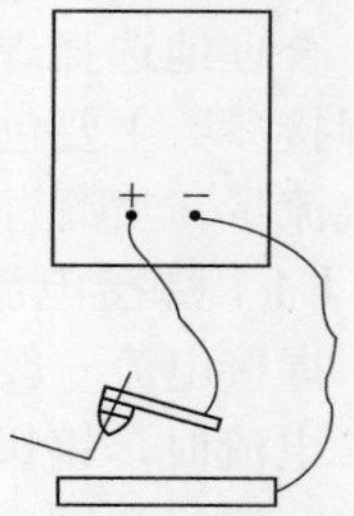
两极热量近似分配	焊件：50% 钨极：50%	焊件：70% 钨极：30%	焊件：30% 钨极：70%
钨极许用电流	较大	最大	小
熔深	中等	深而窄	浅而宽
阴极清理作用	有（焊件在负半周时）	无	有
选用材料	铝、铝青铜、镁合金等	除铝、铝青铜、镁合金以外其余金属	通常不采用

①直流钨极氩弧焊　直流钨极氩弧焊分为直流正接和直流反接。

a.直流正接。直流正接即焊件为正极，钨极为负极，是钨极氩弧焊中应用最广的一种形式。它没有去除氧化膜的作用，因此通常不能用于焊接活泼金属，如铝、镁及其合金。其他金属的焊接一般均采用直流正极性接法，因为不存在产生高熔点金属氧化物问题。

b.直流反接。直流反接即工件接负极，钨极接电源的正极，它有一种去除氧化膜的

作用（俗称"阴极破碎"）。但是，直流反接的热作用对焊接是不利的，因为钨极氩弧焊时阳极热量多于阴极，反极性时电子轰击钨极，放出大量的热，易使钨极烧损，所以，在钨极氩弧焊中直流反极性接法除了焊铝、镁及其合金的薄板外很少采用。

② 交流钨极氩弧焊 交流钨极氩弧焊是焊接铝、镁及其合金的常用方法，在负半波（工件为阴极）时，阴极具有去除氧化膜的清理作用，使焊缝表面光亮，保证焊缝质量；而在正半波（钨极为阴极）时，钨极得以冷却，同时可发射足够的电子，利于稳定电弧。但是，交流钨极氩弧焊存在着会产生直流分量和电弧稳定性差两个主要问题。产生直流分量则使阴极清理作用减弱，增加电源变压器能耗，甚至有发热过大乃至烧毁设备的危险。交流钨极氩弧焊交流电过零点时，电弧稳定性差，要采取过零时的稳弧措施。目前的钨极氩弧焊都采取了消除直流分量及稳弧措施。

③ 交流电 由于交流电极性是不断变化的，兼有直流钨极氩弧焊正、反接的优点，是焊接铝、镁及其合金的最佳方案。

焊接电源的种类和极性可根据焊件材质进行选择，见表 6-19。

表 6-19 焊接电源种类和极性与被焊金属材料的关系

种类和极性	被焊金属材料
直流正接	低合金高强度钢、不锈钢、耐热钢、铜、钛及其合金
直流反接	适用各种金属的熔化极氩弧焊，钨极氩弧焊很少采用
交流电源	铝、镁及其合金

（3）钨极直径

钨极直径的选择也要根据焊件厚度和焊接电流的大小来决定。选定好钨极直径后，就具有了一定的电流许用值。焊接时，如果超出了这个许用值，钨极就会发热、局部熔化或挥发，引起电弧不稳定，产生焊缝夹钨等缺陷。不同电源极性和不同直径钨极的电流许用值可参见表 6-20。

表 6-20 不同电源极性和不同直径钨极的电流许用值

电源极性	钨极直径 /mm				
	1	1.5	2.4	3.2	4
直流正接 /A	15 ～ 80	70 ～ 150	150 ～ 250	250 ～ 300	400 ～ 500
直流反接 /A	—	10 ～ 20	15 ～ 30	25 ～ 40	40 ～ 55
交流 /A	20 ～ 60	60 ～ 120	100 ～ 150	160 ～ 250	22 ～ 320

（4）焊接速度

在一定的钨极直径、焊接电流和氩气流量条件下，焊接速度过快，会使保护气流偏离钨极与熔池，影响气体保护效果，易产生未焊透等缺陷。焊接速度过慢时，焊缝易咬边和烧穿。焊接移动速度对保护效果的影响如图 6-11 所示，因此，应选择合适的焊接速度。

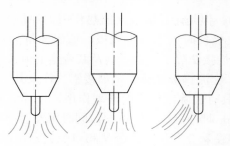

(a)焊枪不动　(b)速度正常　(c)速度过快

图 6-11　焊枪移动速度对保护效果的影响

（5）电弧电压

电弧电压增加，焊缝厚度减小，熔宽显著增加；随着电弧电压的增加，气体保护效果随之变差。当电弧电压过高时，易产生未焊透、焊缝被氧化和气孔等缺陷，因此，应尽量采用短弧焊，一般为 10 ～ 24V。

（6）氩气流量和喷嘴直径

对一定孔径的喷嘴，选用的氩气流量要适当，如果流量过大，不仅浪费，且容易产生气流紊流，保护性能下降，同时带走电弧区的热量多，影响电弧稳定燃烧。而流量过小，气流刚性差，容易受到外界气流的干扰，降低气体保护效果。通常氩气流量在 3 ～ 20L/min 范围内。

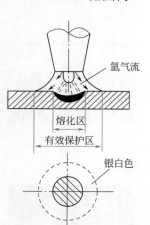

氩气流

熔化区

有效保护区

银白色

图 6-12　氩气保护效果区域

喷嘴的直径一般随着氩气流量的增加而增加，通常为 5 ～ 14mm。

（7）钨极伸出长度

钨极伸出长度一般以 3 ～ 4mm 为宜。如果伸出长度增加，喷嘴距焊炬的距离也增大，氩气保护效果也会受到影响。

（8）喷嘴至焊件距离

喷嘴至焊件距离一般为 8 ～ 12mm。这个距离是否合适，可通过测定氩气有效保护区域的直径来判断。

测定方法是采用交流电源在铝板上引弧，焊枪固定不动，电弧燃烧 5 ～ 6s 后切断电源。铝板上留下的银白色区域，如图 6-12 所示，称为气体有效保护区域或去氧化膜区，直径越大，说明保护效果越好。

另外，生产实践中，可通过观察焊缝表面色泽，以及是否有气孔来判定氩气保护效果，见表 6-21。

表 6-21　不锈钢、铝合金焊气体保护效果的判断

焊接材料	最好	良好	较好	差
不锈钢	银白、金黄	蓝色	红色	黑色
铝合金	银白色	白色无光泽	灰白色	黑灰色

合理地选择焊接参数是保证焊接质量，提高生产效率的重要条件，手工钨极氩弧焊的焊接工艺参数对焊接的影响如图 6-13 所示。

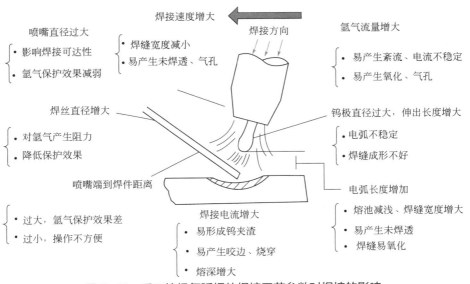

图6-13　手工钨极氩弧焊的焊接工艺参数对焊接的影响

6.2.2　基本操作工艺准备

手工钨极氩弧焊的基本操作技术主要包括引弧、送丝、运丝和填丝、焊枪的移动、接头、收弧、定位焊、左焊和右焊等。

（1）手工钨极氩弧焊的引弧方法

手工钨极氩弧焊的引弧方法有高频或脉冲和接触引弧两种，见表6-22。

表6-22　手工钨极氩弧焊的引弧方法

引弧方法	高频或脉冲法	接触法
图示		
操作说明	在焊接开始时，先在钨极与焊件之间保持3～5mm的距离，然后接通控制开关，在高压高频或高压脉冲的作用下，击穿间隙放电，使氩气电离而引燃电弧。能保证钨极端部完好，钨极损耗小，焊缝质量高	焊前用引弧板、铜板或碳棒与钨极直接接触进行引弧。接触的瞬间产生很大的短路电流，钨极端部容易损坏，但焊接设备简单

电弧引燃后，焊炬停留在引弧位置处不动，当获得一定大小不一、明亮清晰的熔池后，即可往熔池填丝，开始焊接。

（2）送丝

手工钨极氩弧焊送丝方式可分为连续送丝、断续送丝两种，见表6-23。

209

第6章　手工钨极氩弧焊

表6-23　手工钨极氩弧焊送丝方式

送丝方式	图示	操作说明
连续送丝		用左手的拇指、食指捏住焊丝，并用中指和虎口配合托住焊丝。送丝时，拇指和食指伸直，即可将捏住的焊丝端头送进电弧加热区。然后，再借助中指和虎口托住焊丝，迅速弯曲拇指和食指向上倒换捏住焊丝的位置
		用左手的拇指、食指和中指相互配合送丝。这种送丝方式一般比较平直，手臂动作不大，无名指和小指夹住焊丝，控制送丝的方向，等焊丝即将熔化完时，再向前移动
		焊丝夹在左手大拇指的虎口处，前端夹持在中指和无名指之间，用大拇指来回反复均匀用力，推动焊丝向前送进熔池中，中指和无名指的作用是夹稳焊丝和控制及调节焊接方向
		焊丝在拇指和中指、无名指中间，用拇指捻送焊丝向前连续送进
断续送丝		断续送丝时，送丝的末端始终处于氩气的保护区内，靠手臂和手腕的上、下反复动作，将焊丝端部熔滴一滴一滴地送入熔池内

（3）运弧和填丝

手工氩弧焊的运弧技术与电弧焊不同，与气焊的焊炬运动有点相似，但要严格得多。焊炬、焊丝和焊件相互间需保持一定的距离，如图6-14所示。焊件方向一般由右向左，环缝由下向上，焊炬以一定速度前移，其倾角与焊件表面成70°～85°，焊丝置于熔池前面或侧面与焊件表面成15°～20°。

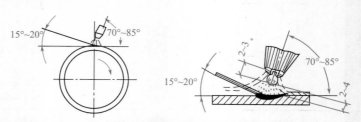

图6-14　氩弧焊时焊炬与焊丝的位置

焊丝填入熔池的方法有多种：

① 焊丝作间歇形运动。填充焊丝送入电弧区，在熔池边缘熔化后，再将焊丝重复送入电弧区。

② 填充焊丝末端紧靠熔池的前缘连续送入，送丝速度必须与焊接速度相适应。

③ 焊丝紧靠坡口，焊炬运动，既熔化坡口又熔化焊丝。

④ 焊丝跟着焊炬作横向摆动。

⑤ 反面填丝或称内填丝，焊炬在外，填丝在里面。

为送丝方便，焊工应视野宽广，并防止喷嘴烧损，钨极应伸出喷嘴端面，焊铝、铜时为 2 ～ 3mm；管子打底焊时为 5 ～ 7mm；钨极端头与熔池表面距离 2 ～ 4mm。距离小，焊丝易碰到钨极。在焊接过程中，应小心操作，如操作不当，钨极与焊件或焊丝相碰时，熔池会被"炸开"，产生一阵烟雾，造成焊缝表面污染和夹钨现象，破坏了电弧的稳定燃烧。

（4）焊枪的移动

手工钨极氩弧焊焊枪的移动方式一般都是直线移动，也有个别情况下作小幅度横向摆动。焊枪的直线移动有匀速移动、直线断续移动和直线往复移动三种，见表 6-24。

表 6-24　焊枪移动方式适用范围

移动方式	图示	适用范围
直线匀速		适合不锈钢、耐热钢、高温合金薄钢板焊接
直线断续	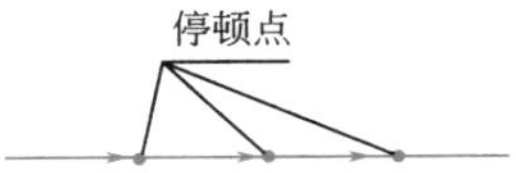 停顿点	适合中等厚度 3 ～ 6mm 材料的焊接
直线往复		主要用于铝及铝合金薄板材料的小电流焊接

焊枪的横向摆动有圆弧"之"字形摆动、圆弧"之"字形侧移摆动和"r"形摆动三种形式，见表 6-25。

表 6-25　焊枪横向摆动适用范围

摆动方式	图示	适用范围
圆弧"之"字形摆动		适合于大的 T 形角焊缝、厚板搭接角焊缝、Y 形及双 Y 形坡口的对接焊接的特殊要求而加宽焊缝的焊接
圆弧"之"字形侧移摆动		适合不平齐的角焊缝、端焊缝，不平齐的角接焊、端接焊
"r"形摆动		适合厚度相差悬殊的平面对接焊

（5）接头

焊接时不可避免会有接头，在焊缝接头处引弧时，应把接头处作成斜坡形状，不能有影响电弧移动的盲区，以免影响接头的质量。重新引弧的位置为距焊缝熔孔前 10 ～ 15mm 处的焊缝斜坡上。起弧后，与焊缝重合 10 ～ 15mm，一般重叠处应减少焊丝或不加焊丝。

（6）收弧

焊接终止时要收弧，收弧不好会造成较大的弧坑或缩孔，甚至出现裂纹。常用的收弧方法有增加焊速法、焊缝增高法、电流衰减法和应用收弧板法，见表 6-26。

表6-26　常用的收弧方法

方法	说明
增加焊速法	焊炬前移速度在焊接终止时要逐渐加快,焊丝给进量逐渐减少,直至焊件不熔化时为止。焊缝从宽到窄,此法简易可行,效果良好,但焊工技术要较熟练才行
焊缝增高法	与增加焊速法相反,焊接终止时,焊接速度减慢,焊炬向后倾斜角度加大,焊丝送进量增加,当熔池因温度过高,不能维持焊缝增高量时,可停弧再引弧,使熔池在不停止氩气保护的环境中,不断凝固,不断增高而填满弧坑
电流衰减法	焊接终止时,将焊接电流逐渐减小,从而使熔池逐渐缩小,达到与增加焊速法相似的效果。如用旋转式直流焊机,在焊接终止时,切断交流电动机的电源,直流发电机的旋转速度逐渐降低,焊接电流也跟着减弱,从而达到衰减的目的
应用收弧板法	将收弧熔池引到与焊件相连的另一块板上去。焊完后,将收弧板割掉。这种方法适用于平板的焊接

（7）左焊法和右焊法

在焊接过程中，焊丝与焊枪由右端向左端移动，焊接电弧指向未焊部分，焊丝位于电弧运动的前方，称为左焊法。如在焊接过程中，焊丝与焊枪由左端向右施焊，焊接电弧指向已焊部分，填充焊丝位于电弧运动的后方，则称为右焊法，其优缺点见表6-27。

表6-27　左焊法与右焊法优缺点

焊法	左焊法	右焊法
图示	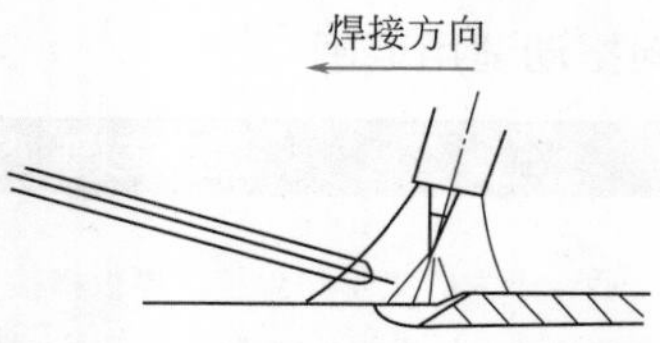 焊接方向	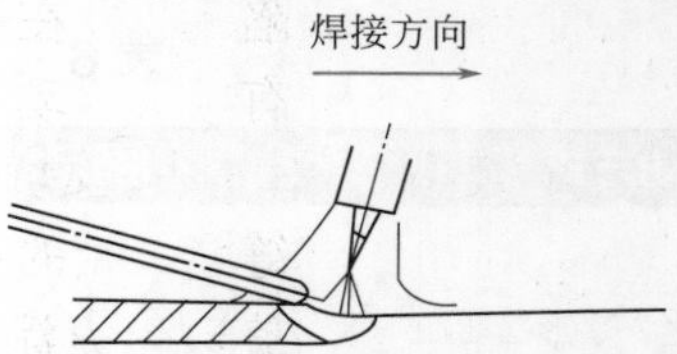 焊接方向
优点	① 视野不受阻碍,便于观察和控制熔池情况 ② 焊接电弧指向未焊部分,既可对未焊部分起预热作用,又能减小熔深,有利于焊接薄件(特别是管子对接时的根部打底焊和焊易熔金属) ③ 操作简单方便	① 焊接电弧指向已凝固的焊缝金属,使熔池冷却缓慢,有利于改善焊缝金属组织,减少气孔、夹渣的可能性 ② 电弧指向焊缝金属,提高了热利用率
缺点	焊大工件,特别是多层焊时,热量利用率低,影响提高熔敷效率	① 焊丝在熔池运动后方,影响焊工视线,不利于观察和控制熔池 ② 无法在管道上(特别小直径管)施焊,掌握较难

（8）定位焊

为了防止焊接时工件受热膨胀引起变形，必须保证定位焊缝的距离。可按表6-28选择。定位焊缝将来是焊缝的一部分，必须焊牢，不允许有缺陷，如果该焊缝要求单面焊双面成形，则定位焊缝必须焊透。必须按正式的焊接工艺要求焊定位焊缝，如果正式焊缝要求预热、缓冷，则定位焊前也要预热，焊后要缓冷。

表 6-28　定位焊缝的间距　　　　　　　　　　　　　　　mm

板厚	0.5～0.8	1～2	>2
定位焊缝的间距	≈20	50～100	≈200

定位焊缝不能太高，以免焊接到定位焊缝处接头困难，如果碰到这种情况，最好将定位焊缝磨低些，两端磨成斜坡，以便焊接时好接头。如果定位焊缝上发现裂纹、气孔等缺陷，应将该段定位焊缝打磨掉重焊，不允许用重熔的办法修补。

6.2.3　手工钨极氩弧焊的各种位置操作要领

（1）平敷焊焊接操作要领

① 引弧　采用短路方法（接触法）引弧时，为避免打伤金属基体或产生夹钨，不应在焊件上直接引弧。可在引弧点近旁放一块紫铜板或石墨板，先在其上引弧，使钨极端头加热至一定温度后，立即转到待焊处引弧。

短路引弧根据紫铜板安放位置的不同分为压缝式和错开式两种。压缝式就是紫铜板放在焊缝上；错开式就是紫铜板放在焊缝旁边。采用短路方法引弧时，钨极接触焊件的动作要轻而快，防止碰断钨极端头，或造成电弧不稳定而产生缺陷。

这种方法的优点是焊接设备简单。但在钨极与紫铜板接触过程中会产生很大的短路电流，容易烧损钨极。

② 收弧　焊接结束时，由于收弧的方法不正确，在收弧板处容易产生弧坑和弧坑裂纹、气孔以及烧穿等缺陷。因此在焊后要将引出板切除。

在没有引出板或没有电流自动衰减装置的氩弧焊机时，收弧时，不要突然拉断电弧，要往熔池里多填充金属，填满弧坑，然后缓慢提起电弧。若还存在弧坑缺陷时，可重复收弧动作。为了确保焊缝收尾处的质量，可采取以下几种收弧方法。

a. 当焊接电源采用旋转式直流电焊机时，可切断带动直流电焊机的电动机电源，利用电动机的惯性达到衰减电流的目的。

b. 可用焊枪手把上的按钮断续送电的方法使弧坑填满，也可在焊机的焊接电流调节电位器上接出一个脚踏开关，当收弧时迅速断开开关，达到衰减电流的目的。

c. 当焊接电源采用交流电焊机时，可控制调节铁芯间隙的电动机，达到电流衰减的目的。

③ 焊接操作　选用 60～80A 焊接电流，调整氩气流量。右手握焊枪，用食指和拇指夹住枪身前部，其余三指触及焊件作为支点，也可用其中两指或一指作支点。要稍用力握住，这样能使焊接电弧稳定。左手持焊丝，严防焊丝与钨极接触，若焊丝与钨极接触，易产生飞溅、夹钨，影响气体保护效果，焊道成形差。

为了使氩气能很好地保护熔池，应使焊枪的喷嘴与焊件表面成较大的夹角，一般为 80°左右，填充焊丝与焊件表面夹角为 10°左右为宜，在不妨碍视线的情况下，应尽量采用短弧焊以增强保护效果，如图 6-15 所示。

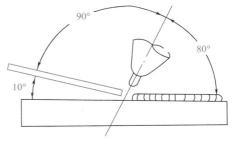

图 6-15　焊枪、焊件与焊丝的相对位置

平敷焊时，普遍采用左焊法进行焊接。在焊接过程中，焊枪应保持均匀的直线运动，焊丝作往复运动。但应注意：

a. 观察熔池的大小。

b. 焊接速度和填充焊丝应根据具体情况密切配合好。

c. 应尽量减少接头。

d. 要计划好焊丝长度，尽量不要在焊接过程中更换焊丝，以减少停弧次数。若中途停顿后，再继续焊时，要用电弧把原熔池的焊道金属重新熔化，形成新的熔池后再加焊丝，并与前焊道重叠 5mm 左右，在重叠处要少加焊丝，使接头处圆滑过渡。

e. 第一条焊道到焊件边缘终止后，再焊第二条焊道。焊道与焊道间距为 30mm 左右，每块焊件可焊三条焊道。

在焊接铝板时，由于铝合金材料的表面覆盖着氧化铝薄膜，阻碍了焊缝金属的熔合，导致焊缝产生气孔、夹渣及未焊透等缺陷，恶化焊缝的成形。因而，必须严格清除焊接处和焊丝表面的氧化膜及油污等杂质。清理方法有化学清洗法和机械清理法两种，见表 6-29。

表 6-29　清除焊接处和焊丝表面的氧化膜及油污的方法

清理方法	说明	适用场合
化学清洗法	除油污时用汽油、丙酮、四氯化碳等有机溶剂擦净铝表面。也可用配成的溶液来清洗铝表面的油污，然后将焊件或焊丝放在 60～70℃ 的热水中冲洗黏附在焊件表面的溶液，再在流动的冷水中洗干净 除氧化膜时，首先将焊件和焊丝放在碱性溶液中浸蚀，取出后用热水冲洗，随后将焊件和焊丝放在 30%～50% 的硝酸溶液中进行中和，最后将焊件和焊丝在流动冷水中冲洗干净，并烘干	适用于清洗焊丝及尺寸不大的成批焊件
机械清理法	在去除油污后，用钢丝刷将焊接区域表面刷净，也可用刮刀清除氧化膜，至露出金属光泽	一般用于尺寸较大、生产周期较长的焊件

（2）平角焊操作要领

① 定位焊　定位焊焊缝的距离由焊件厚度及焊缝长度来决定。焊件越薄，焊缝越长，定位焊缝距离越小。焊件厚度在 2～4mm 范围内时，定位焊缝间距一般为 20～40mm，定位焊缝距两边缘为 5～10mm。

定位焊缝的宽度和余高不应大于正式焊缝的宽度和余高。定位焊点的顺序如图 6-16 所示。从焊件两端开始定位焊时，开始两点应在距边缘 5mm 外；第三点在整个接缝中心处；第四、五两点在边缘和中心点之间，以此类推。从焊件接缝中心开始定位焊时，从中心点开始，先向一个方向定位，再往相反方向定位其他各点。

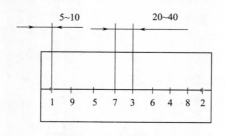

（a）定位焊点先定两头

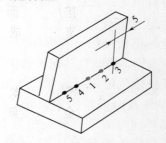

（b）定位焊点先定中间

图 6-16　定位焊点的顺序

② 校正　定位焊后再进行校正，它对焊接质量起着很重要的作用，是保证焊件尺寸、形状和间隙大小，以及防止烧穿的关键。

③ 焊接　用左焊法，焊丝、焊枪与焊件之间的相对位置如图6-17所示。

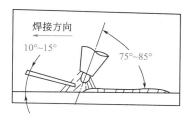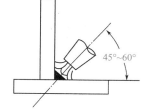

图6-17　平角焊时焊丝、焊枪与焊件的相对位置

进行内平角焊时，由于液体金属容易流向水平面，很容易使垂直面咬边。因此焊枪与水平板夹角应大些，一般为45°～60°。钨极端部偏向水平面上，使熔池温度均匀。焊丝与水平面为10°～15°的夹角。焊丝端部应偏向垂直板，若两焊件厚度不相同时，焊枪角度偏向厚板一边。在焊接过程中，要求焊枪运行平稳，送丝均匀，保持焊接电弧稳定燃烧，以保证焊接质量。

④ 船形角焊　将T字形接头或角接接头转动45°，使焊接成水平位置，称为船形焊接，如图6-18所示。船形焊可避免平角焊时液体金属流到水平表面，导致焊缝成形不良的缺陷。船形焊时对熔池保护性好，可采用大电流，使熔深增加，而且操作容易掌握，焊缝成形也好。

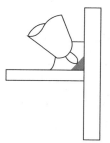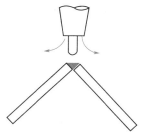

图6-18　船形角焊　　　　　　图6-19　外平角焊

⑤ 外平角焊　在焊件的外角施焊，操作比内角焊方便。操作方法和平对接焊基本相同。焊接间隙越小越好，以避免烧穿，如图6-19所示。焊接时用左焊法，钨极对准焊缝中心线，焊枪均匀平稳地向前移动，焊丝断续地向熔池中填充金属。

如果发现熔池有下陷现象，而加速填充焊丝还不能解除下陷现象时，就要减小焊枪的倾斜角，并加快焊接速度。造成下陷或烧穿的原因主要是：

a. 电流过大。

b. 焊丝太细。

c. 局部间隙过大或焊接速度太慢等。

如发现焊缝两侧的金属温度低，焊件熔化不够时，就要减慢焊接速度，增大焊枪角度，直至达到正常焊接。

外平角焊保护性差，为了改善保护效果，可用W形挡板，如图6-20所示。

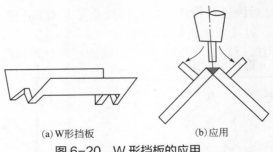

(a) W形挡板　　　　　(b) 应用

图 6-20　W 形挡板的应用

6.3　手工钨极氩弧焊操作应用实例

6.3.1　铝合金薄板对接平焊

（1）焊接图样

铝合金薄板对接平焊图样如图 6-21 所示。

（2）操作方法与步骤

铝合金薄板对接平焊操作方法与步骤如下。

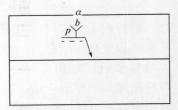

$b=0\sim1,\ \alpha=60°,\ p=1$

**图 6-21　铝合金薄板对接
平焊图样**

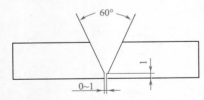

① 焊前准备

采用 V 形坡口（铝板一侧加工出 30°坡口），锉钝边 1mm，并清除坡口面及其端部内外表面 20mm 范围内的油污、铁锈、水分与其他污物，至露出金属光泽

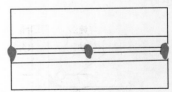

② 定位焊

先焊焊件两端，然后在中间加定位焊点（定位焊时也可不填加焊丝，直接利用母材的熔化进行定位），要求保证不错边，并作适当的反变形，以减小焊后变形

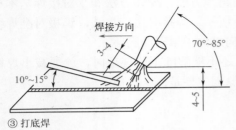

③ 打底焊

焊接电流 70 ～ 90A，焊枪与焊件表面成 70°～ 85°的夹角，填充焊丝与焊件表面以 10°～ 15°为宜，采用左焊法焊接

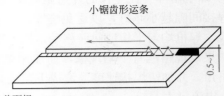

④ 盖面焊

焊接电流 100 ～ 120A，选择比打底焊时稍大些的钨极直径和焊丝。焊丝与焊件间的角度尽量减小，送丝速度相对快些。焊枪作小锯齿形摆动并在坡口两侧稍作停留。熔池超过坡口棱边 0.5 ～ 1mm 即可

6.3.2 小直径薄壁铝合金管垂直固定焊

（1）焊接图样

小直径薄壁铝合金管垂直固定焊图样如图6-22所示。

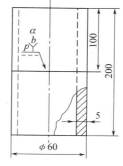

技术要求：
1. 垂直固定焊。
2. $b=2\sim4$，$\alpha=60°$，$p=1$。

图6-22　小直径薄壁铝合金管垂直固定焊图样

（2）操作方法与步骤

大直径管垂直固定焊操作方法与步骤如下。

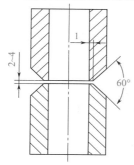

① 焊前准备

管子开 V 形坡口（60°），锉钝边 1mm，并清除坡口面及其端部内外表面20mm范围内的油污、铁锈、水分与其他污物，至露出金属光泽

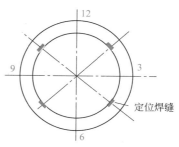

② 定位焊

将两段管件放在 V 形槽中，留出间隙，并保证相互同心进行定位焊，定位焊缝 4 处，焊缝长度 5 ～ 8mm。定位焊后用角向砂轮将定位焊缝修成斜坡状

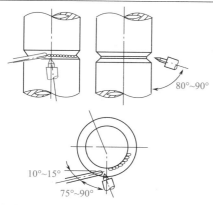

③ 打底焊

将组对好的焊件垂直固定在焊接工件台上（以间隙小的一侧作为始焊处），将焊枪喷嘴下端斜靠在下坡口边缘棱角上，钨极端头与焊件表面的距离为 2mm 左右，启动焊枪开关，引燃电弧，开始施焊

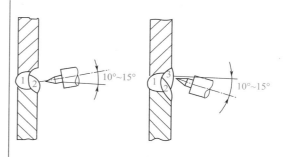

④ 盖面焊

盖面焊缝由上下两条道组成。焊枪的角度 10° ～ 15°，焊接电流 110 ～ 120A，先焊下面的焊道，后焊上面的焊道，完成盖面焊

参 考 文 献

[1] 王兵．焊工实用技术手册．北京：化学工业出版社，2014.

[2] 郭荣玲，韩东伟，路长义．实用焊接技术快速入门．北京：机械工业出版社，2010.

[3] 张依莉．焊接实训．北京：机械工业出版社，2008.

[4] 王长忠．焊工工艺与技能训练．北京：中国劳动社会保障出版社，2006.

[5] 曾艳．焊工入门实用技术．北京：化学工业出版社，2013.

[6] 王长忠．电焊工技能训练．第2版．北京：中国劳动社会保障出版社，2010.